冷戦後日本の防衛政策
日米同盟深化の起源

柴田晃芳

北海道大学出版会

謝　辞

　本書は，2007年6月に筆者が北海道大学において学位を取得した博士論文をもとに，大幅に修正加筆したものである。また本書の一部は，すでに発表した以下の論文をもとにしている。

「冷戦終結後日本の防衛政策――1993～1995年の行政過程を中心に(1)」
『北大法学論集』59巻2号　2008年7月　590-542頁。

「冷戦終結後日本の防衛政策――1993～1995年の行政過程を中心に(2・完)」
『北大法学論集』59巻4号　2008年11月　480-428頁。

　論文の指導および審査を担当してくださった山口二郎先生(北海道大学大学院法学研究科教授)，中村研一先生(北海道大学大学院公共政策学連携研究部院長)，空井護先生(北海道大学大学院公共政策学連携研究部教授)に，心より御礼申し上げる。
　新川敏光先生(京都大学大学院法学研究科教授)には学部・修士時代の指導教官としてお世話になったのみならず，学位論文の草稿段階から本書の完成に至るまで数多くの大変有益なコメントをいただいた。また古矢旬先生(東京大学大学院総合文化研究科教授)，田口晃先生(北海学園大学法学部教授)，遠藤乾先生(北海道大学大学院法学研究科教授)にも，学部生時代より数え切れぬほどのご助力をいただいた。学恩に心より感謝申し上げる。
　このほかにも，北海道大学大学院法学研究科に所属する諸先生方をはじめ，主に政治学専攻の大学院生で構成されるSTS研究会の同僚たち，家族，友

人たちなど，実に多くの方々に支えられ，ようやく本書の刊行を迎えることができた。振り返ってみて，皆様のご助力なしには，長い学生生活を完走することさえ困難であったとの感を改めて強くしている。皆様に深謝申し上げる。

　本書の刊行は，筆者本人も鼻白むほどの膨大な遺漏を細やかな編集作業で手当てしてくださった滝口倫子氏をはじめとする，北海道大学出版会の皆様のご努力なしには実現しなかった。また，筆者がいつも先輩風を吹かせつつ，その実お世話になりっ放しの千田航氏（北海道大学大学院法学研究科博士課程）には，やはり今回も校正作業等でひとかたならぬご支援をいただいた。ここに記して御礼申し上げる。

　本書の刊行にあたり，日本学術振興会より研究成果公開促進費（平成22年度科学研究費補助金）をいただいた。記して感謝申し上げる。
　　2011年新春

　　　　　　　　　　　　　　　　　　　　　　　　　　柴 田 晃 芳

冷戦後日本の防衛政策──目　　次

謝　辞　i

図表目次　ix

略語一覧　xi

序　論　　　　　　　　　　　　　　　　　　　　　　　　　　1

第 1 章　理論的検討　　　　　　　　　　　　　　　　　　　　9

第 1 節　国際関係学の理論　9

構造的リアリズム　9
ネオ・リベラル制度論　15
コンストラクティヴィズム　18
アリソンの官僚政治モデル　24

第 2 節　歴史的制度論　26

歴史的制度論とコンストラクティヴィズム　27
制度・政策・変化　29
アイディア　34

第 2 章　歴史的検討——冷戦期日本の防衛政策　　　　　　　37

第 1 節　冷戦期日本の脅威認識　37

第 2 節　冷戦期日本の防衛政策の概要　39

防衛政策の 3 路線　39
日米安全保障条約　41

第 3 節　冷戦期日本の防衛政策プロセスの特徴　45

「安保重視」路線の定着　46
政党政治レヴェルの消極的関与　47
防衛庁の限定的影響力　48
防衛庁の限定的政策展開能力　49
日米の軍―軍関係の凍結　51

第3章　仮説と分析枠組 …………………………………… 53

第1節　仮　　説　55

政党政治仮説　55
官僚政治仮説　57
経路依存仮説　58
漸進的累積的変化仮説　60

第2節　分析枠組　61

時期区分と決定レヴェル　62
アクターと影響力　63
アイディア　65
制　　度　67
諸要因の関連　69

第4章　1990年代前半の状況 ………………………………… 73

第1節　防衛政策改定のアジェンダ化　74

第2節　「国際貢献論」の登場　75

第3節　朝鮮半島核危機　77

第4節　日米関係の悪化と緊張　82

第5章　防衛問題懇談会と「樋口レポート」……………… 87

第1節　経　　緯　87

第2節　制　　度――防衛問題懇談会　93

第3節　アイディア――「樋口レポート」　96

第4節　仮説の検証　101

政党政治仮説　101
官僚政治仮説　103
経路依存仮説　104
漸進的累積的変化仮説　105
ま と め　106

第6章　ナイ・イニシアティヴと「東アジア戦略報告」……109

第1節　経　　緯　109

第2節　制　　度——ナイ・イニシアティヴ　118

第3節　アイディア——「東アジア戦略報告」　122

第4節　日本の防衛政策形成プロセスへの影響　125

第7章　政府内調整と新「防衛計画の大綱」(07大綱)………131

第1節　経　　緯　132

第2節　制　　度——安全保障会議　139

第3節　アイディア——新「防衛計画の大綱」(07大綱)　142

第4節　仮説の検証　145

政党政治仮説　145
官僚政治仮説　147
経路依存仮説　148
漸進的累積的変化仮説　149
ま　と　め　151

第8章　「日米安全保障共同宣言」と在沖縄米軍基地問題…155

第1節　経　　緯　156

「日米同盟深化」の定着　156
在沖縄米軍基地問題　158
「共同宣言」延期　161
沖縄問題のその後　165

第2節　「日米安保共同宣言」　169

第9章　防衛協力小委員会と新「日米防衛協力のための指針（ガイドライン）」…173

第1節　経　　緯　173

第2節　制　　度──防衛協力小委員会　182

第3節　アイディア──新「ガイドライン」　187

第4節　仮説の検証　191

　　政党政治仮説　192
　　官僚政治仮説　193
　　経路依存仮説　194
　　漸進的累積的変化仮説　196

結　論………………………………………………………199

なぜ冷戦終結後に日本は「日米同盟深化」を進めたのか？　200
90年代の「日米同盟深化」プロセスはその後にいかなる影響をもつのか？　211

資　料　編………………………………………………………219

資料解説　防衛政策の変遷……………………………………220

1　旧「防衛計画の大綱」(51大綱)　221

　　概　　要　221
　　前提としてのデタント　223
　　防衛政策路線　223
　　防衛力整備　225

2　「樋口レポート」　227

　　概　　要　227
　　冷戦後の世界認識　230
　　防衛政策の基本方針　231

3　新「防衛計画の大綱」(07大綱)　233

　　概　　要　233

4 「51大綱」から「07大綱」に至る政策変化　239
　　　情勢認識　239
　　　防衛政策の方針　240
　　　防衛力規模　242
　　　周辺事態対処　245
　　　国際的平和環境構築　248

5 新「ガイドライン」　251
　　　概　要　251
　　　協力計画の策定　252
　　　日本有事　253
　　　周辺事態　254
　　　周辺事態における対米支援　255
　　　日米共同のメカニズム　256
　　　根本方針としての日米同盟深化　257

附　資料全文　261

Ⅰ　旧「防衛計画の大綱」(51大綱)　262

Ⅱ　「樋口レポート」　268

Ⅲ　新「防衛計画の大綱」(07大綱)　300

Ⅳ　新「ガイドライン」　313

注　327

参考文献　341

人名索引　353

事項索引　356

図表目次

〈第1章〉
表1　構造的リアリズムによる同盟の4類型　　12
〈第3章〉
表2　時期区分，決定レヴェル，アクター，特徴，制度の関連　　71
〈結　論〉
図1　各文書にかかわる決定レヴェル，制度，アイディア　　202
表3　各期における新たな特徴とアイディア　　204
〈資料解説4〉
表4　51・07「大綱」別表の防衛力整備目標比較(削減項目のみ)　　244

略語一覧

ACSA	Acquisition and Cross Servicing Agreement：物品役務相互提供協定	
APEC	Asia-Pacific Economic Cooperation：アジア・太平洋経済協力閣僚会議	
ARF	ASEAN Regional Forum：ASEAN地域フォーラム	
BMD	Ballistic Missile Defense：弾道ミサイル防衛	
BUR	Bottom-Up Review：ボトム・アップ・レヴュー	
CSCAP	The Council for Security Cooperation in the Asia Pacific：アジア・太平洋安全保障協力会議	
EASI	East Asia Strategy Initiative：東アジア戦略構想	
EASR	East Asia Strategy Report：東アジア戦略報告（ナイ・レポート）	
GATT	General Agreement on Tariffs and Trade：関税・貿易に関する一般協定	
HNS	Host Nation Support：受入国支援（思いやり予算）	
IAEA	International Atomic Energy Agency：国際原子力機関	
IDA	Institute for Defense Analysis：防衛分析研究所	
INSS	Institute for National Strategic Studies：国家戦略研究所	
LIC	Low Intensity Conflict：低強度紛争	
MRC	Major Regional Conflict：主要な地域紛争	
NATO	North Atlantic Treaty Organization：北大西洋条約機構	
NDP	National Defense Panel：国防総省国防専門委員会	
NDU	National Defense University：国防大学	
NIC	National Intelligence Council：国家情報会議	
NMD	National Missile Defense：国土ミサイル防衛	
NPT	Treaty on Non-Proliferation of Nuclear Weapons：核兵器不拡散条約	
NSS	National Security Strategy：米国安全保障戦略	
ODA	Official Development Assistance：政府開発援助	
PKF	Peace Keeping Force：国連平和維持軍	
PKO	Peace Keeping Operation：国連平和維持活動	
QDR	Quadrennial Defense Review：4年期国防戦略見直し	
RMA	Revolution in Military Affairs：軍事技術革命	
SACO	Special Action Committee on Okinawa：沖縄に関する特別行動委員会	
SCC	Security Consultative Committee：日米安全保障協議委員会（2＋2）	
SCG	Security Consultative Group：日米安全保障運用協議会	

SDC	Subcommittee for Defense Cooperation：防衛協力小委員会
SDI	Strategic Defense Initiative：戦略防衛構想
SSC	Security Subcommittee：日米安全保障高級事務レヴェル協議
TMD	Theater Missile Defense：戦域ミサイル防衛
UNTAC	United Nations Transitional Authority in Cambodia：カンボディア暫定統治機構
USTR	United States Trade Representative：合衆国通商代表部
WMD	Weapons of Mass Destruction：大量破壊兵器
WTO	World Trade Organization：世界貿易機関

序　論

　2010年6月4日，鳩山内閣が総辞職をした。前年8月の総選挙で圧勝した民主党は，9月に鳩山由紀夫代表を首班として，国民新党，社民党との連立政権を発足させた。1993年から94年にかけての細川護熙政権および羽田孜政権以来の非自民党政権は，国民の高い期待を背負い，高支持率に支えられて順風満帆の船出をした。鳩山民主党は，自民党政権時代とは異なる新しい政治の実現を主張していた。行財政改革，政策決定の政府一元化，ムダの排除，対等な日米関係。国民はこうした理念を強く支持した。にもかかわらず，鳩山政権はわずか8カ月で総辞職に追い込まれてしまう。

　この政権の凋落の理由は，いくつか考えられる。首相自身や小沢一郎民主党幹事長にかかわる「政治とカネ」の問題，首相の資質に対する疑問，小沢幹事長の党内支配，財源なきばら撒き政策への批判…。

　なかでも，この時期の総辞職をもたらした最大の原因のひとつが，沖縄の米海兵隊普天間飛行場の返還問題であった。普天間飛行場は，宜野湾市の市街地中心部に位置する米軍基地で，市民生活に極めて大きな危険を及ぼしている。このため，1996年に当時の橋本龍太郎首相とウォルター・モンデール駐日大使の間で合意された普天間飛行場の返還は，沖縄の基地負担軽減の象徴と位置づけられた。合意は，返還の時期を5～7年以内と定めていた。にもかかわらず，実際の返還プロセスは，代替施設の建設計画策定が難航したため，予定の7年を過ぎても進展を見せなかった。2006年，ようやく日米および地元が，名護市辺野古の米キャンプ・シュワブ基地内海上に代替飛行場を造ることで合意に達し，普天間飛行場返還がいよいよ現実のものとな

りつつあった。返還合意から，実際の返還プロセスを開始する条件が整うまで，実に10年が経過していた。

しかし民主党は，普天間飛行場が返還されても代替施設を県内に移設しては，沖縄の負担軽減につながらないとして，この計画に基づく日米合意を批判しており，政権奪取後には方針の見直しを開始した。鳩山首相自身，この問題に強い関心を示し，沖縄の負担軽減のため「最低でも県外」への移設を公言し，代替案の検討を重ねた。しかし首相自身の指導力不足もあり，検討プロセスは迷走した。その結果，政府とアメリカ合衆国および沖縄との間の信頼関係は著しく傷ついた。結局，政府は有効な代替案を形成できないまま，首相自らが定めた2010年5月末の決着期限を迎え，移設先を当初計画どおりキャンプ・シュワブへと戻さざるを得なかった。この決定により，社民党は連立政権からの離脱を決定した。鳩山内閣総辞職はこの直後のことであり，普天間問題の迷走を受けての引責辞任との色彩も強い。[1]

この混乱のプロセス自体が，日本の防衛政策形成がはらむ問題の一面を示すものだったといえる。しかしここで特に注目したいのは，国民の支持を受け「対等な日米関係」を目指した鳩山政権が，最終的には沖縄や社民党という国内アクターの反対を押し切り，アメリカ側の選好に基づいて当初計画へと回帰せざるを得なかった，という事実である。

この背景としては，近年日米間で進展した「日米同盟深化」のプロセスの影響を無視することはできない。普天間問題の顛末は，「日米同盟深化」の含意を理解していれば，十分に予見可能で，何ら驚くにあたらないものであったともいえる。この点をより詳しく見るため，時間を少し遡ってみよう。

2001年9月11日，アメリカにおいて，イスラム原理主義テロ組織アル・カイーダによるとされる同時多発テロ事件が発生した。動機においても，手段においても，被害においても，またその影響においてもグローバリゼーションと密接に関係し，それゆえに未曾有の重大事件となったこの出来事は，アメリカを中心とする「有志連合」によるアフガニスタン侵攻とイラク戦争へとつながってゆく。

日本は，同時多発テロ事件の発生に際して迅速にテロリズムへの反対とア

メリカへの支持の姿勢を鮮明にし、アフガニスタン侵攻の際にはテロ対策特措法に基づいて海上自衛隊をインド洋に派遣しアメリカを中心とする有志連合諸国軍への補給活動を実施した。イラク戦争の際には、国際社会においても開戦を企図するアメリカの正当性に対する疑義が少なくなかったなか、日本はアメリカへの支持を堅持し、「大規模戦闘終結」後にはイラク特措法に基づいてイラク国内に自衛隊を派遣した。しかもこれら自衛隊の海外派遣を可能とする新規立法は、極めて迅速に成立に至っている（信田 2006）。

　改めて述べるまでもなく、自衛隊の海外派遣は、55年体制下の日本においてはタブーとされていた。湾岸戦争とその後の処理を契機として、1992年に「国際連合平和維持活動等に対する協力に関する法律（国際平和協力法、PKO法）」が成立したことにより、海外派遣が初めて実現されることになる。このPKO法は、一度閣議決定された国際平和協力法案が廃案となり、新たに提出されたPKO法案も継続審議となるなど、国会での法案採決に至るまでかなりの曲折を経ており、さらに採決時にも野党が牛歩戦術を用いて徹底抗戦を図るなど、苛烈な政治的対立にさらされた。PKO法は、長らく続いた激しい対立の果てに、ようやく成立に至ったのだった。

　アフガニスタン侵攻およびイラク戦争に伴う自衛隊派遣は、PKO法の枠組を逸脱するものであったため、新たな法整備が必要とされており、それが上記2つの特措法の新規立法として行われた。これら特措法が、PKO法と比較し遙かに迅速かつ容易に成立し得たことは、21世紀に入り日本の防衛政策が新たな時代を迎えたことの表れともいえた。[2]

　その後アメリカは、世界規模での軍の再編に着手し、日本はそれに合わせて国内における米軍基地や部隊の再編・配置や日米軍事協力の維持・強化に取り組んでいる。

　これら9.11事件以来の一連の出来事は、従来では見られなかった両国の軍事的関係の緊密化を、人々の目に明らかにした。こうした日米の軍事関係の変容は、巷間「日米同盟深化」と呼ばれるようになる。

　以上のような「日米同盟深化」への日本のコミットメントは、「自民党をぶっ壊す」として登場した小泉純一郎首相という、従来の首相とはタイプの

異なるリーダーと関連づけられて語られることが多い。小泉首相の強いリーダーシップと，彼とジョージ・W・ブッシュ米大統領との個人的関係によって，これらの政策が可能となった，との見方である。こうした捉え方に一定の妥当性があることは否定できない。テロ以降アメリカへの国際的支持が必ずしも安定しなかった時期に日本がアメリカ支持の一貫した強い姿勢を示し続け得た理由の一端は，小泉首相という「特殊」なリーダーの存在にあるといえる。

　しかし，小泉首相というパーソナリティの存在によって国内における「日米同盟深化」の展開を説明しきることは，やはり妥当性を欠くといわざるを得まい。周知のように，戦後日本の防衛政策における親米的傾向，あるいは日米安保重視の傾向は，何も小泉政権において初めて現れたものではなく，戦後の防衛政策の展開のなかで相当の時間をかけて定着・発展・強化してきたものだからである。

　再軍備後最大の防衛政策転換の機会は，冷戦の終結によってもたらされたといえる。日本はこの国際システムからの防衛政策改定圧力に対し，引き続き日米同盟を安全保障政策の基軸とすることを選択した。この方針が，今日まで引き継がれている。本書は，この日本の選択が1990年代中盤に日米両国によって行われた「日米安保再定義」を通して行われたと考え，このプロセスを検討することで，現代日本の防衛政策の実態を明らかにしようとするものである。換言すれば本書は，21世紀初頭に展開されている「日米同盟深化」は，実は90年代にすでに開始されていたプロセスの一部であるとの視点を提示する。この意味で，巷間「安保再定義」という方向性の曖昧な名称で呼ばれる90年代のプロセスは，その実質的意義から見て，時代を先取りし「日米同盟深化」の初期プロセスと呼ばれるべきものであった。

　今日の日本の防衛政策を特徴づける「日米同盟深化」路線は，冷戦の終結以降，新たな国際システムに対応する安全保障体制の確立を目指してきた日米両国により，15年以上の歳月をかけて徐々に進められてきたものといえる。

　「日米同盟深化」は，この時期にあり得た唯一の政策選択肢だったわけで

はない．戦後日本の防衛政策の核心には，おおよそ 3 つの路線があったといえる．第 1 に，国連を中心とする世界大の集合的安全保障体制を確立し，これにより自国の安全保障を果たそうとする「国連中心」路線があった．第 2 は，独立主権国家として自国の安全は自国の責任において独力で守るべきであると考える「自主防衛」路線である．第 3 には，日米安全保障条約を中心とする日米関係を重視し，アメリカという大国の力を利用して自国の安全を図ろうとする「安保重視」路線が挙げられる．

戦後日本の防衛政策を見るとき，その実際の展開は第 2 の「自主防衛」路線と第 3 の「安保重視」路線のせめぎ合いに先導されてきたといえよう．第 1 の「国連中心」路線は，戦後世界を支配した冷戦状況のもと，国連による集合的安全保障体制の実現が極めて困難な現実を反映し，実際に防衛政策を導くことはほとんどなかった．前 2 者の争いも，70 年代のデタント期を経て 80 年代の新冷戦に至り，「安保重視」路線の優位が定着してほぼ決着を見た（佐道 2003）．

しかし冷戦の終結によって，この「安保重視」路線優位の前提となった国際システムは転換期を迎えた．90 年代には，一度は定着した「安保重視」路線の問い直しへとつながる可能性が生じたのである．つまり 90 年代の日本には，防衛政策の中核的アイディアの座を求めるせめぎ合いが生じた，あるいは少なくともそのような状況が生じる現実的な可能性があったといえる．

結果的に見れば，90 年代のこれらのせめぎ合いを勝ち抜き，防衛政策の中核の地位を得たのは，「日米同盟深化」であった．この動きには，単にかつての「安保重視」路線が改めてその位置を回復したにとどまらず，安保の性質を変化させるという意味が付加されている．

90 年代，日本は防衛政策を再編するなかで，「日米同盟深化」路線を選択し，その後今日までこの路線に沿って防衛政策を展開してきた．

90 年代，なぜ日本は「日米同盟深化」路線を選択し，これを推進したのか？　またこの決定とそのプロセスはその後の防衛政策にいかなる影響を与えたのか？　これが本書の主要な問いである．これらの問いへの答えを探るなかで，現代日本の防衛政策の実態や，その決定プロセスの特徴，さらには

そこでの民主主義の意義を明らかにすることができよう。

　さらに，理論的な側面から述べるならば，戦後日本の防衛政策形成プロセスは，構造的リアリズムやネオ・リベラル制度論といった，今日の国際政治学における主流理論が抱える限界ないしバイアスを例証する事例ともなり得る。世界第2位の経済力をもつに至りながら，それに基づいて軍事的あるいは国際協調的な手段によって自己の安全保障を積極的に追求することなく，それをアメリカとの2国間関係に預けてきた日本の政策選好を，これら主流理論の視点から十分に理解することは難しい。他方，主流理論への批判として近年展開されているコンストラクティヴィズムも，戦後日本の防衛政策を，冷戦終結後の政策展開を含めて説明し切るには至っていない。

　本書は，1993年から97年にかけて展開された，通常「日米安保再定義」といわれるプロセスを分析対象とする。前述のとおり，このプロセスは，そこで起こった政策変化に従うならば，21世紀まで引き続く「日米同盟深化」の初期プロセスと呼ばれるべきものである。またこれは，日米安保体制の見直しのプロセスであるのみならず，日本の防衛政策再編のプロセスでもあった。冷戦の終結という国際システム上の大変化は，世界中に安全保障政策の見直し圧力を与えた。もちろん日本も例外ではなく，新たな安全保障環境に適応するため，新たな防衛政策の策定が必要となった。これら2つの安全保障政策政策見直しは，実際には一体不可分の潮流となっていく。本書では，この，90年代に実施された2重の政策見直しの潮流を，「日米同盟深化」のプロセスと呼ぶ。本書は，このプロセスの実態を明らかにすることで，上述の問いに答えることを目指す。

　本書の構成は以下のとおりである。主部は，第1章から第9章まで，および結論から成っており，本書の主たる目的である，実際の政策プロセスの分析を行う。第1章では，国際関係学理論で安全保障政策分析の主流を成してきた構造的リアリズムと，それへの有力な対抗理論であるネオ・リベラル制度論，およびそれら主流理論への批判として近年展開されているコンストラクティヴィズムを概観し，それぞれの限界を指摘する。また，G. アリソンの官僚政治モデルを取り上げ検討する。そのうえで，比較政治学の分野で近

年展開されてきた歴史的制度論について，その政策的ダイナミズムに関する議論を検討することで，本書の分析枠組構築に有用な知見を抽出する。

第2章では，冷戦期日本の防衛政策に関する先行研究から，日本の防衛政策プロセスの特徴を示し，本書の分析の準拠点とする。

第3章では，まず本書の2つの問いを改めて明らかにしたうえで，それに答えるための4つの仮説を提示する。次いで，前2章の検討をもとに，4つの決定レヴェルのそれぞれに付随するアクターと影響力，および制度が生み出す政策プロセス上の特徴と，3つの政策アイディアからなる本書の分析枠組を構築する。

第4章では，冷戦終結から本書の分析対象である「日米同盟深化」の開始に至るまでの時期に生じた事象を確認し，分析の前提となる当時の状況を明らかにする。

第5章から第9章では，「日米同盟深化」の政策プロセスを分析する。この時期を時系列に沿って，「樋口レポート」(第5章)，「東アジア戦略報告(EASR)」(第6章)，新「防衛計画の大綱」(07大綱，第7章)，新「日米防衛協力のための指針(ガイドライン)」(第9章)という重要政策文書によって4期に分け，各文書の形成プロセスにおける決定レヴェル・アクター・制度・アイディアの相互作用に焦点をあて，政策形成プロセスの特徴を明らかにする。またこの間の第8章では，「07大綱」と新「ガイドライン」の間にあって「日米同盟深化」のプロセスに大きな影響を与えた，「日米安全保障共同宣言」および在沖縄米軍基地問題について概観し，その影響を確認する。

結論では，以上の分析をもとに，4つの仮説の妥当性について再検討する。そのうえで，冷戦終結後日本の防衛政策形成プロセスに存在する特徴と，そのインプリケーションについて論じる。これにより，21世紀に入って見られる「日米同盟深化」は，90年代にすでに確定していた政策路線の延長上にあること，およびこの政策路線は当分変化しないとの予測が得られることが明らかとなろう。

ただし前述のとおり，本書の対象はあくまで「日米同盟深化」の初期プロセスに限定されている。この意味で，本書は「日米同盟深化」のメカニズム

や意義，さらにはそれが日本の防衛政策に与える影響を，全面的に明らかにするものではない。これは重要な研究テーマであるが，本書の範囲を超える。この点については，今後の研究課題としたい。本書が提示する分析枠組は，その際にも引き続き一定の有効性をもつことを意図して構成されている。

　また本書では，本論と別に，90年代日本の防衛政策を形作った文書・政策をまとめ，資料編とした。資料編では，90年代日本の防衛政策の変遷を，プロセスの分析では扱いきれなかった事項も含めて確認する。資料解説の1で旧「防衛計画の大綱」(51大綱)の内容を確認したうえで，2で「樋口レポート」，3で新「防衛計画の大綱」(07大綱)の内容を明らかにし，これらをもとに，4でこの間の防衛政策の変遷を示す。5では，新「日米防衛協力のための指針(ガイドライン)」の内容を明らかにすることで，それまでに生じた政策変化がここに反映されていることを明らかにする。さらに資料編の末尾には，これら4つの文書の全文を掲載した。本書の議論および資料解説と合わせて参照することで，冷戦後日本の防衛政策についての理解を，さらに深めることができよう。

第1章　理論的検討

第1節　国際関係学の理論

構造的リアリズム

　国際関係学において，安全保障政策に関する多くの有力な研究の基礎を成す理論のひとつが，構造的リアリズム（ネオ・リアリズム）である。

　リアリズムは，国際政治学あるいは国際関係学において最も古い伝統をもつ理論とされ，現在に至るまで，理論的にも実践においても，極めて強い影響力をもち続けている。リアリズム学派の特徴は，その理論的前提を把握すると理解しやすい（Viotti & Kauppi 1993; 進藤 2001）。以下では，リアリズムの5つの前提を挙げ，その特徴を明らかにする。まず，国際的無秩序イメージである。リアリズム理論は，国際システムを，国家に上位してシステム全体の統治機能を担う権威を欠く状態，すなわち無秩序状態と捉える。その結果，国家間関係はゼロ・サム的にならざるを得ない。第2に，国家中心イメージである。リアリズム学派は，国家こそが国際政治における主要な，あるいは最重要な主体であると考える。第3に，国家一体イメージである。リアリズム学派は，国家を一枚岩的に統合された一体不可分の行為主体と想定する。第4に，国家合理イメージである。一体不可分の主体としての国家は，国際システムの与件のなかで，常に（限界はあっても）合理的に行為すると考えられる。最後に安全保障中心イメージである。国家にとって最重要の課題は，常に自己の存続，すなわち安全保障問題である。リアリズム学派は，

以上5つの理論的前提に基づき，国際関係を国家が自己の安全保障のみを合理的に追求する場として描いた。

しかし1970年代には，デタント期の国際的緊張緩和を契機にリアリズムに対する批判が展開された。こうした批判の中心となったのは，リベラリズム学派である。リベラリズム学派は，国際関係において国家以外のアクターや安全保障以外の政策領域を重視する (Keohane & Nye 1977; E. Haas 1976; Morse 1976)。国際システムにおいて自由貿易が拡大すれば，一当事者の利益が他の当事者に依拠するという相互依存関係がシステム全体に広がる。多様な行為主体や国際的制度を含むこうした関係の網の目が強化され，各主体がその関係から重要な利益を得るようになれば，貿易関係を破壊してしまうような国家間の戦争が不合理化され，国際関係に一定の秩序が形成される。これがリベラリズムの世界イメージの基礎となる相互依存論の主張である。リベラリズムは，デタントの現実に依拠しながら，リアリズムが想定するゼロ・サム的国家間関係を，自明のものでないとして批判したのである。

リアリズム学派は，このような批判に応答するなかで，構造的リアリズムを確立していった。構造的リアリズムは，K. ウォルツやS. クラズナー，R. ギルピン，R. コヘインらの先駆的研究 (Waltz 1959; Krasner 1978; Gilpin 1981; Keohane 1984) をもとに，リアリズムの5つの理論的前提を共有しつつも，新たな理論的可能性を切り拓き，90年代には一大潮流を形成するに至っている。従来のリアリズムと構造的リアリズム学派の相違は，第1の前提，国際的無秩序イメージにかかわるものである。

従来のリアリズムは，ホッブズの自然状態に関する議論をもとに国際的無秩序を理論化する。ホッブズは，人間は限りない欲望をもつから，上位の権威が存在しない限り，社会は万人が万人に対して闘争せざるを得ない自然状態という無秩序に陥らざるを得ない，と論じる。このように自然状態の根本的源泉を主体の本性に求めるならば，主体間の自発的協調は不可能であるという結論に至らざるを得ない。

これに対し構造的リアリズム学派は，ルソーの議論をもとに，国際的無秩序を考える。ルソーは，主体に上位する権威の存在しない無秩序状態の原因

が，私有財産制の確立に起因する不平等にあるとする。この不平等の結果，主体間に資源獲得のための闘争状態がもたらされてしまう。すなわち，そこでの無秩序は，行為者間の関係を規定する社会システムの条件によって発生し得る状況を指すのであって，人間の本性によって不可避的に生起するものではない。ルソーによれば，闘争状態は人間という主体にとって必ずしも不可避のものではなく，無秩序状態をもたらす社会システムが変化すれば，主体間には協調の可能性も生じるのである。

　ここから，構造的リアリズムの理論がもつ特徴のひとつが生じる。それは，システムが主体の行為を規定する，という側面を強調する点である。この特徴は，構造的リアリズム学派が国際政治を研究するうえでの様々な分析レヴェル[3]をどう扱うかに明確な影響を与える。構造的リアリズム学派の分析では，まずシステム・レヴェルから議論が始まり，前提としての国際的アナキーが，各国家や個人の認識，ひいてはそれらの行為を規定する，という論理が強調される傾向が強い。以上から，構造的リアリズムは，国際政治についてのマクロ的分析を志向する枠組ということができる。構造的リアリズムは，国際システムというマクロ的変数を重視し，国家を一体的で合理的な行為主体と前提して，現実を高度に抽象化して捉えることにより，長期的な国際システムの動態や国家の動向の分析・予測に特に高い有効性をもつ。

　では，国家間の同盟関係の分析にあたっては，構造的リアリズムはどのようなアプローチをとるのか。そこで重視されるのは2つの要因である。ひとつ目は，国家の同盟形成行動の動機づけだ。これに関しては，国家は絶対的なパワー(power)を重視すると考える立場と，相対的な脅威(threat)がより重視されるとする立場の，2つが存在する。伝統的にリアリズムは，国家の能力としてのパワーを重視し，同盟形成もこのパワーの非対称性により促されるとする「勢力均衡(balance of power)」の立場を取ることが多い。構造的リアリズムの代表的論者であるウォルツもこのような説明を踏襲する。これに対しS. ウォルトは，パワーそのものではなくパワーによって生じる脅威を重視し，同盟形成は脅威の非対称性を相殺するために行われる，という「脅威均衡(balance of threat)」論を唱えている(Walt 1987; 1997)。

表1　構造的リアリズムによる同盟の4類型

パターン 要因	均衡 (balance)	バンドワゴン (bandwagon)
パワー (power)	勢力均衡 (balance of power)	利益獲得バンドワゴン
脅威 (threat)	脅威均衡 (balance of threat)	損失回避バンドワゴン

出典：土山(1997, 166)より作成

　「勢力均衡」論と「脅威均衡」論は理論的には対立的関係にある。しかしながらここでの目的は，構造的リアリズムが問いに対して与える示唆を検討することにあるため，以下では両者の内容や比較には立ち入らず，双方の含意を検討することにする。

　第2の要因は，パワーまたは脅威の不均衡に対する国家の反応パターンである。これは同盟の2つの形態，「均衡(balance)」と「バンドワゴン(bandwagon)」として表れる。「均衡」とは，パワーまたは脅威の非対称な配置を組み替えて，より対称的な状況を作るために行われる同盟形成である。他方「バンドワゴン」は，より強い側につくという同盟形成を指す。

　これら2つの要因を合わせることで，同盟関係を分析するための4つの類型を形成することができる(表1)。[4)]「均衡」は，小国がパワーの劣位を補うため同盟を形成する，あるいは大国がパワー劣位の国と同盟を結んでバランスを取るといった「勢力均衡」と，脅威に対抗するため同等の脅威を形成する「脅威均衡」とに分けられる。「バンドワゴン」は，自己利益の拡大を狙って大きなパワーをもつ国と同盟する「利益獲得バンドワゴン」と，脅威を与える国と同盟を結ぶ「損失回避バンドワゴン」に分けられる。

　以上のように，構造的リアリズムは，国際システムに織り込まれた安全保障環境のなかで，自己の安全保障を最大化しようとする合理的アクターとしての国家の行動や同盟関係を説明する，極めて有効なツールとなる。

　ところが戦後日本の防衛政策の展開は，このような構造的リアリズムの視点からは，説明が難しい側面をもつ。戦後，日本をめぐる国際環境は，いくつもの変化を経験した。国際システムには，冷戦の開始，デタント，新冷戦，

冷戦の終結といった変動があり，東アジア地域においても，朝鮮戦争，台湾海峡危機，中ソ対立，ヴェトナム戦争，米中国交樹立など，地域的安全保障環境に大きく影響する出来事が少なくなかった。さらに，日本自身も高度経済成長などを経て，80年代には世界第2位の経済大国へと変貌を遂げた。

　しかし，こうした安全保障環境の変化にもかかわらず，日本の防衛政策はそれに対応して自律的に変化したようには見えない。のちに見るように，70年代半ばにはデタントへの対応として一定の防衛政策変更が行われるものの，この頃にはすでにデタントは末期に差し掛かっており，これを環境への合理的対処と説明するには問題もある。さらに新冷戦の開始が明らかになってからも，日本はデタントを前提とした防衛政策を変更しないまま，冷戦の終結を迎えることになる。そこに，世界第2位の経済力を自己の安全保障を拡大するために用いようとする姿勢を見出すことは難しい。戦後日本の防衛政策は構造的リアリズムの想定とは異なる要因によって決定されていたのではないか，との疑問が生じる。

　日米同盟についての考察も，こうした疑問の妥当性を示唆する。90年代，なぜ日本は「日米同盟深化」を選択・推進したのか？　上述の同盟類型からすると，冷戦期において日本にとっての日米同盟は，ソヴィエト連邦（ソ連）に対抗するための脅威均衡同盟，あるいは経済成長を実現するための利益獲得バンドワゴン同盟であったといえよう。ところが冷戦が終結し，またソ連が内部崩壊に至ると，日本に対するソ連の脅威は大幅に減少するとともに，アメリカの覇権は強まった。日米同盟深化のプロセスの初期にあたる90年代前半には，のちに強まる中国脅威論もまだ現実感を伴うものとはなっておらず，また中華人民共和国（中国）の経済成長も長期的には不透明感を残していた。したがって当時の日本に対する現実的な安全保障上の脅威は，朝鮮半島情勢にかかわるもののみといえた。のちに詳しく見るように，この脅威はある時期かなり切迫したものとなったし，日本の防衛力規模縮小方針と合わせれば，相当の脅威規模と考えられたことは事実だろう。しかし，それが冷戦期のソ連の脅威に匹敵し得るものであるとは到底いえまい。このような国際情勢下にあっては，脅威均衡同盟としての日米同盟はやはり維持困難であ

り，ましてや強化される余地はほとんどなかったと考えられる。他方，日米同盟を利益獲得バンドワゴンとすれば，冷戦終結後の日米同盟深化に説明をつけることが可能となろう。[5] 唯一の覇権国となった強大なアメリカとの関係強化は，自己の安全保障やその他の利益獲得に役立つと考えられるからである。

以上より，構造的リアリズムによれば，冷戦終結後に日米同盟深化に向かった日本の行動は，以下のように説明できる。すなわち，冷戦終結後，日本はさらなる利益獲得を目指して対米関係強化を求め，利益獲得バンドワゴン同盟である日米同盟の深化を推し進めた。この説明は，一定の妥当性をもつように思われる。[6]

しかしながら，のちに事例分析において詳しく見るように，この説明は実際の政治プロセスと十分に整合していないのではないか，との疑問が残る。93年頃には，日米両国とも2国間関係の経済的側面に主たる関心を寄せており，しかもこの経済分野では包括経済協議に代表される大きな摩擦が生じていた。この日米の経済的対立構造は，自動車交渉が終結する95年6月までは両国間関係の主たる規定要因であり続けた。他方，日米同盟深化のプロセスは，こうした経済分野とは相当程度独立に，両国の安全保障政策担当者，それも実務者レヴェルによって主導されており，またある時期には経済的対立と並行して進められていた。日本政府内においては，同盟深化の動きに関する認知はさほど広がっていなかったし，ましてや利益獲得のために日米同盟を強化すべきとの政策的コンセンサスがあったわけではない。この説明上の問題を乗り越えるためには，国内的要因を考慮した枠組が必要となる。

以上のように，国際関係理論において安全保障政策を説明するうえで最も標準的で有効性が高いと考えられる構造的リアリズムにとって，戦後日本の防衛政策は，妥当な説明を与えることが難しい対象といえる。戦後日本の防衛政策を説明するうえでのこのような構造的リアリズムの問題が，日本の特殊性に起因するのか，構造的リアリズムの理論自体の問題であるのかは，必ずしも明らかではない。構造的リアリズムは，主に地域や世界の秩序形成に参画しようとするアクターの分析から生じた理論といえる。この意味で，構

造的リアリズムには，理論形成上のケース選択におけるバイアスが存在すると考えることもできよう。とすれば，「特殊」なのは秩序受容国としての戦後日本ではなく，構造的リアリズムの理論的前提ということもできるかもしれない。[7] このように，戦後日本の防衛政策は，安全保障政策に関する説明理論の妥当性を検証するうえで，一定の意味をもっている。

ネオ・リベラル制度論

国際関係学におけるリベラリズムは，1970年代のデタント期に，現実に展開される緊張緩和の政治潮流に基づいて，リアリズムによる国際秩序を批判するなかで確立された。その思想的淵源は，政治的自由主義と経済的自由主義という，2つの自由主義思想に求められる。

政治的自由主義は，たとえばロックなどによって提示され，近代世界における重要な理念のひとつとして機能してきた。そこでは，行為の主体はあくまで個人と想定される。国家は，個人にとってよりよい環境を維持するための擬制として，個人によって作られること，しかもその権力は個人にとって有害となることがままあるため，最小限に留め置かれねばならないことが，明確に意識される。したがって，政治的自由主義は，個人が国家や国際政治に対して影響を与えると考える。

経済的自由主義は，政治的自由主義の影響を受けたA. スミスやD. リカードに起源をもつ経済思想である。その主張の核心は，自由な経済活動は最適化に至るのであり，国家による経済活動への介入は不効率である，という点にある。リカードは『貿易論』において，貿易は全ての当事者の利益を増進させる，との観点から，リアリズム的思考に基づく重商主義政策を批判し，自由貿易の促進を主張した。貿易という経済活動の主体となるのは，国家というよりは，個人や企業である場合が多く，また貿易を可能とするためには，様々な国際的な制度(国際的ルールや国際組織など)が必要となる。

したがって，リベラリズム理論は，国際関係における国家以外の要因の影響を重視することになる。また，自由貿易が拡大すれば，一当事者の利益が他の当事者に依存するという相互関係が形成される。多様な行為主体や国際

的制度を含むこうした関係の網の目が強化され，各主体がその関係から重要な利益を得るようになれば，貿易関係を破壊してしまうような国家間の戦争が不合理化され，国際関係に一定の秩序が形成されると考えられる。これが，リベラリズムの世界イメージの基礎となる相互依存論の主張である。[8)]

　リベラリズムの隆盛が，1970年代デタント期の国際的緊張緩和のなかで起こったのは当然の流れであった。リベラリズムによる代表的な研究成果とされる，コヘインと J. ナイの研究や，E. ハースの研究，E. モースによる研究がなされたのも，デタントの時代背景のもとにおいてである (Keohane & Nye, 1977; E. Haas, 1964; Morse 1976)。

　しかし，デタントの崩壊とそれに続く新冷戦の展開により，リベラリズムはその依拠する現実を失い，構造的リアリズムが強調する国際的アナキーの現実に対して，より適切な対応を迫られた。ネオ・リベラル制度論は，こうした状況にリベラリズム学派が適応していくなかで生成された，リアリズムとリベラリズムの折衷理論ともいうべきものである。

　ネオ・リベラル制度論の代表的論者であるコヘインは，構造的リアリズムの前提の一部を受容し，また方法論的にも構造的リアリズム学派が用いるゲーム理論を利用しつつ，国家間の協調の可能性を探る (Keohane, 1984; 1989)。まず彼は，国家間関係を国家という合理的アクターによって繰り返し行われる「囚人のジレンマ」ゲームと捉える。構造的リアリズムによれば，「囚人のジレンマ」ゲームでは，参加者が自己利益の最大化（＝不利益の最小化）を図るために，常に協調解の導出に失敗する。これに対しコヘインは，ゲームが繰り返される場合，何が協調で何が裏切りかについての認識や裏切り行為は次回ゲームでの報復を招くとの認識が参加者に共有されること，参加者の行為を検証可能であること，など一定の条件が満たされるならば，「囚人のジレンマ」は回避され，アクター間の協調が達成され得ることを論証した。そしてコヘインは，国際システムにおいて，国連などの国際組織と GATT などの国際レジームからなる国際制度が，これらの条件を提供すると主張する。

　リベラリズム学派は，アナキーな国際システム内での国家間協調の進展と

いう，リアリズムがうまく説明できない現実から出発し，国家の内部やその外部に位置する要因を取り上げ，従来リアリズムが注目してこなかった問題領域を重視することで，国際協調の理論を確立した。またネオ・リベラル制度論は，現実がよりリアリズムの想定するものに近づき，力による秩序が席巻しそうななかにあっても，国家間の協調による秩序の構築が可能であり，国際的相互依存が実現し得ることを示した。

では，ネオ・リベラル制度論は，「日米同盟深化」をいかに説明するのか。この見方によれば，日米同盟は単なる2国間同盟ではなく，東アジア地域の国際システムを安定化させる国際レジームの一種，あるいはそのサブ・ユニットと考えられる。換言すれば，ネオ・リベラル制度論は，日米同盟を日米両国がコストを共同で負担しつつ東アジア地域の安定のために供給する国際公共財と考える。

こうした見方は，政策担当者の間でも表明されていたし，橋本首相のスピーチなどにも同様の表現が見られる（秋山 2004, 25）。防衛問題懇談会の報告書である「樋口レポート」が，国連を中心とする多国間安全保障枠組を補完・強化するものとして日米同盟を位置づけその強化を主張したことも，こうした見方の反映といえよう。このネオ・リベラル制度論の枠組に基づけば，冷戦の終結によって日米同盟が縮小されなければならない理由はなく，強化・拡大へと向かうことも不自然ではない。日米同盟深化は，日米両国が東アジア地域の安定，さらにはこの地域を超える国際的安定に向け，努力を強めたことの表れと見ることができる。

しかしこの説明にも問題が残る。のちに見るように，北朝鮮核危機に際して日米同盟が十分に機能しないことが明らかとなり，これが「日米同盟深化」の重要な契機のひとつとなった。この時日本は，同盟の機能不全を，地域の不安定化要因としてではなく，専ら自国の安全保障の危機と考えていた。つまり日本にとって，「日米同盟深化」は，地域的安全保障のためではなく，自国の防衛政策の一環として進められたと考えられるだろう。とすれば，日本が「日米同盟深化」を選択した理由を明らかにするには，やはり日本国内の政治プロセスへの視点が必要となる。

コンストラクティヴィズム

　国際関係学理論としてのコンストラクティヴィズム(社会構成主義)は，冷戦終結と前後して現れた新しい理論である。その特徴は，主に社会学的新制度論などの近年の社会学の成果に着想や理論的根拠の多くを負っている点に求められる。

　M. フィネモアと K. シッキンクは，構造的リアリズムなどからコンストラクティヴィズムへの理論的な流れを端的に「認識論的転回(cognitive turn)」と表現する(Finnemore & Sikkink 1999)。リアリズムやリベラリズムなど，従来の理論が，国際政治の動因を軍事力などの力や経済的利益などの物質的(material)な要因に求めるのに対し，コンストラクティヴィズムは，文化やアイデンティティ，規範やアイディアといった認知的要因を重視する。コンストラクティヴィズムの論者たちは，物質的要因を重視した理論のいずれもが，結局冷戦の終結を予測できず，また事後的にも十分な説明を与えることができなかったと主張する。そして，こうした現象に適切な説明を与えるには，たとえばゴルバチョフの「新思考外交」といった，観念的要因を取り込む枠組が必要だと主張する。しかも，人権，環境，ジェンダー，民族といった問題群や，NGO に代表される新たなアクターの役割増大などの新しい状況の出現した冷戦後の世界においては，さらに認識論的枠組の必要性が拡大しつつあるとされる。通常，コンストラクティヴィズムはこうした新しい政策領域に適用されることが多いが，前述の経緯からも明らかなように，2極システム終焉に伴う世界秩序や安全保障体制(同盟や兵器体系などを含む)の変化といった，所謂「ハイ・ポリティクス」にかかわる従来的領域においてもその有効性が主張されている。[9]

　構造的リアリズムやネオ・リベラル制度論といった従来理論においては，行為者は「利益(interest)」の最大化を目指し「合理的(rational)」に行動する，という合理的アクターが前提されていた。このようなアクターにとって，行為の目的，つまり自己利益の内容は自明の所与であり，それを最大化する行為は，行為によってもたらされるだろう結果への期待に基づく「結果の論理(logic of consequence)」によって定まる(March & Olsen 1989, 160-

162)。[10] これに対しコンストラクティヴィズムは，状況認知やアイデンティティが，アクターの利益(＝目的)，および行為の過程においてアクターが尊重すべき価値(＝行為)をも規定すると考える。アクターの行為を規定するのは，ある特定の状況において，ある特定の位置を占める自分にとって，どのように行為することが適切か，という「適切性の論理(logic of appropriateness)」である(March & Olsen 1989, 160-162)。

　以上のようにコンストラクティヴィズムは，従来国際関係学ではあまり重視されなかった認識論的要因を導入し，文化，規範，制度，レジームといった認知的環境が行為者の目的と行為を規定すると考え，環境やジェンダーといった新しい問題群に巧みにアプローチするとともに，安全保障などの従来的な問題に対しても，新たな視角からの分析とそれに基づく問題提起を行っており，重要な成果を挙げている。

　端的にいって，こうした理論的潮流の生成・流行は，冷戦の終焉がもたらした直接的帰結である。冷戦下においては，東西両陣営の2極対立という世界システム・レヴェルのマクロ的要因が，広範な事象を文脈づけ説明するための理論的立脚点を提供していた。しかしこうしたシステミックな要因が失われた冷戦終結以降の状況では，多くの事象が文脈を失って，相互に分離されたうえ個々にも解体され，個別性・具体性を纏わざるを得なくなった。そうした状況においてよりリアリティをもつ理論は，当然の帰結としてシステミックな視座やマクロ的文脈を相対化し，メゾあるいはミクロの視点から個々の事象を説明する理論，しかもその個別性・具体性をよく捉えることができる理論である。新たな国際システムの理論化をひとまず脇に置いて，旧秩序の崩壊のなかで発生する諸々の事象に文化や規範といったメゾ・レヴェルの認識論的要因から説明を与えようとするコンストラクティヴィズムの志向性は，この冷戦終結後の世界に適合的であった。

　こうしたコンストラクティヴィズムの出自は，理論的な問題ないし限界をももたらす。たとえばコンストラクティヴィズムは，構造的リアリズムやネオ・リベラリズムが描いた世界秩序像を相対化するものの，これらに代わる独自の世界秩序像を描くことに大きな困難を抱えざるを得ない。このような，

個別性を包括するシステミックな視座の提示は，そもそもコンストラクティヴィズムの理論や方法との整合性が必ずしも自明ではないのであって，その射程外とする見方さえあり得よう。実際にこの課題に取り組む際には，説明対象となるシステムを，まずバラバラな個々の事象についてそれぞれ個別的説明を与え，それらを相互に関連づけて統合することで，システムの全体像を浮かび上がらせるといった手法が採られようが，この手続が必ず統一的なシステム像をもたらすとの保証は何もない。統合され得ない個別的事象が積み上がるだけに終わる可能性は，決して無視し得ない。

　この他にもコンストラクティヴィズムが抱える問題はいくつかあるが，ここで特に重視したいのは，独立変数が抱える概念上の曖昧さ，ないしは多義性の問題である。制度やレジームといったより具体的な要因から，文化や規範といったより抽象性の高い要因までをも，ひとつの枠組のもとに一括して扱うことは困難である。そのため，コンストラクティヴィズムに基づく実証研究では，特定の具体的な要因のみを抽出し独立変数とすることが多い。[11]このような扱いは，個別研究としては一定の妥当性をもち得る分析戦略といえるが，理論的側面からは，理論の精緻化には十分貢献しないアド・ホックな対応といわざるを得ない。

　また，特に文化や規範など，コンストラクティヴィズムにおいて重視されることの多い抽象度の高い変数は，決して固定的なものではなく社会的な争いの対象として変化するとされるものの，その変化は長期的にしか起こらないため，少なくとも短期的には極めて安定した変数として扱われる。したがってこれらの要因を重視する場合には，短期的な変化の可能性が実質的に排除され，分析においては短期的な変化が押し並べて周辺的あるいはインクリメンタルなものと評価される恐れがある。

　こうした特徴をもつコンストラクティヴィズムは，戦後日本の防衛政策をどう分析するのか。実は日本の防衛政策はコンストラクティヴィズムにとって特別な意味をもつ。コンストラクティヴィズムが防衛政策分析に適用でき，それが従来理論の限界を超える説明力をもち得ることを主張した代表的な論者が，P. カッツェンスタインである(Katzenstein ed. 1996; Katzenstein

1996b)。前述のとおり，戦後日本の防衛政策は，有力な従来理論である構造的リアリズムとネオ・リベラル制度論のいずれによっても十分に説明ができない。カッツェンスタインはこの点に着目し，戦後日本の防衛政策を，リアリズムとリベラリズムに対するコンストラクティヴィズムの優位を示すための，いわばクリティカル・ケースと考え，その分析を試みるのである (Katzenstein 1996a)。この意味で，戦後日本の防衛政策は，一般に防衛政策分析に関する諸理論の妥当性を検討するうえで，重要なケースといえる。

では，コンストラクティヴィズムは，日本の防衛政策にどのような説明を与えるのか。カッツェンスタインとT. バーガーは，ともに戦後日本の防衛政策を規定してきた要因として，国際環境ではなく国内要因を重視する (Katzenstein 1996a; Berger 1996; 1998)。

カッツェンスタインは，日本が「総合安全保障」概念のもとに安全保障を広く定義することに留意しつつ，軍事的安全保障の領域に比べて経済的安全保障の領域においては政策の柔軟性(flexibility)が高いこと，さらに軍事的安全保障の領域内でも政策分野ごとに政策展開の硬直性(rigidity)に違いがあることを指摘する(Katzenstein 1996a, 121)。そのうえで彼は，各分野における集合的アイデンティティに基づく規範の受容度の差異によってこの現象を説明しようとする。彼によれば，ある規範が広く受け入れられたものとなっている場合，その規範がかかわる政策分野での対立は穏やかなものとなり，結果として政策展開が柔軟になされる。反対に，規範に関する争いがある場合には，対立が激しいものとなり，政策も硬直的になる。日本の場合，経済の輸入依存体質とそれゆえの脆弱性は広く認識されており，そのためこの経済的脆弱性を縮小するという規範も争いなく受け入れられた結果，経済・通商政策の柔軟性は高まった。対して軍事的領域では，第2次大戦の経験と戦後体制の成立の経緯から，イデオロギー対立が激しく，それに伴って集合的アイデンティティにおいても軍事政策をめぐっては「平和国家」イメージと「普通の国」イメージの対立[12]とでも呼び得る状況があり，規範についての合意も得られなかったため，政策も硬直的になった。さらに軍事的領域内でも，自衛権の地理的範囲や軍事技術移転などは経済との関係が深

いために比較的政策柔軟性が高いのに対し，非核3原則や防衛予算，自衛隊の海外派遣などは硬直性が高いとする。

　カッツェンスタインの分析は，確かに冷戦期・55年体制下の日本の防衛政策の特徴を説明することができるが，他方，冷戦終結後の状況に対する妥当性には疑問が残る。高い硬直性を示す争点とされている自衛隊の海外派遣は，PKO法案の成立によって結局政策化されている。その際に激しい政治的対立が生じたことは事実であるが，であっても結局政策変更が可能であるならば，単に硬直性が高いという特徴のみを説明することの意義は小さい。政策変更に際して，これを可能とした従来とは異なる要因が指摘されるなどすれば，分析の意義は大きなものとなろうが，残念ながらそのような言及もなされていない。このような問題には，先に述べた，独立変数の選択に起因して変化の説明に問題を抱えるコンストラクティヴィズムの特徴が反映されているといえる。

　バーガーは戦後日本の防衛政策を，安全保障，軍事組織，軍事力行使にかかわる中核的な価値・信念としての日本の「政治―軍事文化(political-military culture)」によって説明しようとする(Berger 1996; 1998)。ただし，文化は時とともに変化し得るし，一国の文化は複数の行為者によって形成されるため，実証分析においては，まず出発点となる歴史的経験およびそれによって規定される文化を確定し，国内の政治過程の展開に十分な注意を払いつつ，文化と政策の両方の変化を追う必要があるとする。彼によれば，第2次大戦の経験から日本の「政治―軍事文化」は「反軍事主義(anti-militarism)」と「自衛隊の社会的孤立(isolation)」によって特徴づけられ，また憲法9条，文官優位制[13]，左右対立的な55年体制といった制度構造によって，防衛政策も国際環境と国内環境の双方から政治的に「隔離され(insulated)」ることとなった。70〜80年代の中道化・右傾化と呼ばれる国内環境の変化も，小幅なものにとどまり，政治―軍事文化には変化が及ばなかった。90年代には湾岸戦争が焦点(focal point)となってPKO法が成立するなどの変化が起こったが，これは重要ではあるものの小さな逸脱に過ぎないとされる。日米安保体制についても同様で，70年代以降日米同盟強化へ

と向かう変化が起きてはいるものの，日本の防衛政策の基本にある政治―軍事文化が変化したわけではなく，変化はあくまでもインクリメンタルなものにとどまっているという。そしてこうした政策的硬直性は，トップ・リーダーによる劇的な政策変更や日本への軍事的直接攻撃の発生など，大規模なショックがなければ変化し難い，と予測する。

　バーガーの研究は，70年代以降日本の防衛政策に起きたとされる変化を認識しつつも，それらを周辺的なものにとどまると評価する点で，やはりコンストラクティヴィズムが抱える理論的バイアスに限界づけられているように思われる。バーガーは，「反軍事主義」や「防衛政策の隔離」といった「政治―軍事文化」が，より具体的な諸制度によって支えられているものとの視点をもっており，この点で独立変数の抽象性に起因するバイアスを回避する契機を具えていると考えられるが，実証分析上は諸制度に対する視点は十分生かされておらず，結果としてバイアスから逃れ得ていない。わずかな変化を，その規模ゆえに本質的なものでないとする評価は，直観的には分かりやすくとも，必ずしも正しいとはいえない。評価を妥当なものとするには，そのための検証が必要だろう。

　このように，カッツェンスタインとバーガーの研究はどちらも，規範や文化といった観念的要因を用いて戦後日本の防衛政策の展開を説明しようとするもので，重要な成功を収めているものの，他方コンストラクティヴィズムの理論的バイアスに起因する限界を抱える。

　彼らの研究はいずれも90年代の「日米安保再定義」以降の事象を分析対象としていない。したがって，日本はなぜ冷戦終結後に日米同盟を深化させたのか，という問いについては，彼ら自身の見解は示されていない。しかし，その理論枠組によれば以下のような説明が導かれると推測することができよう。[14)] 日本の防衛政策は，軍事政策をめぐる集合的アイデンティティや制度などの国内要因によって規定されており，その結果硬直的でインクリメンタルな変化しか起こり得ない。そのため冷戦終結後の国際環境に防衛政策を柔軟に適応させられなかった日本は，日米安保体制の危機に直面し，これへの対応として従来方針どおりの日米安保堅持をインクリメンタルに進めた。そ

の結果が安保再定義であり日米同盟深化である。

　以上の説明について，本書は国内要因が日本の防衛政策を規定するという説明には基本的に同意する。しかし，防衛政策上の変化がインクリメンタルなものであるとの主張は妥当ではないと考える。のちに詳しく見るように，「日米同盟深化」のプロセスで起こった政策上の変化は，総体としてインクリメンタルなものであるといえるかどうかは疑わしいし，その後も防衛政策上の変化はインクリメンタルなものにとどまるとの予測は，事実に反するものではなかろうか。

　上記の説明において見落とされているのは，この時期の変化が，従来の政策的硬直性を規定していた国内要因にも及んでいた，ということである。まず，カッツェンスタインが国内要因として重視する集合的アイデンティティは，簡単にいって軍事政策をめぐる「平和国家」イメージと「普通の国」イメージの対立を指すが，90年代には湾岸戦争以後の「国際貢献」をめぐる論議や55年体制の崩壊によって，この対立図式が従来のそれとは異なる傾向をもち始めたと考えられる。より重要なのは，バーガーが指摘する制度の問題である。バーガーは防衛政策の変化をインクリメンタルにしている「防衛政策の隔離」を生じさせる要因として，憲法9条，文官優位制，55年体制の3つの制度を挙げた(Berger 1996, 336; 1998)。しかし，のちに詳しく見るように，「日米同盟深化」のプロセスにおいて，これら3つの制度は，憲法9条を除く2つまでが変化にさらされた。であれば，これらの変化をも視野に収めて90年代日本の防衛政策を検討することが必要となろう。

アリソンの官僚政治モデル

　外交政策決定の分析については，G. アリソンが提示した3つのモデルが広く知られている。アリソンは，その古典的名著『決定の本質(The Essence of Decision)』(Allison 1971)において，キューバ危機をめぐる米ソの政策決定を分析するにあたり，3つの分析モデルを提示した。本項では，このアリソン・モデルについて検討し，本書にとって有用な知見を抽出する。[15)] その際，『決定の本質』の内容は，モデルの検討に必要な範囲で触れ

るにとどめ，詳細には立ち入らない。

　アリソンが提示した3つのモデルは，それぞれ，第1モデル「合理的行為者モデル(rational actor model)」，第2モデル「組織過程モデル(organizational process model)」，第3モデル「官僚政治モデル(bureaucratic politics model)」[16]と呼ばれる。

　第1モデル「合理的行為者モデル」は，国家を基本的な分析単位とし，それを一個の合理的アクターとみなすことで，外交政策は国家が自らの利益(国益)を最大化するために行う合理的選択の結果と説明する。この第1モデルと，国際関係学におけるリアリズム理論が，多くの要素を共有していることは，改めて指摘するまでもなかろう。実際，第1モデルの構築に際しては，H. モーゲンソーの議論など，リアリズム理論が多く参照されている。第1モデルは，外交政策決定分析へのリアリズム理論の応用ということができる。

　第2モデル「組織過程モデル」は，政府内の官僚組織を分析単位とし，外交政策は各組織がそれぞれに行う活動の結果と説明する。その結果，外交政策が必ずしも国家の利益に沿わない不合理なものとなり得るほか，政策決定過程にもいくつかの特徴が表れることになる。たとえば，対応すべき問題は，総体として扱われるのではなく，各組織の管轄領域にしたがって細分化され分担される傾向がある。また，時間や資源の制約から，決定に際しては，短期的な視野に基づいて，既存の選択肢や最初に提示された選択肢が選択される傾向がある。さらに，各組織は問題に対応する際に，その問題に最適な行動ではなく，組織内でルーティン化された行動を適用する傾向がある。このような，各組織内でルーティン化された行動は，「標準作業手続(standard operational procedure: SOP)」と呼ばれる。SOPをはじめとして，既存の組織が具えている活動パターンが政策決定に影響を与える，という第2モデルの想定は，比較政治学の領域において「歴史的制度論」が提示する視点と，非常に共通点が多い。アリソンがこのモデルを構築する際に引用するJ. マーチやH. サイモンらによる組織論の成果(March & Simon 1958)は，歴史的制度論の成立にも強い影響を与えた。この事実からも，両者の理論的親和性の高さが推定される。これらについては次節で改めて言及する。

第3モデル「官僚政治モデル」は，閣僚など，政府内の高位に位置する個人を分析単位とし，外交政策をこの人々の相互作用の結果と説明する。彼らは，目的を共有しつつも，それを実現する手段については，それぞれの経験や関心などに基づく見解の相違が存在するため，政策選好を共有していない。そのため，政府内に政策決定をめぐる対立が生じ，これに勝ち抜くための闘争や交渉，合従連衡が展開される。この時最終的に決定される政策は，勝者の政策選好に他ならない。

　この第3モデルは，政策決定にかかわる諸アクターに着目し，それらの相互作用という観察可能な要因から政策決定を説明する行為論的なモデルで，実証分析との親和性が高い。そのため，のちに政策過程研究における標準理論のひとつとして確立されていく。

　アリソンの研究では，第3モデルで取り扱われる対象は政府高官のみであった。このような対象範囲の限定は，アメリカという大統領制国家とキューバ危機という特異な危機状況という，分析対象の性質から導かれたものであって，行為論的モデルという第3モデルの本質に照らして，モデルに内在的なものではない。分析の対象が異なれば，分析単位となる諸アクターも当然に異なり得る。場合によっては，議会に所属する政治家や比較的低位の官僚，ある程度の一体性を有する組織が，アクターとして分析の単位となることもあり得よう。

　このように，アリソンの第3モデル「官僚政治モデル」は，実証分析への適用において，対象と整合性をもたせる調整が必要となるものの，政策決定を説明する行為論的モデルとして，有力な枠組を提供するものであり，その視点は本書にとっても有用な知見となり得る。

第2節　歴史的制度論

　本節では，近年比較政治学の分野を中心に展開されている「歴史的制度論 (historical institutionalism)」についての検討を行い，本書の分析枠組の構

築にとり有効な知見を抽出する。歴史的制度論は，コンストラクティヴィズムと一定の理論的親和性をもちつつも，その限界を超える可能性を提示する。

歴史的制度論とコンストラクティヴィズム

比較政治学分野の研究の主たる目的は各国の政治の比較にある。90年代以降広く用いられるようになっている有力な研究潮流のひとつである歴史的制度論は，特定の政策領域における各国の政策展開の比較に適用されることが多く，このため国内の政治過程にかかわる様々な要因を視野に入れつつ，長期的な視野から政策の形成や展開を分析・説明するための一般的枠組を発展させてきた。したがってその知見は，本書にとっても有用なものとなり得る。

歴史的制度論の理論的淵源は多岐にわたるが，マルクス主義の経済構造還元論と多元主義の利益団体還元論の双方を批判したT. スコッチポルらによる分析視角としての国家中心主義(statism)に基づく諸研究[17]や，制度が組織内の決定に与える影響からそこでの経済的合理性の限界をモデル化したサイモンやマーチ，J. P. オルセンらによる組織論的制度論[18]，また多元主義を批判して利益(interest)の政治的表出のありようを論じた多次元的権力論の成果[19]などが，中心的なものとして挙げられよう(Hall & Taylor 1996; 宮本 2001; Kato 1996; Immergut 1998; Thelen & Steinmo 1992)。

ここで特に歴史的制度論に着目するのは，これがコンストラクティヴィズムと高い理論的親和性をもちつつも，その限界を超える議論を展開しているためである。歴史的制度論は，アクターを必ずしも個人に設定せず，制度をアクターに遵守すべき行為のルールを与え，のみならずアクターの自己利益に対する認識をも規定する構造論的な要因と捉えて，政策展開を説明する傾向がある。両理論の親和性を端的に示すのが，アクター，利益，合理性の概念に見られる類似である。歴史的制度論は，アクターの自己利益に関する主観的認識をアクター自身に内在的な要因ではなく，制度という外部の集合的環境から影響を受ける要因と捉える。またアクターの行為の動機づけとして，自己利益を最大化するための「合理性」のみではなく，制度によって規定さ

れる「規範」や，ルールに適合的であるという「適切性」の影響をも想定する。ここにコンストラクティヴィズムと歴史的制度論の類似性を読み取ることは容易だろう。

　両者の理論的親和性は，単なる偶然の産物ではない。両者は，国際政治理論と比較政治理論というそれぞれのディシプリンにおいて，冷戦状況下にあってマルクス主義をめぐる対立を中心に展開される学術論争への対抗として，60年代ないし70年代より積み重ねられた諸研究の成果を引き継いで理論化された。この両者が90年代に相次いで一大潮流として興隆し得たのは，両者に共通する理論的特徴が，この時期の政治状況を分析する際に強い説得力をもたらしたためと考えられる。前節の検討では，冷戦の終結によって東西対立という包括的視点のありどころを失った国際政治理論が，事象をその個別性・具体性から分析する際に，コンストラクティヴィズムが有用な視点を提示し得たと論じた。恐らく歴史的制度論の流行にも，同様の背景を見出すことが可能であろう。たとえば，歴史的制度論の発展に大きく寄与した福祉国家研究の分野では，それまで多くみられた福祉国家体制の比較に代わって，この時期から個別の福祉政策研究を通して各国の福祉国家としての特徴を描きだそうとする研究が増加した。[20] これは，一義的には福祉国家研究の熟成が進み，より精緻な福祉国家理解の必要性が認識され始めたことに起因する。ただ，そのように基本的認識が転換する契機として，従来の福祉国家体制分析を背景づけていたマルクス主義をめぐる対立が，冷戦の終結とともに決定的にリアリティを失ってしまったことの影響を指摘することはできよう。

　ただし両理論は，異なるディシプリンへの同一理論の適用，といった単純な関係にあるわけではない。両者の分析視角には，無視し得ない相違が存在する。コンストラクティヴィズムにおいてはアイデンティティ，規範，文化，制度といった広範な認知的要因が重視されるのに対して，次項で詳しく見るように，歴史的制度論は，より限定的あるいは個別具体的な要因としての制度に着目する。[21] またこうした要因と変化の関係についても，歴史的制度論の方が精緻な議論を展開している。以上から，歴史的制度論が提示する知見

は，本書にとって有効なものと期待できる。

制度・政策・変化

歴史的制度論は，政策決定にかかわるパターン化された行為としての制度に着目し，その政策に対する影響を重視する。歴史的制度論を用いた典型的な研究枠組では，具体的な政策プロセスや政策展開を説明するため，アクターに遵守すべき行為のルールを与え，さらにはアクターの自己利益に対する認識をも規定する制度が独立変数として設定される。そこでは，集団や組織などのアクターが，制度に枠づけられて，具体的な政策プロセスを織りなしていくさまが描かれる。歴史的制度論は，日本の防衛政策形成プロセスの分析にとっても，有用な視点を提示してくれよう。

歴史的制度論が想定する制度とは，政策プロセスに表れるアクターの利益や影響力を規定する，政策決定にかかわる公式・非公式のルールであって，政策決定にかかわる機関や組織から暗黙の手続といったものまでが含まれ得る。たとえばE. インマーガットは，議会における議決やレファレンダムなど，政策決定過程のなかにあって政策を廃棄へと追いやることができる制度的関門を「拒否点(veto point)」と呼び，この拒否点の数が多いほど新たな政策の導入は困難になると論じる(Immergut 1992a; 1992b)。またB. ロトスタインは，先進国の労働組織率を比較して，労組が失業保険を運営するゲント制(Ghent system)の存在から北欧諸国の労働組織率の高さを説明する(Rothstein 1992)。

こうした制度は，行為者の利益認識を構築し，あるいは行為を規定することで，政策プロセスを改めてパターン化＝制度化する機能をもつ。いい換えるなら，歴史的制度論が想定する制度は，基本的に自己を再生産する機能をもつ安定的な存在であるといえる。したがってこの枠組は，政策内容や政策プロセスの継続あるいはインクリメンタルな変化といった現象の説明に特に有効である。歴史的制度論による諸研究において，その理論的核心にかかわるものとして頻繁に用いられる「経路依存性(path-dependency)」という概念は，ある政策の内容が先行する政策の内容に規定されるという，政策プロ

セスに見られる継続的あるいは漸進的な傾向を表す術語である。たとえば，歴史的制度論の成果のひとつである「政策遺制(policy legacy)」の概念は，この経路依存が政策プロセスにおいて発生するメカニズムを明らかにする視点のひとつといえる。米英の新保守主義政権による福祉政策縮小のプロセスを検討し，一度福祉政策が実現されるとその継続によって利益を得る集団（政策を実施する官僚機構や福祉受給者など）が形成され，その集団は圧力団体として福祉政策の継続を求めるため，政策の縮小・廃止が困難になる，と論じたP. ピアソンの研究は，「政策遺制」概念を用いた代表的な成果である(Pierson 1994)。

また，アリソンの第2モデル「組織過程モデル」で重視される「標準作業手続(SOP)」は，この経路依存性の具体的な形態といえる(Allison 1971)。さらにいえば，諸組織がもつ活動パターンが政策決定に影響を与える，というアリソンの第2モデルの想定の大枠は，この歴史的制度論によって理論的根拠を与えられ，その一部として統合され得ると見ることもできよう。この意味で，歴史的制度論は，アリソンの第2モデルを精緻化し比較政治学に適用する，統合理論としての側面をもつ。

さて，こうした，事象の継続を説明することに威力を発揮するという歴史的制度論の理論的特徴は，転じれば変化を説明するうえでの弱点ともなり得る。この点にも，コンストラクティヴィズムとの理論的類似を見出すことができる。ただ歴史的制度論者たちは，この弱点を十分に意識し，その克服を目指してきた。K. セレンとS. スタインモは，初期の理論的レヴューにおいて，歴史的制度論の研究のフロンティアとして4つの課題を掲げていた(Thelen and Steinmo 1992)。この4つの課題，①制度のダイナミズム，②安定した制度のもとでの政策変化，③変化の対象としての制度，④制度的制約のもとでの観念的革新(ideational innovation)は，いずれもが制度と変化の関係に焦点をあてるものであった。そして実際，こうした課題に取り組む研究も数多く行われてきている。たとえば先にも触れたロトスタインの研究(Rothstein 1992)は，スウェーデンにおけるゲント制の導入を労働指導者の戦略的行動から説明するという点で，③の課題に対応するものといえる。

なかでも制度自体の変化を理論化しようとする①「制度のダイナミズム」という課題については，「断続均衡(punctuated equilibrium)論」が提唱され，通説的な地位を得るに至った。これは，生物種の進化が断続的かつ突発的に発生すると考える，進化生物学における「断続均衡説」に着想を得て理論化されたもので，制度が長期間の安定期の後に突発的に変化する，とする説である(Krasner 1984)。断続均衡論においては，突発的な変化の時期は「歴史的岐路(historical juncture)」と呼ばれる。この時期には，それまでの歴史的展開とは断絶した，様々な変化の可能性が生じる特殊な状況が生起する。そこで実現する変化は偶然の事象や小さな出来事によって決定されるもので，それまでの歴史状況から演繹することはできないとされる。しかしながら，偶発的事情から起こった変化は，のちのプロセスに対しては強い影響を与え，初期の変化の方向性が「ロック・イン(lock-in)」され，再び均衡状態が長く続くことになる。

　このように，従来歴史的制度論は，説明対象を政策的ダイナミズムに設定した場合，制度のインクリメンタルな圧力により政策が継続されるとするか，断続均衡論に基づいて制度の突発的かつ急激な変化により政策が激変するとするかの，何れかの説明を採用することが多かった。いい換えるなら，制度変化が起きる時には，劇的な大変化が生じるし，そうでない場合には従来の制度状況がインクリメンタルに継続する，との2極的な見方が有力であった。この，従来の制度状況の継続，という想定がコンストラクティヴィズムのそれとよく似ていることは，改めて指摘するまでもなかろう。もちろん，両理論が独立変数とする要因に違いがある以上，それぞれに立脚してなされる分析を単純に同一視することは間違いであるが，特に制度や政策の継続期についての説明や評価に関しては，大枠において類似した結果が導かれると予想できる。

　こうした継続と激変に特徴づけられる2極的な変化観に対して，近年，両極の間をつなぐ新たな制度変化モデルが構築されつつある。セレンやJ.ハッカーは，突発的・劇的な変化という断続均衡論の想定を批判し，より長期的・漸進的に制度変化が発生する可能性を指摘し，漸進的累積的変化とし

てそのメカニズムを理論化した(Thelen 2004; Hacker 2004; 新川・ベラン 2007)。この見方によれば，短期的・個別的にはインクリメンタルとみなされる程度の変化であっても，特定方向への偏りがある変化が複数継続・累積すれば，全体として制度の構造転換や制度の目標・機能の変質がもたらされ得る。この漸進的累積的変化は，理論的にさらにいくつかのパターンに分類することができる。代表的なものを挙げれば，まず既存の制度に大きな変更を加えることなく，新たな制度を導入することにより既存制度の効果を実質的に変更して政策変化を導く，「制度の重層化(institutional layering)」である。次いで「制度の転用(institutional conversion)」は，現場職員の裁量幅が大きいあるいは制度自体が曖昧といった場合に，制度の運用に予期せぬバイアスがかかった結果，所期の目的や機能が実質的に変化し政策変更効果がもたらされるというパターンを指す。制度自体は不変であるにもかかわらず，環境変化により制度の効果に実質的な変化が生じるパターンは，「制度の漂流(institutional drift)」と呼ばれる。これら以外にも漸進的変化のパターンを想定することは可能であろうし[22]，これらのパターンが実証上必ずしも明確に区別できるわけではない。

　さて，以上に述べた相違を踏まえたうえで，断続均衡論と漸進的累積的変化論の関係についてはさらなる検討の必要があろう。変化モデルに見られる違いから，両者を二者択一的な排他的関係にある理論と直ちに想定することはできない。つまり，両者は異なるメカニズムによって起こる異なる変化を想定する理論であるとは断定できないのである。

　確かに，短期的に生起する激変と中長期的に起こる漸変との間には，直感的に大きな違いがあるように思われる。しかしながら，短期―中長期，あるいは激変―漸変という区別は，分析者の視角設定などによっても影響を受け得る相対的なものともいえる。このように捉える場合，両理論の違いは，それぞれが想定する変化モデルおよび妥当する現象の違いというより，分析者が設定する分析視角の違い，より具体的には分析対象とする制度と政策の関係や政策プロセスのタイム・スパン，焦点をあてる決定レヴェルなどの違いによって生じるものと解することもできる。

たとえば，制度と政策が1対1で対応するような非常に近い関係にある分析対象を設定し，タイム・スパンを比較的短く取り，高次の決定レヴェルに焦点をあてた分析を想定しよう。[23] この場合には，実際には低次の決定レヴェルにおいて中長期にわたって漸進的累積的変化論が想定するようなプロセスが進展していた場合でも，それらの要因は捨象され，高次の決定レヴェルにおいて短期的に「歴史的岐路」が生起し，そこで行われた決定により制度が変化し，その結果政策が変化した，との観察が得られよう。当然この場合，観察結果を説明する枠組としては断続均衡論が妥当するように見えることになる。

全く同じ対象を，より長期的なタイム・スパンを取り，低次の決定レヴェルに焦点をあてて分析するとどうなるか。低次の決定レヴェルに着目することで，対象である政策と関係するより低次の制度群を視野に収めることができ，これにより1対1ではなくより複雑な制度―政策関係が示される可能性がある。さらにこれと合わせて中長期的に起こっていた変化が可視化されることで，発生する制度変化がより漸進的なものと見える可能性が高い。したがって，ここでは漸進的累積的変化論に基づく説明が，より高い妥当性をもち得る。

以上のように，断続均衡論と漸進的累積的変化論は，制度変化を異なる視角から分析する枠組と位置づけることも可能である。その場合両者の違いは，それぞれが提示する制度変化モデルにかかわる本質的なものというより，分析枠組として実証対象を抽象・捨象する程度の違いから生じる相対的なものと見ることができる。

現時点でそれぞれに固有の視角を要素ごとに列挙することは難しいが，上述の例に照らして大まかな傾向を示すことはできよう。つまり，単一の制度が対象，タイム・スパンが短い，高次の決定レヴェルに着目する，といった分析視角は断続均衡論により適合的であり，逆に複数の制度が対象，タイム・スパンが長い，低次の決定レヴェルに着目する，などの視角は漸進的累積的変化論と親和的である，という傾向である。[24]

以上の議論は，断続均衡論と漸進的累積的変化論の関係について，あり得

る視点のひとつを提示するものであって，両者の関係を包括的に検討したうえで確定的な結論を導くことを目的としていない。したがって以上から，両者が相互排他的な関係にあるとの見方や，両者が提示する制度変化モデルの相違が示唆する重要性が，直ちに否定されるわけではない。ただ，ここで提示した両理論の関係や分析視角との親和性に見られる傾向は，実証分析を行うにあたって適用すべき変化モデルを選定するうえでの一助となり得るものと考えられる。

アイディア

ところで，歴史的制度論の文脈においては，重要な分析概念として，しばしば「アイディア」が取り上げられる。「アイディア」は，制度とは区別される概念で，制度と密接に関連して政策に影響を与えるものとされる。たとえば前項で述べた歴史的制度論の4つの課題のうちの，④「制度的制約のもとでの観念的革新」は，この「アイディア」の重要性に焦点をあてるものであるし，②「安定した制度のもとでの政策変化」に関しては，「アイディア」の影響に着目することで，必ずしも制度変化を前提としない政策変化についての議論が展開されるなどしている (Hall ed. 1989; Hall 1993; Skocpol 1992; Rueschemeyer and Skocpol 1996)。

ここでいう「アイディア」は，政策内容や政策を基礎づける価値に関する観念的要因である。「アイディア」は，様々な政策提案や政策パラダイム，場合によっては政治的言説などのなかに示され，特に政策イニシアティヴに大きな影響を与える。そこには，政策によって追求すべき目的は何か，いかなる政策が実施されるべきか，ある政策が何を実現し得るのか，といった事項が，一定の具体性をもった政策内容を伴って表れる。このため「アイディア」は，専門家や官僚にとっての重要な影響力資源とされることが多い。

制度が，主としてアクターにとっての外的な制約要因としてその認識や行為に影響を与えるのに対して，「アイディア」は，認知情報としてアクターに内部化されることにより，その認識や行為に影響を与える。制度が比較的中長期的に安定した存在であるのに対し，「アイディア」は，制度に比べれ

ば短期的に生成・変容・消滅し得るものといえる。「アイディア」が政策変化を説明する枠組に取り入れられるのは、このような性質のためといえる。

　歴史的制度論の文脈において「アイディア」の役割を重視する議論によれば、観念的革新によりもたらされた新たな「アイディア」は、政策プロセスを形成する制度と結びつくことでそのプロセスに参入する可能性を帯び、それが実現した場合には制度のインクリメンタルな制約を乗り越えて経路逸脱的な政策変化を導く可能性がある、とされる(Hall 1992; Hall and Taylor 1996)。「アイディア」は、あくまで政策にかかわる認識であって、いかに優れたものであろうと、それ単体では政策プロセスに参入することはできない。「アイディア」は、制度によって政策プロセス内で一定の影響力をもつ位置を占めるアクターに支持されることで、政策プロセスに参入し、そこで影響力をもつことができる。当然、そこでの「アイディア」とアクターおよび制度との結びつきは無原則なものではなく、「アイディア」の内容と、アクターあるいは制度が内包する政策的バイアスの間に、ある種の親和性が存在することが条件となる。たとえば、官僚を意思決定アクターとする制度のもとでは、官僚権限の大幅削減をもたらす「アイディア」は、政策プロセスに参入することは困難であろうし、革新的な「アイディア」は、保守政権の政府内意思決定制度のなかでは政策化に向けた後押しを得られづらいだろう。

　このように「アイディア」と制度は、理論的には別個の分析概念として峻別され得るものの、実証上は非常に密接な関係にあるといえる。歴史的制度論の文脈において「アイディア」の重要性に言及する研究が多く見られるのは、そのためである。

　以上の議論を踏まえて、政策変化を従属変数とした場合の「アイディア」と制度の関係を考えてみよう。まず、「アイディア」と制度のどちらか一方が独立変数、他方が媒介変数、といった固定的な関係を理論的に定めることはできない。いい換えるなら、両者の因果関係は、モデルの設定や分析枠組、事例に依存するものといえる。実証のなかで両者を厳密に区別する場合、あるいは両者間の因果関係の解明を目指す場合を除き、両者の関係を厳密に定義する意味は小さいともいえよう。

また、「アイディア」の重要性は、必ずしも先に述べた制度変化を伴わない政策変化の説明に限定されるものではなく、政策変化が制度変化を伴う場合にも重要性をもち得る。革新的な「アイディア」が政策プロセスへの参入を果たし、政策変化が生じる場合、その「アイディア」の政策プロセス参入を可能とする制度は、既存のものの場合もあれば、新たに形成されたものである場合もあるためだ。

　前者のケースは、既存の制度がたまたまそのバイアスに親和性をもつ革新的な「アイディア」を政策プロセスへと参入させた、と説明することができる。その場合にも、政策変化が導かれるプロセスのなかで、当該制度が維持される場合もあれば、何らかの変化を被ったり、新たな制度に置き換えられたりする場合もある。

　他方、後者のケースは、革新的な「アイディア」が既存の制度と親和性をもたない場合でも、政策プロセスに新たな制度が付加され、その新たな制度が「アイディア」との親和性をもっていたことで、それまで困難だった「アイディア」の政策プロセス参入が成功した、ということになる。

　新たな制度が付加される場合、および既存の制度が変化する場合には、「アイディア」の影響を捨象して、歴史的制度論のみの視点から、制度変化を独立変数として、政策変化を説明することは可能である。しかしこれらの場合にも、「アイディア」は決して無意味なわけではなく、この概念を導入することで、より精緻な分析が可能となる。たとえば制度変化を独立変数としても、媒介変数として「アイディア」を導入することで、単になぜ政策変化が起きたかのみならず、なぜ政策変化が特定の方向に向かったのかを、より詳細に説明し得るし、「アイディア」を独立変数とすれば、なぜそのような制度変化が生じたのかを説明する可能性が生じる。このように、歴史的制度論を用いた分析に、制度概念と理論的に密接に関連する「アイディア」の概念を組み合わせることで、より精緻な実証分析への可能性が開かれるといえる。

第2章　歴史的検討
―冷戦期日本の防衛政策―

第1節　冷戦期日本の脅威認識

　戦後，冷戦期を通じて，日本にとっての最大の軍事的脅威がソ連であったことは間違いない。東側陣営の頂点に位置し，アメリカと対峙して冷戦体制のメイン・アクターを演じたソ連は，その国際政治上の影響力においても，保有する軍事力の規模においても，日本にとって周辺に存在する最大の"仮想敵"であったといってよい。ただ防衛専門家の間では，ソ連が日本に軍事侵攻する可能性はごく低いという見解が，1980年代の新冷戦の時期を除く冷戦期の大部分を通して支配的であった。その理由としては，ソ連の主たる関心は東西勢力が直接に対峙するヨーロッパ地域にあり，極東地域に対する関心はいわば副次的なものにとどまること，中ソに緊張関係があり東アジアにおけるソ連の仮想敵は主に中華人民共和国であること，ソ連の軍備は巨大ではあるものの主に防衛的意図に基づいて整備されたものと考えられること，などが挙げられた。ソ連の軍事的脅威は，規模は大きいものの，蓋然性は低いと評価されていたのである。

　では，日本にとって最も蓋然性の高い軍事的脅威は何であったのか。この点についても軍事専門家の見解は概ね一致していた。朝鮮民主主義人民共和国(北朝鮮)である。そもそも戦後日本の防衛体制は，北朝鮮と韓国を隔てる38度線を正面とする共産主義ブロックの脅威に対抗して形成されてきた側面が強い。日本の再軍備の背景に朝鮮戦争とこれをめぐるアメリカ側の日本

再軍備要求があったことは周知のとおりであるし，日本の防衛政策の根幹にある日米安全保障条約も，アメリカにとっての主たる目的のひとつは朝鮮半島情勢への対応であった。

北朝鮮は，1950年に勃発した朝鮮戦争において，朝鮮半島の支配権を争って韓国およびアメリカを中心とする国連軍と戦った。53年の停戦以後も，今日に至るまで北朝鮮と国連軍の間には講和条約が締結されておらず，北朝鮮は戦時体制を崩していない。その北朝鮮にとってみれば，西側陣営に属し，主たる敵であるアメリカとの間に安全保障条約を結び，韓国政府を正式に承認して北朝鮮との国交をもたない日本は，敵側陣営の一角を成す存在と位置づけられる。

北朝鮮が日本に直接侵攻する可能性は極めて低く，その軍事的脅威はさほど大きくはなかったといってよい。しかし，北朝鮮はいまだ終結していない朝鮮戦争を現に戦い続けている。もし停戦が破られるような事態になれば，国内の混乱による日米安保の機能不全を惹起すべく，北朝鮮が日本に何らかの攻撃をかける蓋然性は高いし，半島情勢の変化を狙って日本を標的とした軍事行動を取る可能性さえ完全には否定できない。北朝鮮の軍事的脅威は，日本にとって相当程度蓋然性の高いものと位置づけられた。

このように，戦後日本にとっての主要な軍事的脅威であったソ連と北朝鮮は，規模と蓋然性という点において，質的に異なる脅威だったといえる。加えて，日本にとっての対処可能性という側面においても，2つの脅威は大きく異なる性質をもっていた。冷戦体制という世界システムに根ざすソ連の脅威は，少なくとも軍事的側面においては秩序受容者の位置にあり続けた日本にとって，軍事的手段によっても外交的手段によっても，独力で縮小・解消を図ることが極めて困難なものであったといってよい。

他方，北朝鮮の脅威は，基本的には地域システム内要因であったといえ，東アジア地域においては秩序形成に参与し得るアクターであった日本にとって，何らかの方法によってその縮小・解消を図ることはあながち不可能ではなかった。たとえば，北朝鮮との国交樹立や平和条約の締結は，この目的を達する手段としては十分考慮に値するものであったといえよう。ただ，冷戦

体制下にあって防衛上の根幹を日米安保条約に依存する日本にとっては，こうした選択肢は現実として選択不能なものであった。日朝国交回復は，アメリカにとって，日米安保条約の主要な存在意義が失われかねないことを意味し，結果的に安保条約の実質的破棄に等しい。となれば，日本は冷戦状況のなかで十分な安全保障手段をもたぬまま孤立することになる。それは到底現実的な選択肢とはみなされなかった。冷戦状況が過酷な時期，日朝の関係改善努力は常にこの大きな障害を抱えており，両者の関係を決定的に改善することは極めて困難であったといってよい。

付言すれば，在日朝鮮人が多く居住しており，在日本朝鮮人総聯合会(朝鮮総連)などの組織が存在する日本にとって，北朝鮮との関係は国内政治的にも複雑な影響をもたらすものであるため，取り組みが非常に難しい問題といえる。

第2節　冷戦期日本の防衛政策の概要

本節では，以後の議論の前提として，冷戦期の日本の防衛政策がどのようなものであったのかを確認する。まず，防衛政策の基本文書から3つの路線とそのアイディアを抽出する。次いで，冷戦末期に日本の防衛政策の中核として定着した日米安全保障条約について確認する。

防衛政策の3路線

防衛政策の中心目的である国土の防衛をどのように実現するのか，という防衛戦略の最も基本的な方針を防衛方針と呼ぼう。戦後日本の防衛方針には，3つの政策路線が見られた。すなわち，「国連中心」路線，「自主防衛」路線，「安保重視」路線の3つである。実際の防衛政策はそれらのせめぎ合いによって形成されてきた側面がある。

戦後日本の防衛方針を最も端的に示しているのは，「国防の基本方針」である。「国防の基本方針」は，1957年5月に閣議決定された前文および4項

からなる政府文書で，防衛政策の基本方針を簡潔に示しており，現在に至るまで一度も変更されることなく維持されている。[25] 前文では「国防の目的は，直接及び間接の侵略を未然に防止し，万一侵略が行われるときはこれを排除し，もって民主主義を基調とする我が国の独立と平和を守ることにある」とする。続く本文の全4項目には，日本の「独立と平和を守る」という目的を実現するための具体的な方策が示されている。

　第1項では「国際連合の活動を支持し，国際間の協調をはかり，世界平和の実現を期する」として，国連を中心として集合的安全保障を確立しそれによる世界大の平和を実現することで，日本の安全保障を果たそうとする構想が示される。ここから導かれるのが「国連中心」路線である。しかしながら，国連による世界平和の実現はいまだその目処がつかず，それによって国防の目的を果たすとの構想は，現実に防衛政策を形成するための方策とはなり得なかった。当時の状況において，そして現代においても，この規定はいわば最終的な理想を示しその実現を目指す努力規定と捉えられる傾向が強い。より現実的な政策構想は第2項以下で示される。

　第2項は「民生を安定し，愛国心を高揚し，国家の安全を保障するに必要な基盤を確立する」とする。これは，日本を強固な国民国家とし，その国内条件によって国防を果たそうとするもので，明示されてはいないものの自国の安全保障を自国が担うという「自主防衛」路線を示唆する規定といえる。この構想は次項において明示される。

　第3項では「国力国情に応じ自衛のため必要な限度において，効率的な防衛力を漸進的に整備する」と，経済状況を重視した限定的防衛力整備の方針を示す。ここでいう「防衛力」とは，端的にいえば目的を自国の防衛に限定された軍事力である。周知のように第2次大戦後の日本は，憲法9条により，軍隊の保持を否定した。この前提を維持したうえで，法体系上否定されていない自衛権の範囲内においては軍事力の行使も可能である，との憲法解釈のもと，自衛のための軍事力として整備されたのが，防衛庁・自衛隊であった。[26] 防衛庁・自衛隊は，独自の軍事力によって日本の独立と安全を守ろうとする「自主防衛」路線を具現化したものといえる。

第4項では「外部からの侵略に対しては，将来国連が有効に機能し得るに至るまでは，米国との安全保障体制を基調としてこれに対処する」として，国連重視の姿勢を維持しつつも，日米安保体制に基づくアメリカの軍事的庇護を防衛方針のなかに据えている。ここに示される姿勢が「安保重視」路線である。

以上のように「国防の基本方針」は，戦後日本の防衛方針として，「国連中心」路線，「自主防衛」路線，「安保重視」路線という3つの方向性を示している。そして，これら3つのうち主に現実の防衛政策を導いたのは，「自主防衛」路線と「安保重視」路線の2つであった。「自主防衛」路線は，防衛庁・自衛隊という実力組織を中心として展開される政策を導いた。その中核は「防衛力整備」であった。冷戦期においては，日本のソ連の脅威に対抗するうえで十分な軍事力水準を容易には実現し得ず，また「冷戦による平和」のもとで実際に軍事力を行使する機会をほとんどもたなかった。そうした状況のもとでは，「自主防衛」を担う防衛庁・自衛隊の業務の中心は軍事力行使ではなく，その拡充を目指す「防衛力整備」に限定されたのである。他方，「安保重視」路線はアメリカとの2国間関係を中心として推進されるべきものであったため，日本国内においては外務省が中心となって日米安保体制にかかわる政策を展開し，防衛庁・自衛隊および防衛施設庁は，主に運用の現場レヴェルにおいてこれに参画していた。ただそこでも，日本側は憲法9条に関する政府解釈によって集団的自衛権行使を禁じられているため，活動の中心は米軍と自衛隊との軍事的協力ではなかった。安保条約の運用にとって最大のテーマは，在日米軍基地をめぐる諸問題であった。

日米安全保障条約

日米安保体制とは，第2次大戦後の日米の友好関係を基礎づけてきた，安全保障問題にかかわる両国の協力関係を指す。その中核にあるのが，いうまでもなく「日米安全保障条約（安保条約）」である。

安保条約は最初，1951年，サンフランシスコ講和条約とともに締結された。この旧安保条約（「日本国とアメリカ合衆国との間の安全保障条約」）は，

占領軍の駐留をほぼそのままの形で継続させる「駐軍協定」(佐道 2003, 15)に等しいものであり，軍事的取極めの色彩が強く，憲法により軍事力を放棄した日本の防衛は，「占領軍」から名を変えた「在日米軍」に相変わらず任されていた。しかしその後，朝鮮戦争などを経て日本が自衛隊という軍事力をもつに至ると，旧安保条約の片務性と日本の自主防衛の欠落を問題視して，この改正を求める声が強まった。

57年には，岸信介政権下で旧条約の見直しが開始され，60年には日米双方が協力して日本の防衛を行うことと改めた，新たな安保条約(「日本国とアメリカ合衆国の間の相互協力及び安全保障条約」)が締結されるに至った。この新条約は，今日に至るまで日米安保体制の核として機能し続けている。[27]

新条約は，前文において，日米両国が民主主義，自由，法の支配という価値を共有し，経済的協力を行い，国連憲章のもとで平和を求め，極東における平和および安全の維持に関心をもつ，などの幅広い内容を示している。また本文においても，第1条では国連との関係を，第2条では経済的協力を規定している。旧条約とは異なり，幅広い性格をもったこの新安保条約を中心に，安全保障分野の日米同盟に限られない幅広い2国間関係として，日米安保体制が再定義され整備されていくことになる。

とはいえ，この新条約の締結によっても，日米関係における片務性が解消されたわけではない。周知のとおり，アメリカ側は日本を防衛する義務を負うものの，日本はアメリカの防衛に協力する義務を負わない。日本の防衛という視点から見れば，アメリカ側はこの目的のために自国の兵員を提供する立場にあり，これに対し日本は国内の土地を米軍基地として提供する。安保条約の本質が「物と人との協力」(坂元 2000)にあるといわれる所以は，ここにある。より直截にいえば「土地と人の交換」ということになろう。アメリカ側は日本防衛のために人員を提供する代わり，日本国内に基地を置き，これを日本防衛のみならず東アジア地域ひいては世界への軍事力展開拠点として利用することで，自国の安全保障戦略に役立てる。アメリカ側にとっての安保条約の意義は，この点にある。

したがって，安保条約の運用とは，通常，「土地と人の交換」を存続させ

る活動を指す。具体的には，安保条約の平時運用における活動の中心は，在日米軍基地にまつわる土地問題への対応となる。ここには地元対策や日米地位協定の取り扱いも含まれる。このため日米双方は，安保条約の締結以降，在日米軍基地の取り扱いに，膨大な労力を費やしてきた。であればこそ，防衛庁には(自衛隊基地を含む)基地問題の取り扱いに特化した防衛施設庁という下部機関が存在し，外務省にも北米局安全保障課のもとに基地問題対策室という専門部局が設けられている。日米安保を維持運用するため，日本側はこうした組織を中心に，日々在日米軍基地をめぐる土地問題と地位協定の実施に取り組んでいる。さらにこの他にも，安保の平時運用の内容は，日米間の事務調整から，駐留米軍への平時支援，基地労働者の労務対策など，多岐にわたる。この意味で，日米安保という枠組の実態は，こうした平時の運用としての諸活動の積み重ねにあるともいえる。

　しかし当然ながら，日米安保の運用とは，こうした土地問題を中心として，日々積み重ねられる「平時運用」に限られない。本書が特に重視するのは，主に有事における運用である。この点についてはのちに改めて述べる。

　さて，安保条約の防衛政策としての重要性は，特に第5条および第6条に表れている。第5条は日本有事，すなわち日本が侵略を受けた場合(5条事態)に関する規定であり，「各締約国は，日本国の施政下にある領域における，いずれか一方に対する武力攻撃が，自国の平和及び安全を危うくするものであることを認め，自国の憲法上の規定及び手続に従って共通の危険に対処するように行動することを宣言する」として，アメリカに日本の共同防衛義務を課している。対して第6条は「日本国の安全に寄与し，並びに極東における国際の平和及び安全の維持に寄与するため，アメリカ合衆国は，その陸軍，空軍及び海軍が日本国において施設及び区域を使用することを許される」としている。在日米軍は日本のみならず極東地域の安全を確保するために存在することが明示されているのであって，これは極東事態(6条事態)に関する規定といえる。このように，安保条約は，有事に際しての米軍の役割を規定している。しかし，その場合米軍と自衛隊がいかなる関係のもとに行動するのかについて，安保条約に具体的な記述は存在しない。

このうち，日本有事(5条事態)の際の自衛隊と米軍の関係は，76年(昭和51年)に策定された「防衛計画の大綱」(51大綱)において初めて以下のように具体化された。

「直接侵略事態が発生した場合には，これに即応して行動し，防衛力の総合的，有機的な運用を図ることによって，極力早期にこれを排除することとする。この場合において，限定的かつ小規模な侵略については，原則として独力で排除することとし，侵略の規模，態様等により，独力での排除が困難な場合にも，あらゆる方法による強じんな抵抗を継続し，米国からの協力をまってこれを排除することとする」(「防衛計画の大綱三-2. 侵略対処」)。

つまり，侵略への対応は一義的には自衛隊が行い，米軍は自衛隊の能力が不十分である場合にその補完をする，という関係である。ここに示される「限定小規模侵略独力排除方針」は，安保体制下にあっても，可能な限り自国のみで防衛役割を果たそうとする「自主防衛」路線の端的な表現といえる。前半で「限定小規模侵略独力排除方針」をまず示し，後半で米軍の協力を前提とする方針を示すこの「侵略対処」規定は，「自主防衛」と「安保重視」がせめぎ合う戦後日本の防衛政策の状況を反映している。

日本有事における自衛隊と米軍の関係は，78年に日米間で締結され閣議決定された行政文書，「日米防衛協力のための指針(ガイドライン)」においてさらに具体的に規定される。「自衛隊は主として日本の領域及びその周辺海空域において防勢作戦を行い，米軍は自衛隊の行う作戦を支援する。米軍は，また自衛隊の能力の及ばない機能を補完するための作戦を実施する」(「日米防衛協力のための指針」II-2-(2)-(イ)作戦構想)。ここでいう「自衛隊の能力の及ばない機能」とは，主に日本の領域外に存在する敵拠点への攻撃機能を指す。すなわち日本有事に際しては，自衛隊が日本を守る「盾」，米軍が敵拠点を攻撃する「矛」という，攻守の役割分担が設定されたのである。

そのほか「ガイドライン」では，大きく分けて2つの分野で，自衛隊と米

軍の協力体制についての研究を開始することとした。ひとつは，第1項および第2項に基づいて行われる，共同作戦計画などを中心とする日本有事への対処に関する研究で，「ガイドライン」締結後，実際に日米間で制服組を交えて研究が進展した。この結果として，日米間の軍事演習も増大した。

　もうひとつの研究領域は，第3項に示された「日本以外の極東における事態で，日本の安全に重要な影響を与える場合の米軍に対する便宜供与のあり方」であった。この規定によって初めて，安保条約で示された極東事態（6条事態）における米軍と自衛隊の関係を明らかにするために具体的取り組みに着手することが宣言されたのである。しかし憲法で禁じられた集団的自衛権行使との関係から，この研究に対する国内の反対は根強く，実際にこの研究が進められることはなかった。

　以上，「ガイドライン」の規定が「軍―軍」の協力関係の研究にとどまっており，しかも極東事態における協力については研究さえも進展しなかったことから明らかなように，日米同盟の有事における運用の実質化は，ほとんど手付かずの領域として残されていた。この，取り残されていた「有事における運用」こそが，本書が安保の運用に関して重視する論点である。したがって本書では，以下特に断りがない限り，「安保の運用」という表現で，この「有事運用」を指すものとする。

　本書が重視する有事の安保運用は，日々積み重ねられている膨大な「平時運用」に比べれば，相対的に小さな活動領域に過ぎないともいえる。しかしのちに見るように，冷戦後日本の防衛政策形成プロセスにおいては，この相対的に小さな安保の「有事運用」が，重要な意味をもつことになった。

第3節　冷戦期日本の防衛政策プロセスの特徴

　55年体制下の日本の防衛政策については，多くの研究がなされてきた。本節では，まず防衛政策の中核を「安保重視」路線が占めるようになった事情を見た後に，防衛政策の決定プロセスに関する先行研究を取り上げその知

見を抽出して，55年体制下における防衛政策の特徴を明らかにする。

「安保重視」路線の定着

第2次大戦後，日本の防衛政策は，「国連中心」路線，「自主防衛」路線，「安保重視」路線の3つの路線，特に後2者がその中核の位置をめぐって争うなかで発展してきたことは，すでに述べたとおりである。この「自主防衛」対「安保重視」の争いは，1970年代後半に大きく「安保重視」路線優位へと傾き，80年代半ばまでには「安保重視」路線の勝利で最終的な決着がついたとされる（佐道 2003; 大嶽 1983; 中馬 1985; 瀬端 1998）。

70年代後半の情勢変化の契機となったのは，76年の「防衛計画の大綱」（51大綱）であった。詳細は資料編に譲るが，「51大綱」は，再軍備後の軍備増強路線を転換し，デタント状況とオイル・ショック後の経済状況を前提に，軍備抑制基調の新たな防衛政策の方向性を示すものであった。

この頃アメリカは，ヴェトナム戦争で疲弊し，アジア地域への前方展開を削減して地域諸国による自主防衛を求めていたものの，内政重視の姿勢が強く国際政治への関心が弱まっていたために，この日本の方針に特筆すべき反応を示さなかった。しかしその後，デタントの破綻と新冷戦に向かう流れが顕在化し始め，また自動車などをめぐる日米貿易摩擦が深刻化すると，アメリカは日本に防衛上応分の負担を求め圧力を強めることになった。他方日本の側では，ニクソン・ショックによりアメリカのコミットメントへの不安が強まっており，対米関係を強化して日本の安全保障環境を安定させたいとの思いが，特に政策担当者の間で強まっていた。

ここに日米軍事協力強化に向けた両国の関心が一致し，1978年に「日米防衛協力のための指針（ガイドライン）」が締結される。前述のとおり，この「ガイドライン」は，特に現場レヴェルにおける日米軍事協力を格段に強化した。80年代に入ってもこの流れは継続し，中曽根政権がそのタカ派的な主張から「安保重視」路線を推し進め，レーガン政権との協調体制を強固にしたことで，日本の防衛政策における「安保重視」路線優位が完全に定着したとされる。

政党政治レヴェルの消極的関与

　日本の防衛政策形成プロセスについて指摘される第1の特徴は，国会における審議が政策内容に対してもつ影響が小さい，ということである(中馬 1985; 小野 2002; 大嶽 1983)。

　防衛政策は国会審議において最も熱を帯びるテーマのひとつであり，これをめぐる論戦は，特に55年体制下においては，与野党が正面からぶつかりあうものというイメージが強いだろう。終戦から1960年代にかけては，戦後の政治体制をめぐる左右の政党間の対立が激しい時代であった。再軍備や60年安保などの防衛政策は戦前の体制への評価にかかわる象徴的な地位を占め，最重要争点のひとつとして中心的な政治的対立軸を形成していた。しかもその政治的対立は，大衆を動員した社会運動に発展する可能性をもっていた。この意味で，特に60年代までは，防衛政策をめぐって激しい国会論戦が展開された。

　しかし，こうした対立を背景とした国会審議の激しさに比して，それが実際の防衛政策の内容に与えた影響は，さほど大きなものとはいえなかった。再軍備や日米安保といった象徴的な最重要争点を除き，多くの防衛政策形成は，主に官僚レヴェルにおいて行われていた(佐道 2003)。そこで固まった内容が政党政治レヴェルによって覆されることは稀であったといってよい。与党にとってみれば，通常の防衛政策は，国会審議を紛糾させ，他の重要政策の審議を遅らせるなどの国会運営上の問題が生じるのみならず，社会的安定を損なう可能性も否定できない，リスクの高い政策領域であった。したがって，通常の防衛政策形成に関与しようとする与党のインセンティヴはさほど強くなく，官僚レヴェル主導の政策形成プロセスが定着していくことになった。

　70年代以降，大衆動員による社会的不安定への恐れは減じたといえようが，国会運営上の障害を生じさせる不安は80年代に入っても払拭されなかった。また自民党の政治家の多くにとってみれば，大きな業界団体や圧力団体を抱えない防衛政策は，その推進に尽力しても支持強化に結びつきにくい，集票的にも利権的にもうまみが少ない政策分野であった。したがって

55年体制期を通じて，例外的な強い動機づけがない限り，政府・自民党にとっては防衛政策を国会における審議のアジェンダとしないことが好ましい選択肢といえた。当然，防衛政策の形成に対して政党政治レヴェルが果たす役割は小さなものとならざるを得ない。

　このような状況を象徴的に示すのが，防衛政策の形成をでき得る限り官僚レヴェルに任せることで政党政治レヴェルの政策形成への関与を抑制する，「国会の迂回」という与党の政策手法である。「防衛計画の大綱」や「ガイドライン」が，防衛政策の中核にかかわる極めて重要な決定を伴うものでありながら，あくまで国会による議決を必要としない行政府内での取極め事項として取り扱われたのは，こうした「国会の迂回」の一例といえる。

　この結果，議会が防衛政策の決定，特に具体的な防衛政策の内容に対してもつ影響力は，他の政策分野に比べても，限定的なものにならざるを得なかった。議会制民主主義では，議会内での政党の活動が，有権者の政策に対する影響を最も直接的に担保する手段となる。このため，政党政治レヴェル，特に政府与党が消極的な関与姿勢を取ったことにより，日本の防衛政策形成においては，有権者の選好が政策に反映される可能性が，限られていたといってよい。

　ただし以上の事情は，政党政治レヴェルが防衛政策に対する影響をもたなかったことを意味しない。政府与党は，「国会の迂回」を行うのと同じ理由により，野党側の強い反発を招くような政策を党内プロセスにおいて淘汰する傾向をもっていた。その枠内に収まる政策に対しては消極的関与の姿勢を取るが，その枠を超える政策に対しては，これを認めないことで，政府与党は，具体的な政策内容には関与せずに，防衛政策の外枠のみを規定する影響力をもっていた。そうした条件内での防衛政策の具体的内容は，官僚レヴェルのプロセスに委ねられることになる。

防衛庁の限定的影響力

　官僚レヴェルにおいて，防衛政策に対して大きな影響力をもっているのが，外務省である（中馬 1985; 大嶽 1983; 瀬端 1998）。

外務省は，明治期から国際体制のなかで日本政府を代表しその位置を築き上げてきた第一級の官庁である。戦後は，戦前の軍部独走への反省として外交一元原則を堅持し，対外政策の形成に優越的な影響力をもつ。防衛政策は，対外政策の一環と捉えられるのみならず，日本の防衛方針の中核に日米安保条約があるため，条約の主管官庁である外務省の影響下に置かれることは当然とされた。

　この外務省に対し，防衛庁(2007年に防衛省に改組)は1950年に新設された警察予備隊本部を前身とし，54年に保安庁(52年発足)から改組された比較的新しい行政組織に過ぎない。その組織的位置づけも，総理府の外局であって，独立の行政機関としての地位を与えられていない。行政機関としての外務省と防衛庁の間には歴然とした差が存在しており，相対的に，防衛政策形成に対する防衛庁の影響力は，限定的なものとならざるを得なかった。

　外務省の業務の中心は外交であるから，外務省の主たる関心は外交政策上の選好を追求することに置かれ，防衛政策はそのための手段と位置づけられて，自律性を抑制され政策展開が硬直化した。日米安保体制重視による自主防衛能力向上や有事法制整備への制約は，こうした外務省の影響の表れのひとつといえる。

　ただし80年代には，従来軍拡抑制的な姿勢を示してきた外務省が，軍拡を容認する立場へと転換し始めたとの指摘もある(大嶽 1983, 305-312; 瀬端 1998)。この背景には，ヴェトナム戦争で疲弊したアメリカが，日本に対し自主防衛および東アジア地域での秩序維持につき努力を求める圧力をかけ始めたこと，ソ連のアフガニスタン侵攻により外務省が対ソ連認識をより現実的な脅威と改めたこと，外務官僚の中心が戦前派から戦後派へと世代交代したこと，などが挙げられる。これにより，外務省は従来から軍拡路線を主張してきた右派政治家や，防衛庁・自衛隊，特に制服組自衛官との「タカ派連合」を組み，積極的防衛政策へと向かったとされる。

防衛庁の限定的政策展開能力

　防衛政策プロセスにおける防衛庁の影響力の低さは，その政策展開能力に

も一因がある。この原因とされるのが，文官優位制と他省庁からの出向組事務官の影響力である。

　文官優位制とは，防衛庁内局の背広組官僚が，各自衛隊の制服組自衛官に対して優越的な地位を保持し，その活動を統制する，防衛庁・自衛隊組織内の制度である(廣瀬 1989; 佐道 2003)。この制度は，軍部の暴走を許したシヴィリアン・コントロール不在の戦前体制への反省から形成されたもので，軍事組織内においても事務官僚(≒シヴィリアン)が軍人をコントロールするという，日本独自の擬似シヴィリアン・コントロールの制度といえよう。

　文官優位制下では，防衛政策形成への参加は制度的には官僚のみに許されており，制服組は政策形成プロセスから排除される。文官優位制を象徴するとされる「事務調整訓令」(1952年発令)では，「各局(内局)は幕僚幹部が長官に提出する方針等の案を審議する」(3条の3)，「国会などとの連絡交渉は各局においてする」(8条)，「幕僚幹部に勤務する職員は，長官の承認を得た事務的または技術的な事項に関する場合を除いて，国会との連絡交渉は行わない」(14条)，などと規定されている。

　この文官優位制は，それ自体では防衛庁の政策決定に特定の方向づけを与えるものとは限らない。ここで重要なのが，防衛庁の事務官僚のキャリア・パターンである[28]。戦後新たに創設された防衛庁は，初期においては他省庁からの出向組が幹部を占め，その後も独自採用の事務官のみで業務を行うことができず，他省庁からの出向組を多数受け入れている。80年代においてもこうした出向職員が重要ポストを占める例は多く見られた。事務次官職を例に取れば，初期には旧内務省系の事務官がこの職を多く務め，70年代からは大蔵省出身者が多くなる。防衛庁出身の事務次官が初めて誕生したのは1988年，西廣整輝の就任時であった。出向職員の行動は，防衛庁での勤務中にも，自らの出身省庁の政策上の選好順位に影響されることが多いとされる。たとえば旧内務省出身者は軍事組織の活動を極力抑制しようとする傾向が強く，大蔵省出身者は防衛支出の拡大に警戒的な傾向が強い。このため，防衛庁が独自の政策イニシアティヴを握ることが難しく，また庁内の政策も抑制的になる傾向が見られた。

文官優位制に関しては、70年代後半から、制服組自衛官の地位が向上する傾向が見られるとされる（中馬 1985; 大嶽 1983; 瀬端 1998）。最大の契機は78年の「ガイドライン」策定である。先述のとおり、これにより、日本有事の際の日米共同作戦計画などの研究が開始されることになった。こうした軍事力の運用に関する研究が日米共同で進められると、軍事専門的な知識をもつ制服組自衛官の重要性が高まる。制服組の地位向上は、このように運用に関わる政策形成プロセスへの参加を通して発生したとされる。

日米の軍―軍関係の凍結

「日米の軍―軍関係」とは、防衛庁・自衛隊と国防総省・米軍という、安保政策の当事者たる日米の軍事組織間の関係を指し、さらに事務レヴェルの防衛庁と国防総省の関係と、現場レヴェルの自衛隊と米軍の関係に分けられる。

先述のように、「ガイドライン」の策定により、共同作戦研究が行われるとともに、作戦を実行するための日米共同軍事演習も活発に行われるようになったことで、制服組自衛官と米軍が現場レヴェルで接触する機会が増加し、現場レヴェルの日米軍―軍関係が進展することになった。こうした変化は、防衛庁・自衛体内制服組自衛官の地位向上に貢献した。

他方、事務レヴェルの軍―軍関係は、外務省の外交一元原則が貫徹されたことと、防衛庁の政策への影響力が限定的だったことにより、十分進展してこなかった。その結果、このレヴェルの関係は多分に儀礼的なものにとどまっており、日米の軍事当局同士が防衛政策に関する実質的協議を行うことはほぼなかったといってよい。「ガイドライン」策定およびこれに関連するその後の研究などで中心的な役割を果たした防衛協力小委員会（Subcommittee for Defense Cooperation: SDC）が、その後には実質的な活動を行わず休眠機関となったことは、象徴的である。政策協議は安保条約の運営のために常設された各種協議機関において行われていたのであり、そこでの日本側の中心は外務省であった。

第3章　仮説と分析枠組

　本書の中心的問いは，第1に，1990年代半ば，なぜ日本は「日米同盟深化」を選択・推進したのか，ということであり，第2に，この政策決定とそれにかかわるプロセスは，その後にいかなる影響を与えるのか，ということである。

　国際システムにおける冷戦体制は90年代初頭までに終焉を迎えていた。これにより，この時期，日本に対する直接的な軍事的脅威は減少した。結果として，防衛政策変更圧力が働いていた。それと同時に，冷戦型の脅威への対抗を第1の目的としていた日米同盟も，その必要性を減じ，変質を余儀なくされていた。

　こうした国際システム変化の影響は，日米安保条約に基づく日米関係の安全保障面，すなわち日米同盟だけでなく，それを中核としつつさらに広範な分野での協調関係から成る日米安保体制全体に及ぶものであった。両国関係のうち経済的側面を重視するクリントン政権初期の対日政策は，そのひとつの表れであったといってよい。日米の協調を促す冷戦圧力が消滅した結果，経済分野での競合関係が強調され，両国関係に遠心力が働く結果となった。

　状況変化に起因する圧力は，安全保障分野においては同盟の意義低下として表れた。そのためここでも，両国間関係に遠心的な政策変化が起こる可能性は否定できなかった。さらにこの時期には，在沖縄米軍基地問題という，日米同盟の根幹を揺るがす巨大な遠心力が，両国間に生起した。にもかかわらず実際には，安全保障分野では両国間に求心的な力が働き，実質的には「日米同盟深化」を推し進める一連の政策決定が行われることになる。

本書の分析では，「日米同盟深化」を，日米安保体制に従来存在しなかった「安保条約の有事運用」と「日米防衛政策調整」という２つの政策領域を新たに設け，これらを展開していこうとする政策路線，と定義する。90年代半ば，日本は冷戦後の防衛政策の中核方針として，この政策路線を選択した。その結果，日米同盟はNATOのような軍事同盟に近づき，それとともに日米の軍―軍間の"一体化"傾向が強まっていくことになる。この路線は，一時に形成されたものではなく，90年代のプロセスを通して徐々に彫琢されていったものといえる。これらについて，詳しくは第5章以下の事例分析を参照されたい。

　本書では，この「日米同盟深化」の一方の当事者である日本に焦点をあて，なぜ日本がこの時期にこのような政策を選択したのかを明らかにする。当然，「同盟深化」の全貌を明らかにするためには，もう一方の当事者であるアメリカにおける政策変化の分析も必要となるが，これは本書の関心を超える。本書では，アメリカ側の要因には，日本における政策変化に関係する範囲でのみ触れることとする。

　すでに見たように，戦後日本の防衛政策は，国際関係学の諸理論からは十分に説明のつかない側面をもっている。そのため，冷戦後日本の防衛政策形成要因を説明することは，単に特定状況下での一国の防衛政策を分析するにとどまらず，国際関係学の諸理論に，防衛政策形成一般に関する新たな視点を提示する意義をももち得ることが期待される。

　本書の分析対象は，1993年から97年にかけて日本が行った防衛政策形成である。この時期，なぜ日本は「日米同盟深化」を選択・推進したのか？　またこの選択は日本の防衛政策にどのような影響を与えたのか？　本書では，巷間「日米安保再定義」と呼ばれるこのプロセスを実証的に検討し，そこでの政策決定を規定した要因は何か，またその決定が日本の防衛政策決定プロセスにどのような影響を与えたのかを明らかにすることで，これらの問いに答える。

　本章では，まずこれらの問いに対する説明として，政党政治仮説，官僚政治仮説，経路依存仮説，漸進的累積的変化仮説，という４つの仮説を提示す

る。次いで，これらの仮説の妥当性を実証的に検討するため，アクターと影響力配置，およびアイディアと制度の相互作用に焦点をあてる分析枠組を設定する。

第1節　仮　　説

政党政治仮説

　この政党政治仮説および次項で見る官僚政治仮説は，冷戦後日本の防衛政策が，政策決定にかかわる諸アクターの行動によって形成された，と想定する，行為論的仮説である。政策決定に関与する諸アクターは，自らの政策選好を実現するため，決定に対して影響力を行使する。諸アクターの優劣は，もち得る影響力資源の大きさや影響力行使の有効性によって決まる。最終的に，この影響力行使に最も勝ったアクターの選好が，政策化されることになる。これらの仮説においては，政策決定プロセスは諸アクターの相互作用のプロセスに他ならない。このような，決定を諸アクターの相互作用の結果と見る行為論的視点は，アリソンの第3モデル「官僚政治モデル」と共通する。つまり本「政党政治仮説」および次項で見る「官僚政治仮説」は，いずれもアリソンの「官僚政治モデル」の適用例という側面を持つ。この点煩雑は否定できないが，モデル名と仮説名が1対1に対応していないことに留意いただきたい。

　第1章で見たように，アリソンは『決定の本質』において「官僚政治モデル」の適用対象を政府内の高官に限定した。モデル名はこの適用対象から取られているのだが，この対象選択は，あくまでキューバ危機という事例の性質に規定されたものといえ，このモデルの本質である行為論的視点から必然的に導かれるものではない。このモデルの適用に際しては，分析対象となる事例に応じて，アクターの範囲を適切に設定する必要がある。以下に論じるように，1990年代日本の防衛政策形成を分析対象とする本書においては，議員など主に議会内で活動するアクターが構成する政党政治レヴェルと，政

府内で活動する官庁や官僚が構成する官僚レヴェルの双方を，行為論的視点に基づいて分析することが必要である。したがって本書では，アリソンの「官僚政治モデル」の適用を想定し，「政党政治仮説」と「官僚政治仮説」の2仮説を検討することとした。

政党政治仮説は，政党政治レヴェル，すなわち政党や政治家など，議会を主たる活動の場とする諸アクターの行動が，防衛政策に決定的な影響を与える，と想定する。

日本国憲法第41条に曰く，「国会は，国権の最高機関であって，国の唯一の立法機関である」。したがって，本書の分析対象である防衛政策形成においても，国会，およびそれを形成する諸政党といった，政党政治レヴェルの活動が主たる役割を果たしたと想定することは，ごく自然といえる。その意味でこれは，民主主義的な政治システムの規範に則った仮説である。

さらに，戦後日本政治において与野党間の主たる対立軸を形成した防衛政策の特殊性と，防衛政策をめぐる国会論戦や与野党対立の激しさを想起するならば，上記の想定は，一層説得力を増す。こうした点からは，国会や政党間関係という政党政治レヴェルにおいて防衛政策の内容が確定され決定に至る，との想定が導かれる。防衛政策についてのこのような見方は，一般にも比較的受け入れられやすいものといってもよかろう。換言すれば，この仮説は，「誰が決定するのか」という問題に関し，「選挙によって選ばれた政治家と政党が決定する」との視点を示すものといえる。

前章で見たように，この政党政治レヴェルの影響に対しては有力な反論が存在する。先行研究においては，防衛政策形成における官僚レヴェルの重要性を指摘し，政党政治レヴェルの影響は相対的に小さいとする見方が多く示されている（中馬1985；小野2002；佐道2003；大嶽1983）。ただ，これらの研究で扱われているのはほとんどが冷戦期の事例であり，その結論を90年代の事例にそのまま適用することはできない。

本書の事例は，国際システムにおける冷戦体制の終結とともに，国内政治における55年体制の終焉という，2つの大きな変動を経験した後のものである点で，諸先行研究の事例とは大きく異なる。特に国内政治では，38年

間にわたる自民党政権が終わり，度重なる政権与党の交代が起こる時期に行われた防衛政策形成という特徴が，本書の事例に従前とは異なるダイナミズムを与えている可能性は否定できない。このように，本書で改めてこの政党政治レヴェルの影響を検討することには，一定の意味があるといえよう。

官僚政治仮説

　官僚政治仮説は，官僚レヴェル，すなわち政府を構成する諸官僚組織やそこに属する官僚個人の活動が防衛政策を決定する，と想定する。一般に，日本の政策決定プロセスにおいては，官僚レヴェルの影響力の大きさが広く指摘されている。これは，防衛政策プロセスにおいても例外ではなく，前述のとおり，先行研究においては政策内容に対する官僚レヴェルの影響の大きさが指摘されている。この意味で，本仮説は，先行研究によって明らかにされた冷戦期の防衛政策決定パターンが，冷戦終結後にも継続したか否かを検証するものといえる。

　先述のとおり，本仮説はアリソンの第3モデルの適用例としての側面をもつ。ただし，アリソンの研究が第3モデルの適用において政府内の高級幹部個人を対象としていたのに対し，本書はより広く比較的低位の官僚個人や官僚組織をも含めた官僚レヴェル全体を指して，官僚政治レヴェルと呼ぶ。

　この官僚政治レヴェルは，定義上広範な個人や組織を含み得るので，実証分析を行うにあたっては，これをさらに省庁内レヴェルと省庁間レヴェルに区別することが有効である。防衛庁の限定的政策展開能力（省庁内レヴェル）や，防衛省の限定的影響力と外務省の相対的優位（省庁間レヴェル）といった先行研究の知見との整合性からも，このような区別の有効性が推定できる。この点については改めて述べる。

　冷戦終結と55年体制の崩壊という大きな変動を経たのちにも，防衛政策形成に対する官僚政治レヴェルの影響は継続したのか。変化があったとすれば，それはどのようなもので，なぜ生じたのか。これも，本書において検討すべき論点である。

　さて，以上に見た2つの仮説は，冷戦後日本の防衛政策が，政党政治レ

ヴェル，あるいは官僚政治レヴェルのいずれかにおいて，諸アクターの行動の結果決定された，と想定する，その意味で行為論な仮説である。ただし当然ながら，政策決定に影響を与えるのがどちらのレヴェルかによって，冷戦後日本の防衛政策決定プロセスに対する解釈は，全く異なるものとなる。政党政治レヴェルが決定を行う場合には，民主主義政治の規範どおり，防衛政策に対する民主的統制が機能している，との結論が導かれるだろう。逆に官僚政治レヴェルが政策を決定している場合には，防衛政策形成において，従来指摘されてきた官僚優位と政党政治の不関与が改めて確認されることになる。

ところで，行為論的な仮説においては，諸アクターとその影響力が，政策決定の結果を左右する重要な意味をもつ。しかし，諸アクターの影響力はこの仮説にとっては外在的な要因であり，分析上は所与の条件として扱われる。このため，そもそもなぜ諸アクター間にそのような影響力配置が存在するのか，という問題に答えることができない。さらに，複数の政策決定が連続するプロセスを分析する際には，先行する決定によって続く政策決定における影響力配置が変化する場合でも，この変化を説明に組み込むことが難しく，一連の政策決定プロセスを十全に説明することができない。

行為論的仮説は，個々の政策決定を説明する際に高い有効性をもつ。したがって，なぜ日本は「日米同盟深化」を選択・推進したのか，という本書の第1の中心的問いにとっては有力な仮説となる。他方で行為論的仮説は，影響力配置のあり方を説明する枠組とはならないため，防衛政策の決定とそれにかかわるプロセスがその後にいかなる影響を与えるのか，という本書第2の問いに対しては，十分な有効性をもち得ない可能性がある。この場合，行為論的仮説とは別の視点が必要となろう。

経路依存仮説

「経路依存仮説」は，歴史的制度論において展開されている，断続均衡論に基づく仮説である。本仮説は，90年代日本の防衛政策プロセスを以下のように説明する。90年代の国際的・国内的情勢変化にもかかわらず，防衛

庁内，省庁間，政党政治レヴェルの各決定プロセスにおいて防衛政策にかかわる制度的特徴が継続したことで経路依存効果が働いた結果，従来政策の中核であった「安保重視」路線を引き継ぐ「日米同盟深化」路線が採られた。

断続均衡論による説明は，その対象が激変期にあたるのか，それとも均衡期にあたるのかによって，全く異なる。上記の説明は，90年代のプロセスを均衡期とする見方に基づいたものである。以下ではまず，本書がこのプロセスを激変期とは捉えなかった事情を説明し，その後に，均衡期とする見方から導かれる上記の説明の意義を検討する。

90年代のプロセスを激変期と捉える場合，冷戦後日本の防衛政策形成は以下のように説明されよう。日本の防衛政策は「51大綱」策定以降，経路依存的に継続してきた(均衡期)が，冷戦終結という大規模な環境変化によってその有効性を失った。その結果防衛政策の再編が開始された。このプロセスでは従来の制度的影響が失われ，政策変化の広範な可能性が開かれた。そのなかで，短期的・偶然的な政策決定が行われた結果，経路依存では説明のつかない政策変化が生じた。

詳しくは第5章以降の実証分析部分で触れるが，確かに，このプロセスの初期には特異な「歴史的岐路」の出現につながるような要因が見られた。しかしながら実際には，旧来の制度的特徴が継続するなかで，従来のパターンに近い政策決定が行われ，その際に選択された政策内容も従来政策の継続に最も近いものであった。このような見方に基づけば，90年代日本の防衛政策プロセスは，断続均衡的な激変に特徴づけられるものではなく，むしろ経路依存によるインクリメンタルな均衡期にあたるとみなされるだろう。実際，この時期には，「51大綱」改定や旧「ガイドライン」改定という変化は起こったものの，憲法9条や日米安保条約などの防衛政策の大枠は維持されており，そこにかかわる国内アクターの構成にも大きな変化は見られない。巷間，このプロセスが「安保再定義」と曖昧な名で呼ばれたことは，こうした見方を裏書きしている。以上のような事情から本書では，90年代のプロセスを均衡期と捉え，経路依存効果に立脚する上記の説明を採用することとした。

90年代には，従来政策の中核であった「安保重視」路線を引き継ぐ「日米同盟深化」路線が経路依存的に選択された，とする経路依存仮説は，第1章第1節で論じたコンストラクティヴィズムが導くであろう仮説と，大枠において一致する。両者の違いは，まず政策に影響を与える要因の設定に表れよう。コンストラクティヴィズムが戦後日本の「政治－軍事文化」を重視し，防衛政策形成にかかわる諸制度の影響を副次的に捉えるのに対し，本仮説では，諸制度の特徴が中心的な要因として重視される。この結果，このプロセスを構成する個々の事象の説明や評価にも一定の違いが生じるであろうことはいうまでもない。

　この経路依存仮説には，いくつかの疑問もつきまとう。[29] のちに詳しく見るように，「日米安保再定義」は，単に「安保重視」路線の維持であるにとどまらず，安保関係を拡大・強化する「日米同盟深化」としての側面をもつ。なぜこのような路線が採られたのか？　これを政策変化と捉えるならば，政策変化の原因は何か？　制度が継続していたとの想定は実証上も妥当であるのか？　本仮説が妥当性を得るためには，これらの課題に対して説得的な説明を与える必要があろう。

漸進的累積的変化仮説

　「漸進的累積的変化仮説」は90年代日本の防衛政策形成を以下のように説明する。防衛政策プロセスにかかわる諸制度に，小幅ではあるが日米同盟の維持・拡大に有利な変化が重なった結果，政策には日米同盟の深化の方向を目指す経路依存では説明できない規模の変化が生じており，長期的にもこの傾向は継続・強化される。

　歴史的制度論において近年提起されている漸進的累積的変化論によれば，大きな政策変化は，必ずしも短期的かつ大規模な制度変化によるわけではなく，小さな制度変化が徐々に積み重なり，その影響が一定方向に累積することで，漸進的にもたらされる可能性がある。

　こうした見方によれば，90年代日本の防衛政策変化を，短期的に大規模な変化が生じなかったとの理由のみによって，経路依存的でインクリメンタ

ルな変化に過ぎないと評価することは，必ずしも妥当ではない。たとえそれ自体が「安保再定義」と呼ばれ，大きな変化を伴わないものであっても，長期的に見れば，複数の小変化が積み重なって，結果的に政策の基本的な方向性自体に及ぶような変化をもたらす可能性がある。個々の変化は小幅であっても，同様の方向性をもつ複数の変化が観察されれば，それを長期にわたる漸進的累積的変化プロセスの一部分と解釈することが可能である。したがって，この仮説が妥当性を主張するには，複数の変化とその影響の方向性，およびそれに沿った政策変化の存在を実証する必要がある。

なお，この漸進的累積的変化仮説と，前出の経路依存仮説は，ともに政治プロセスにおける制度の影響を重視する，制度論的視点に基づく仮説である。制度は，アクターの行為や利益認識を外的にパターン付ける要因である。このためこれらの仮説は，ある程度の期間にわたって継続する政策プロセスや複数の決定が連続するプロセスを説明する際に高い有効性をもつと考えられる。したがって，防衛政策の変化とそれにかかわるプロセスの変化がその後に与える影響に関する本書第2の問いに答える際に，特に重視すべき仮説といえる。

第2節　分析枠組

本節では，前節で提示した仮説を実証的に検討するための分析枠組を設定する。実際の政策プロセスには，多様なアクター，アイディア，制度といった，プロセスの進行および政策決定に影響を与える要因が数多く存在する。以下で設定される分析枠組は，それら多岐にわたる要因を整理し，分析をより簡潔かつ明快にするための視点を設定するものである。

まず，政策プロセスの全体像を掴むため，分析対象を4期に時期区分するとともに，省庁内レヴェル，省庁間レヴェル，政党政治レヴェル，日米間レヴェルという4つの決定レヴェルを設定し，それぞれにかかわる諸アクターと影響力配置を示す。次いで，アイディアと制度に着目し，それらの機能を

明らかにしたうえで，分析対象に現れるアイディアと制度を示す。最後に，前章で見た防衛政策形成プロセスに見られる特徴を踏まえながら，これらの要因がどのように関連するのかを整理する。

時期区分と決定レヴェル

　本書の分析対象は，1993年から97年にかけて行われた防衛政策形成プロセスである。この時期，「樋口レポート」(94年8月)，「東アジア戦略報告(EASR)」(95年2月)，新「防衛計画の大綱」(07大綱，95年11月)，新「日米防衛協力のための指針(ガイドライン)」(97年9月)という，4つの日米の重要政策文書が形成された。巷間「安保再定義」と呼ばれ，実質的には「日米同盟深化」のさきがけをなすこのプロセスは，具体的にはこれら4つの文書の形成プロセスであったといってよい。したがって本書は，この一連のプロセスを，4つの文書の形成プロセスへと分割し，それぞれについて検討していく。

　第1期においては，首相の私的諮問機関である防衛問題懇談会において，「07大綱」の中心となるべきアイディアが示され，「樋口レポート」として公表された。第2期には，これを受けて，アメリカにおいてナイ・イニシアティヴが開始され，アメリカの新しい東アジア政策が「EASR」にまとめられた。第3期には，これと密接にかかわる形で，日本国内で防衛庁が「07大綱」の原案を起案し，これをもとにした議論により，安全保障会議において省庁間の意思統一が図られ，与党防衛政策調整会議において連立与党間の調整が行われた。こうして最終案が完成し，これが閣議決定されて，新たな「大綱」(07大綱)の成立に至る。最後の第4期には，「日米安保共同宣言」において「ガイドライン」見直しが開始され，このために休眠機関であった防衛協力小委員会が再活性化されて，そこでの議論をもとに「ガイドライン」改定が実施された。

　以上の4期に区分されたプロセスには，4つの決定レヴェルが関与している。第1に，防衛政策の実施を主たる任務としてその立案を行う防衛庁・自衛隊という官僚組織内の意思決定にかかわる，省庁内レヴェルがある。第2

に，防衛庁・自衛隊と，外務省や内閣法制局といったその他の官僚組織間の調整が行われる，省庁間レヴェルである。

この第1の省庁内レヴェルと第2の省庁間レヴェルは，アリソンの第2モデル「組織過程モデル」および第3モデル「官僚政治モデル」が提示する分析視角に相当する決定レヴェルである（Allison 1971）。本書は，これらを参考にしつつ，縦割構造が特に強いとされる日本の行政組織の特徴を考慮し，これを省庁内と省庁間という2つのレヴェルへと区分した。

第3に，政権与党内で，官僚機構から上がってきた政策を検討のうえ政府政策を決定し，また与野党間で政府政策を審議する政党政治レヴェルである。

第4に，日米2国間で安保関係にかかわる連絡や調整を行う日米間レヴェルである。これは通常，国際交渉にあたるレヴェルである。そのためこれを，日本の防衛政策形成プロセスを取り扱う本書の分析において，独立した「決定レヴェル」として扱うことには，議論があり得よう。本書は，90年代の「日米同盟深化」のプロセスにおいて，通常国際交渉の場にあたるこのレヴェルが，あたかも日本国内の政策決定プロセスの一部であるかのように機能したと考え，あえてこのような位置づけを与えている。この点についての詳しい議論は，第5章以下の事例分析において展開する。

さて，前章で検討した「政党政治レヴェルの消極的関与」，「防衛庁の限定的影響力」，「防衛庁の限定的政策展開能力」，「日米の軍―軍関係の凍結」という，従来の日本の防衛政策プロセスにおいて見られた特徴のうちの4つは，これら4つの決定レヴェルに対応している。この点については，のちに改めて確認する。

アクターと影響力

冷戦後日本の防衛政策決定プロセスにおいては，各時期の各決定レヴェルにおいて様々なアクターが活動していた。以下，本書の分析にかかわるアクターと影響力配置を，決定レヴェルとの関係で整理しておこう。第1の，防衛庁・自衛隊の省庁内レヴェルにおいては，組織のトップたる防衛庁長官がおり，その下には背広組官僚と制服組自衛官がいる。さらには，政策諮問機

関「防衛問題懇談会」を構成する外部有識者がいた。この第1レヴェルにおける影響力配置としては，先行研究において，制服組自衛官に対する背広組官僚の優位と，背広組官僚内部での出向組事務官の優位が指摘されている。

第2の省庁間レヴェルでは，主たるアクターは防衛庁・自衛隊と外務省，さらには内閣法制局という，官僚組織である。このレヴェルにおける影響力配置としては，防衛庁に対する外務省の相対的優位が指摘されている。

第3の政党政治レヴェルのアクターとしては，まず議会において多数派を占め政府を形成する与党各党があり，さらに与党から選出され政府の各組織を統括する閣僚がいる。このレヴェルにおける影響力配置は，先行研究が示すとおり各アクターが影響力行使に消極的な姿勢を取ることが多いため，非常に曖昧である。

第4の日米間レヴェルでは，大まかに日本側アクターとして防衛庁・自衛隊と外務省があり，他方アメリカ側アクターには，国防総省と国務省がある。さらに，政府に所属してはいないものの両国関係に関心をもって政策形成に一定の関与をすることになる民間有識者がいる。従来この第4レヴェルは，防衛政策形成に表立って影響力を発揮することはなかった。したがって，このレヴェルの具体的影響力配置は，明らかではない。

これらのアクターとその影響力配置は，特に政党政治仮説および官僚政治仮説において，政策結果を規定する重要な要因である。ただし，これらの仮説にとって諸アクターの影響力は，あくまでも所与の条件として扱われる外在的な要因である。このため，そもそもなぜ諸アクター間にそのような影響力配置が存在するのか，あるいは影響力配置に変化があるのか否か，影響力配置を規定する要因は何か，といった重要な問題に答えるには，別の視点が必要となろう。

ところでアクターや影響力配置といった要因を重視する行為論的な政策決定分析と，アクターの行為を規定する要因としての制度の影響を重視する制度論的な政策決定分析とは，対抗的な関係にある。前者がアクターの行為を政策決定の主因と考えるのに対し，後者はのちに検討するとおりアクターの行為を制約する外生的な諸要因が政策を方向づけると考えるためだ。この意

味で，単一事象の説明においては，基本的には2つの分析視角は排他的な関係になり，一方を採用する場合には他方が棄却されることになろう。ただしその場合にも，棄却された視角が全く意味をもたなくなるわけではない。別視角から見える像は対象の異なる側面を明らかにする可能性があるのであって，この意味で棄却された視角が対象の理解を深めるのに役立つ可能性までが否定されるべきではない。

このため実際の政策決定の分析にあたっては，まず行為論的視点から政党政治仮説および官僚政治仮説の妥当性を検証し，この仮説が十分な妥当性をもつ場合であっても，対象となるプロセスに関してさらなる示唆を得るため，制度論的視点から経路依存仮説および漸進的累積的変化仮説についての検討を行う。

アイディア

本書は分析において，防衛政策の中核を構成するアイディア，具体的には「日米同盟深化」と「多角的安全保障」，および「日米防衛政策調整」という3つのアイディアに焦点をあてる。

第1章で見たように，アイディアは，政策手段や政策目標などにかかわる基本的認識を示すことで，政策内容を方向づける観念的要因である。この要因に着目することで，制度変化や政策変化についてより精緻な分析を行うことが可能となる。

すでに確認したとおり，冷戦期日本の防衛政策は，「国連中心」路線，「自主防衛」路線，「安保重視」路線という3つのアイディアのせめぎ合いのなかで形成されてきたものの，これらのアイディアの争いは80年代半ばまでに「安保重視」アイディアの勝利によりひとまずの決着を見た。

ところが冷戦終結の影響により，90年代には改めて，この「安保重視」路線の優位状況に変化がもたらされる可能性が生じた。まず，日米安保条約自体の意義が問題となった。条約に基づく日米同盟は冷戦型脅威への対抗を第1の目的としていたから，冷戦の終結とともに日米同盟の役割も大きく減じる。日米の安保体制を存続させるためには，その中心にある安保条約の意

義の見直しが不可避であった。90年代に生じた一連の安保関係の政策変化を「日米安保再定義」と呼ぶのは，こうした事情による。この見直しが同盟縮小へと向かうならば，日米同盟に依存する「安保重視」路線も，当然その影響力を減じざるを得ない。

　さらに，冷戦の終結は「安保重視」と競合する新たなアイディアの登場を促した。それは湾岸戦争から「国連平和協力法（PKO法）」成立に至る過程において登場した，「国際貢献」アイディアである。[30] 世界を二分した冷戦が終結したことで，国連による集合的安全保障枠組が強化され，世界的な平和がもたらされ得るとの期待が高まった。湾岸戦争に際して国連安全保障理事会内に生まれた協力関係は，こうした期待の実現可能性を示すものと考えられた。のちに見るように，このような認識をひとつの背景として，92年には，政治的曲折の末にPKO法が成立し，国連による集合的安全保障体制に積極的に参画する方策として，同法に基づく自衛隊の海外活動が実施されるようになった。こうした活動を防衛政策の中核に据えようとするのが，「国際貢献論」である。

　「国際貢献論」は当初，湾岸戦争への日本の対応の遅れに対するアメリカの批判を受け，改めてアメリカの期待に沿うべく日本国内で主張されるようになったアイディアである。このように，「国際貢献論」には対米追従の側面が抜き難く存在した。しかしその事実から，このアイディアの意義を完全に切って捨てることはできまい。上述のように，「国際貢献」には，90年代の状況変化により，かつての「国連中心」路線が一定条件のもとで軍事力の行使を肯定的に評価し，あるいは少なくとも受容するよう変質したもの，との側面が確かにある。そして，こうした側面が，90年代半ばの防衛政策プロセスにおいて，無視できない影響をもつことになる。

　以上のように，80年代に「安保重視」路線を軸に一度確立された日本の防衛方針は，90年代に入って再び揺らぎ，「安保重視」路線と「国連中心」路線が改めてその地位を争うこととなった。しかしながら冷戦終結後の世界にあって，これら2つの路線も従来どおり不変ではあり得ず，一定の継続性を保ちつつもその内実に重要な変化を生じ，新たなアイディアとして登場す

る。一方の「安保重視」路線は，北朝鮮核危機や経済分野における日米関係の悪化によりもたらされた日米安保体制の危機への対応として，その基盤の強化・拡大を目指す「日米同盟深化」アイディアへと衣替えを果たし，他方「国連中心」路線は湾岸戦争からPKO法成立へと至る流れのなかで発生した「国際貢献論」のインパクトにより，その内政的意義と支持層の変化を経験した。のちに見るように，「国際貢献論」は，「樋口レポート」において「多角的安全保障」アイディアへと彫琢されることになる。90年代の防衛政策の変化，すなわち日米同盟の深化は，これら新たなアイディアのせめぎ合いの結果としての側面をもつ。したがって本書では，これら「日米同盟深化」と「多角的安全保障」という2つのアイディアに着目し，防衛政策形成過程において，これらの争いがどのように展開し決着したのかを明らかにする。

　その際に重要な役割を果たしたのが，第3のアイディア，「日米防衛政策調整」である。のちに見るように，このアイディアは，防衛政策の中核をめぐる争いに直接かかわるものではないが，日米安保体制の見直しが進むなかで提唱され，これをめぐる実務の展開が，「日米同盟深化」と「多角的安全保障」の争いの帰趨に影響を与えた。そのため分析では，この「日米防衛政策調整」アイディアを，第3の副次的なアイディアと位置づけ，その影響を明らかにする。

制　　度

　本書の分析では，主に以下の4つの制度に着目する。第1に，「07大綱」策定のために首相の私的諮問機関として設置された，「防衛問題懇談会」である。ここでは，「07大綱」の中心となるアイディアが彫琢された。第2に，日米安保体制見直しのため，アメリカにおいて開始された「ナイ・イニシアティヴ」に関係する制度である。このなかで，アメリカの新しい東アジア政策がまとめられた。第3に，日本国内の政府与党の意思決定機関である「安全保障会議」が挙げられる。これらは，防衛庁が起案した「07大綱」原案を議論し，前者において省庁間の意思統一が図られ，後者において連立与党

間の調整が行われた。最後に,「ガイドライン」改定のため,日米間の協議機関として再生された「防衛協力小委員会」がある。長らく休眠機関であった防衛協力小委員会が再活性化されたことにより,それまで凍結されていた日米の軍―軍間の密接な協議が可能となった。

　制度は,アイディアを政策決定の流れに乗せそれに基づく決定を導くこともあれば,アイディアが政策プロセスに参入することを阻むこともある。つまり,あるアイディアが政策プロセスにおいて果たす役割は,アイディアの内容のみによって定まるものではなく,政策プロセスにあってそのアイディアを媒介する制度の影響を受ける。したがって,複数のアイディアが政策化を求めて競合する政策プロセスを分析する際には,各アイディアとそれらを媒介する制度との関係に着目する必要がある。

　さらに制度は,アイディアを媒介する以外にも,政策プロセスにおけるルーティンや標準作業手続として,アクターの行為を規制し,あるいはアクターの利益認識に影響を与えるというように,政策への直接的な影響ももつ。この点からも,政策プロセスの分析において制度に着目する意味は大きい。

　なお,制度の役割をアイディアの媒介とする場合,結果として政策が変化するか否かは,媒介されたアイディアの内容に大きく依存し,政策変化や変化の方向に対する制度の直接的影響は弱いと考えてよい。他方,制度が政策に直接的に大きな影響を与える場合,制度が形成する圧力は現状維持的あるいはインクリメンタルなものになり,政策変化に対しては抑制的に機能することになる。

　上記の各制度が,いかなる特徴をもっており,いかなるアイディアを政策プロセスへと媒介し,いかなる影響をアイディアやアクターの関係に与えたのかを明らかにすることで,制度論的な視点から防衛政策形成プロセスのダイナミズムを示すことができよう。それにより,経路依存仮説と漸進的累積的変化仮説という2つの仮説の妥当性を検討することができる。

　先述のとおり,この制度の影響を重視する制度論的な分析視角と,アクターや影響力配置を重視する行為論的な分析視角は,対立的な関係にあるため,実際の分析においては,まず行為論的分析の妥当性を検証し,これが不

十分とされる場合に，制度論的分析の検討が行われる。ただし，冷戦後の日本の防衛政策形成を4期に分ける本書の分析においては，ひとたび行為論的分析の妥当性が支持された場合にも，制度論的視角が一切の意義を失うわけではない。複数の政策決定が連続するプロセスでは，各決定の間に諸アクターの影響力配置が維持されるか否か，変化する場合にはなぜどのような変化が生じたのかといったことが重要な意味をもつ。制度論的視角は，こうした影響力配置の継続・変動を，制度の継続・変化といった視点からある程度明らかにすることができる。したがって本書においては，個別の政策決定を説明する仮説として政治的決定仮説が採用された場合にも，各決定がのちに与える影響などを分析する枠組として，制度論的視角を引き続き利用する。

諸要因の関連

以上の議論から明らかなように，時期区分，決定レヴェル，アクター，アイディア，制度といった，本書の分析枠組を構成する諸要因は，相互に密接に関連している。議論の先取りとはなるが，以下では，本書の分析の手掛かりとして，時期区分，決定レヴェル，プロセスの特徴，制度の関連の見取り図を提示する。なお，分析において特に重要となるアイディアと他要因との関係については，ここではあえて取り上げず，のちの論点としておくこととする。

第1期にあたる「樋口レポート」提出までのプロセス(第5章)は，防衛庁・自衛隊という防衛政策を主管する組織内，すなわち省庁内レヴェルの政策形成プロセスであり，これについては従来防衛庁・自衛隊の限定的政策展開能力というプロセス上の特徴が指摘されていた。90年代のプロセスにおいては，ここに「防衛問題懇談会」という新たな制度が現れ，外部有識者の政策提案を防衛庁・自衛隊内へと注入する機能を果たした。防衛庁・自衛隊内で各アクターがどのように影響力を行使したのか，「防衛問題懇談会」は各アクター間の影響力配置にどのような影響を及ぼしたのか，それらは政策決定をどのように規定したのか。こうしたことが，「樋口レポート」に示されるアイディアと，その政策提案のその後の展開に大きく影響することにな

る。

　第2期,「EASR」提出までのプロセス(第6章)は,アメリカ国内の対日安全保障政策形成,および日米の軍事当局間の関係にかかわる,日米間レヴェルのプロセスである。従来,このレヴェルについては軍―軍関係の凍結という特徴が指摘されていた。90年代に開始された「ナイ・イニシアティヴ」が,新たな制度的特徴をもたらすか否かが,日米間レヴェルの政策形成の影響を規定するだろう。第6章では,この点を明らかにするため,特に「マクネア・グループ」の役割に焦点をあてて分枠を行う。

　第3期,「07大綱」決定のプロセス(第7章)は,防衛庁・自衛隊と外務省・内閣法制局などによる政府政策決定にかかわる省庁間レヴェルと,自社さ連立与党内の政策調整についての政党政治レヴェルの,2つのレヴェルを含む。これらについては従来,防衛庁・自衛隊の限定的影響力,政党政治レヴェルの消極的関与,という特徴がそれぞれ指摘されてきた。ここでは制度としての安全保障会議が一定の機能を果たすことになる。これらがもたらす特徴が,「07大綱」の内容に影響を与えていく。

　最後の第4期,新たな「ガイドライン」策定のプロセス(第9章)は,再び日米の軍―軍間交渉,すなわち日米間レヴェルのプロセスであり,従来の特徴としては軍―軍関係の凍結が一応妥当する。ただし,第2期が軍事当局間の関係が中心であったのに対し,ここでは防衛協力小委員会とその下部機関という制度によって,より現場に近いレヴェルが中心となる。これが新たな特徴を生みだすのか,新たな特徴はいかなる影響をもつのかが,新「ガイドライン」の内容のみならず,その後の日米安保体制および日本の防衛政策の展開に,影響を与えることになる。

　表2は,以上に説明してきた,4つの時期区分,4つの決定レヴェル,関係するアクター,各レヴェルの特徴,4つの制度の関連をまとめたものである。分析では,各時期区分の各決定レヴェルにおいて,諸アクターがどう行動したのか,制度がいかなるアイディアを媒介したのか,またその時各レヴェルのプロセス上の特徴がどう影響したのかを確認することで,90年代日本の防衛政策形成のダイナミズムを明らかにし,「日米同盟深化」のプロ

第3章 仮説と分析枠組　71

表2　時期区分，決定レヴェル，アクター，特徴，制度の関連

時期区分	第1期 樋口レポート	第2期 EASR	第3期 07大綱		第4期 新ガイドライン	
決定レヴェル	防衛庁・自衛隊内	日米間	省庁間	連立与党内	日米間	連立与党内
アクター	防衛官僚 外部有識者	防衛庁 外務省 民間有識者	防衛庁 外務省 内閣法制局	与党各党	防衛官僚 自衛官 国防総省 米軍	与党各党
従来の特徴	限定的政策展開能力	軍-軍関係の凍結	防衛庁の限定的影響力	消極的関与	軍-軍関係の凍結	消極的関与
制度	防衛問題懇談会	マクネア・グループ	安全保障会議	(与党防衛政策調整会議)	防衛協力小委員会	(与党ガイドライン問題協議会)

セスを説明することを目指す。

　最後に，制度変化について触れておく。のちに詳しく見るように，本書の事例では，いくつかの制度あるいは制度的特徴に変化が観察された。しかし，本書の関心は，それらの制度変化が政策決定あるいは政策プロセスに与える影響にあるのであって，制度変化メカニズムの理論的検討は，主たる関心対象ではない。したがって本書の分析では，歴史的制度論の諸理論が提示する制度変化モデルを用いて，観察された制度変化を説明するための議論を詳しく展開し，それらの有効性を比較することはしない。

第4章　1990年代前半の状況

　以下の各章では，冷戦終結後日本の防衛政策の中核部分を形成した「日米同盟深化」のプロセスのうち，この方向が定着した時期を主たる対象として分析を行う．本章では，次章からの分析の前提として，1990年代前半の日本を取り巻く安全保障環境を簡単にまとめる．

　その後，「樋口レポート」(第5章)，「東アジア戦略報告(EASR)」(第6章)，新「防衛計画の大綱」(07大綱，第7章)，新「日米防衛協力のための指針(ガイドライン)」(第9章)の，4つのプロセスそれぞれについて検討することで，冷戦後日本の防衛政策形成プロセスについての分析を行う．また，「07大綱」と新「ガイドライン」の間にあって，このプロセスに影響を与えた「日米安保共同宣言」および同時期に展開された在沖縄米軍基地問題のプロセスについても概観し，その影響を確認する(第8章)．

　なお，これらのプロセスは，その最初期から数えてもようやく20年を経た程度の直近の過去に属する「現代政治」上の事象であり，内実を正確かつ広範に示す資料はいまだ出揃っていない．こうした状況に鑑みれば，これに関する学術研究がいまだ十分なされていない現状も無理からぬことというべきである．もちろんこのような資料上の限界は，本研究にとっても重大な制約となっており，その意味で以下に示されるプロセスの分析は，不完全で過渡的な試みにとどまる面があることをあらかじめ断っておく．

　本書で用いる資料は，主にこのプロセスに直接かかわった当事者やその周辺に位置した関係者による記述，彼らへのインタヴューをもとにした記述，および当時の報道などの記述といった2次資料である．当然ながらこうした

2次資料は，体系的に蓄積・整理された1次資料に比べて信憑性の点で資料的価値が劣る。この問題を可能な限り補塡するため，本書では，特に断りのない限り，複数の資料で確認できる事柄のみを扱った。なお，報道資料については，主に『朝日新聞』，『毎日新聞』，『読売新聞』の全国版に掲載された記事を用いたが，煩雑を避けるため，記事中の記述を直接引用する場合を除き，事実関係の記述のもととなった記事を明示しない。

第1節　防衛政策改定のアジェンダ化

　冷戦の終結により，国際的な安全保障環境は地球規模で大きく転換した。その結果，日本においても，新時代に適合的な防衛政策，より広くは安全保障政策の必要性が高まった。これにより，新たな防衛政策ヴィジョンの提示は，日本政府にとっての重要な政治課題と認識されるに至った。

　この課題に取り組むうえで重要な意味をもつのが，日本の防衛政策の枠組を定めた「防衛計画の大綱」の扱いであった。当時の「51大綱」は，1976年，デタントの国際環境を前提として策定されたものであった。[31] この「51大綱」は，日本が保持すべき防衛力を「基盤的防衛力」と規定し，その具体的な防衛力規模を整備目標として「別表」に定めている。この「基盤的防衛力」の整備は，1990年までを対象期間としていた中期防衛力整備計画の実施によって，ほぼ完了した。さらに，国際環境の変化も著しい。したがって90年代初頭にはすでに，長期的に防衛力整備を考えるために，「51大綱」の見直しが不可避の情勢となっていた。

　実際政府は，90年末には，「51大綱」を95年度末までに改定する方針を固めていた。同年策定された中期防衛力整備計画(91～95年度対象)にも，「自衛官定数を含む防衛力の在り方について検討を行い，本計画期間中に結論を得る」との文言で，「51大綱」の見直しが示唆されていた。92年2月6日には，与党自民党の国防3部会[32]が「51大綱」改定の方針を了承している。93年6月には，防衛庁内に防衛局長の私的諮問機関「新時代の防衛を

語る会」が設置され，計6回の会合を通して「51大綱」改訂に向けた防衛庁としての意見集約が図られていた。[33]

第2節　「国際貢献論」の登場

　1990年8月2日，イラク軍が隣国クウェートに侵攻した。これに対し国連安保理が，即時無条件撤退を要求する決議を採決する。しかし，イラクはこの決議に従わなかった。そのため91年1月17日，アメリカ軍を中心とする多国籍軍がイラクに侵攻，湾岸戦争が勃発した。この戦争は2月末に多国籍軍側の勝利で決着し，クウェートは解放された。

　湾岸戦争に際し，日本は多国籍軍に計135億ドルもの資金援助を行った。この援助は，当初よりアメリカの圧力に押されて決定されたものであった。また，初期に決定した援助は10億ドルで，これが過小であるとのアメリカからの批判を受け，徐々に追加支援を上乗せするという経緯をたどった。そのためこの援助は，アメリカ側から"Too little, too late."と揶揄されるなど，国際的に十分な評価を受けられなかった。また，終戦後にクウェート政府が米紙などに掲載した感謝広告の対象に日本が含まれていなかったことが，国内において日本の外交能力の欠如を示す問題として喧伝された。"日本の危機対応能力の欠如は，従来の外交・防衛政策の機能不全に起因するもので，その見直しが必要だ"。こうした議論が至るところで展開された。なかでも焦点となったのが，「金は出すが人は出さない」日本の姿勢であった。

　日本は従来，憲法9条を中心とする平和主義的な法・政策体系に基づき，自衛目的以外での軍事力使用を一切認めず，集団的自衛権の行使を違憲としてきた。湾岸戦争を契機として問われたのは，冷戦終結後の国際環境における，このような政策の妥当性であった。この戦争を契機に，国連の存在感が高まり，国連のもとでの集合的安全保障体制への期待も高まりつつあった。防衛白書も湾岸戦争を受け，1991年度版では国際平和の維持における国連の役割拡大に言及し，94年度版でも国連の役割に期待感を表明している。

そうした状況のなか，冷戦構造下の集団的自衛権の行使と，国連を中心とする集合的安全保障体制を目指すための自衛隊活動を区別し，後者を認めるべきとの主張がなされるようになった。こうした主張によれば，設立以来シヴィリアン・コントロールの実績を積み，信頼性を高めてきた自衛隊による，国連の集合的安全保障体制成立を目指す活動は，敗戦への反省から憲法9条が禁じてきた軍事力の行使とは異なり，好ましいものとされる。このような，自衛隊の海外活動を容認する議論は，「国際貢献論」と呼ばれるようになる。「国際貢献論」の普及により，自衛隊の海外活動への支持は，かつてとは比較にならない広がりを見せるようになった。

そこで，国際貢献の具体策である国連平和維持活動(PKO)への自衛隊参加をめぐり，PKO法が大きな政治的争点として浮上する。PKO法案は，91年3月には一度政府において閣議決定されるも，翌月には政府・自民党で野党との調整がつかないことを理由に国会提出の見送りが決定された。9月には公明党・民社党との協力を目指し新たな政府法案が閣議決定され，国会に提出されたものの，これも翌月審議未了のまま継続審議とされた。92年の通常国会において審議が再開されると，自・公・民3党は，法案成立に向け国連平和維持軍(Peace Keeping Force: PKF)参加凍結や国会の事前承認などで合意に至った。これに対し社会党などは牛歩戦術による抵抗を展開した。しかし結局，自・公・民3党はこうした抵抗を乗り越え，6月15日，PKO法はついに成立を見た。これにより自衛隊の海外派遣への道が開かれ，その後カンボディアPKOへの参加など，自衛隊の海外活動が実施されるに至る。

以上に見たように，「国際貢献論」とは，自衛隊によるPKO活動を通して，国連による集合的安全保障体制の確立を目指そうとする議論である。つまり「国際貢献」路線とは，90年代の国際環境変化により，かつての「国連中心」路線が，一定条件のもとで自衛隊の活用を肯定的に評価し，あるいは少なくとも受容するよう変質したものといえる。

ただ，「国際貢献論」が，単純に国連中心主義の継続とはいい切れない要因を含んでいることには注意を要する。「国際貢献論」発生の契機が，湾岸戦争への対応であったことが示すように，この背後にはアメリカからの協力

要求圧力があったことは否定できない。「国際貢献論」には，対米協力という側面がつきまとうのである。

ただこうした「国際貢献論」の2面性は，冷戦終結後の日本防衛政策を導く理念としての，この議論の実現可能性を高める側面をもっていた。従来「安保重視」路線に立脚してきた防衛政策を，「国連中心」路線へと転換することには，非常に大きな抵抗を伴う。他方「国際貢献論」は，対米協調政策という側面があるため，その導入に対する抵抗は比較的小さなものにとどまると考えられる。この意味で「国際貢献論」は，単純な「国連中心」路線に比べ，冷戦後日本の状況により適合的であったといえよう。

しかしながらのちに詳しく見るように，新たな「防衛計画の大綱」(07大綱)の策定プロセスにおいて，一度は重要な位置づけを得るかに見えた「国際貢献論」の発想は，結果的には防衛政策の中核から排除されることになる。

第3節　朝鮮半島核危機

先述のように北朝鮮は，冷戦期を通して日本にとっての主要な軍事的脅威のひとつであった。日朝の国交回復は，日本にとっては脅威の縮小をもたらすが，他方アメリカにとっては，極東における対ソ軍事展開の基礎であり，台湾海峡や朝鮮半島への足掛かりでもある日米安保条約の機能を損なう可能性があった。アメリカとの安保関係が崩れれば，日本にとってのソ連の相対的脅威は，結果的に対処不能なほどに高まってしまう。したがって冷戦状況下においては，日朝の関係改善努力は常に極めて困難であった。

しかし，冷戦状況が緩和されれば，当然ながらこの状況も一変する。この意味で，東西の緊張が緩和され始めついには冷戦終結に至る80年代末からの状況は，日本にとって，最も蓋然性の高い北朝鮮の脅威を大幅に縮小・解消する大きなチャンスをもたらした。日本が北朝鮮との国交回復を目指す動きを取った場合，アメリカからの反発が予想されることに変わりはないが，反発はかつてあり得たよりは弱いものにとどまるだろうし，それに伴うリス

他方北朝鮮にとっては，日本との国交回復は，アメリカの脅威を減少させる手段となり得た。それはまた，ソ連の衰退・崩壊により経済援助が減少し，国内の経済状況が悪化したこの時期，援助を獲得するという意味でも，無視し得ない選択肢であったといえよう。

　このように，冷戦終結から90年代前半にかけては，日朝国交正常化に向けて，かつてないチャンスが到来した時期といえた[34]。しかしながらこの機会は，朝鮮半島核危機の勃発によって急速に萎む。以下，この危機の経緯を確認しておこう。

　1993年3月12日，北朝鮮が核兵器不拡散条約(Treaty on Non-Proliferation of Nuclear Weapons: NPT)体制からの脱退を宣言した。前月，国際原子力機関(International Atomic Energy Agency: IAEA)理事会は北朝鮮に対して，核関連施設への特別査察受け入れを要求していた。NPT体制脱退は，これへの対抗措置であったとされる。

　4月1日，IAEA特別理事会は北朝鮮の核査察協定違反を認定，この問題を国連安保理に付託すると決定した。5月11日には安保理が北朝鮮に対し，IAEAによる査察受け入れとNPT体制脱退の撤回を促す決議を採択した。こののち米朝間で高官会議が重ねられ，7月19日には北朝鮮がIAEAの査察を受け入れることで合意し，これが8月3日に正式発表された。

　しかし，北朝鮮がその後も非協力的な態度を取り続けたため，IAEAの核査察は実現しなかった。11月1日には，国連総会が北朝鮮に対して，再度IAEAによる核査察の完全実施を受け入れるよう求める決議を採択した。

　94年1月5日，米朝は実務者協議において，通常査察受け入れ，南北直接対話開始，米朝高官協議開催，米韓合同軍事演習中止の一括解決案で合意に達した。2月15日には北朝鮮が，IAEAとの協議で核査察受け入れを決定，25日には米朝実務者協議で査察開始が3月1日に定められた。その3月1日，IAEA査察団が北朝鮮に入国，3日には査察を開始した。また同日，米韓は合同軍事演習の中止を発表し，南北実務者協議も特使交換を目指して開始された。

しかし3月15日，査察を終えて平壌を出発したIAEA査察団が帰路，北朝鮮による査察妨害を発表したことで，事態は再び緊迫する。翌日アメリカは，米朝高官協議の中止を発表した。南北実務者協議においても19日，北朝鮮側が「ソウルは火の海になる」と発言，交渉は決裂した。31日，ウィリアム・ペリー米国防長官は，北朝鮮の核兵器開発阻止のためには戦争も辞さないと発言し，同時にそのための準備に着手していることを公式に認めた。

この緊迫した状況は，4月19日，北朝鮮が改めて米朝高官協議の開始を条件に追加査察を受け入れる旨をアメリカに伝達し，アメリカもこの条件を受け入れて合意が成立したことで，落ち着いたかに見えた。

しかし，北朝鮮がIAEAの査察要求項目のリスト受け入れを拒否したため，IAEAは結局査察団の派遣を見送った。これへの対抗として北朝鮮は5月12日，原子炉の燃料棒交換作業に着手する旨をIAEAに通告した。これによりIAEAは要求リストの完全実施を断念し，燃料棒交換作業を延期することを条件とする査察実施を決定した。北朝鮮がこれを受け入れたため，IAEAは15日に査察官を派遣した。にもかかわらず，北朝鮮は燃料棒交換を実施し，20日には査察団がこの事実を確認する。

これに対し6月4日，日米韓3カ国は安保理での緊急協議を開催することで合意した。10日にはIAEAが，技術援助の中止などを内容とする初の北朝鮮制裁案を決議し，これを安保理に付託した。この際，対北制裁に一貫して慎重な立場をとっていた常任理事国の中国が，態度を軟化させ棄権に回ったことで，制裁論議に一層の弾みがついた。こうした動きに対し，北朝鮮は13日，IAEAからの脱退を宣言，制裁決議を宣戦布告とみなすとの声明を発表した。

この最も緊迫した事態は，1994年6月15日，ジミー・カーター元米大統領の平壌訪問によって打開される。2日間にわたり金日成北朝鮮国家主席と会談したカーターは，席上，IAEAによる査察を受け入れ，核開発について透明性を確保するよう提案した。これに対し金主席は，韓国が求めている南北首脳会談を無条件に受け入れる意思を表明し，これを金泳三韓国大統領に伝達するよう依頼した。こうして南北対話のトップ・チャネルが開かれ，核

問題に関しても話し合いによる解決の道が見えたことで，約1年4カ月にわたる北朝鮮の核危機は，ようやく最も緊張した時期を脱したのである。[35]

この北朝鮮核危機は，北東アジアが「朝鮮戦争以来最も危うく戦争に近づいた」[36]出来事ともいわれる。その当事者は北朝鮮とアメリカであり，北朝鮮と38度線を挟んで対峙する韓国であった。しかしそれは同時に，アメリカの同盟国であり，朝鮮半島に近接する日本にも，非常に大きな影響を与えた。

日本政府の中枢が北朝鮮の核開発問題を自らに直接かかわる深刻な問題と認識するようになった契機のひとつは，93年11月20日，シアトルで行われたクリントン大統領と細川首相の首脳会談であった。会談前，日本側は懸案の自動車交渉が中心議題になると予想していた。しかし実際には，アメリカ側が最重要視したのは北朝鮮核疑惑であった。のみならず，大統領自身がこの問題について強い懸念と断固とした態度を示し，そのうえで有事の際には沖縄の米軍基地を使用することになるので日本の国内体制を整備しておいてほしい，との要請を，細川首相に直接伝えた。北朝鮮核疑惑に対するアメリカ側の予想外に強い姿勢は，日本政府の中枢にこの問題の重要性を印象づけた（麻生 2000, 117-118）。

94年3月には，米朝間の戦争が現実味を増していた。そのような緊迫した事態において明らかになったのは，日米安保体制がはらむ脆弱性であった。北朝鮮とアメリカ・韓国の軍事力バランスから見て，北朝鮮が日本にまで相当規模の攻撃を仕掛ける可能性はごく小さいと考えられた。したがって，日本の防衛関係者が最も重要と考えたのは，対米支援に関する問題であった。94年春の時点で，日米間ではすでに米朝開戦を想定した交渉が行われ，在日米軍から自衛隊の統合幕僚会議に対し支援要求が伝えられていた。しかし戦争時の対米支援は，政府の憲法解釈において違憲とされている集団的自衛権の行使にあたる恐れがある。このため，日本はアメリカ側の要求に対し，支援実施の可否を決定することができなかった。

米朝戦争において日本がアメリカを支援しなければ，日米安保体制の崩壊につながりかねない。日米安保条約は，北朝鮮核危機に際し，それを実効的

に運用することができないという問題を露呈させてしまった。日本の防衛関係者にとってそれは，日米安保を中心に作り上げられた防衛体制全体が崩壊する危機を意味した。

そもそもこうした問題は，安保条約をめぐる日米の認識の違い，あるいは日本政府の国内向けの説明と対米姿勢の齟齬が放置されていたことに起因する。アメリカが安保条約を東アジア地域の安全保障枠組のひとつと捉えていたのに対し，日本政府はこのような見方を示さず，安保条約をあくまでも日本防衛の枠組とする見解を打ち出していた。極東事態における対米協力は，78年に策定された「ガイドライン」において研究事項とされていたものの，実際にはこの研究は実施されないまま15年以上にわたって放置されていた。実戦の可能性が乏しかった冷戦期には，このことはあまり大きな問題とはならなかった。しかし冷戦の終結により，大規模戦争の可能性低下とひきかえに小規模な地域紛争の可能性が高まったことによって，こうした問題が表面化し，これへの対応が必要とされるようになったのである。この結果，アメリカからの要求をもとに，日米安保条約の有事運用を中心として，対米協力・支援の具体策がようやく検討され始めた。

このように，朝鮮半島核危機を期に，安保の有事運用面をめぐる問題を喫緊の課題とする認識が，日米の防衛政策関係者の間で共有されるに至った。両国はこの後，この課題への取り組みを進めていく。94年5月にはアメリカが，朝鮮半島有事の際には日本からの兵站補給協力が必要と主張し，「物品役務相互提供協定（Acquisition and Cross Servicing Agreement: ACSA）」の締結を要請した。この時日本側は，アメリカの要求に対して具体的な回答を避けた。しかしこの問題はその後も日米軍事協力の重要なテーマとして検討が続けられていく。他方日本側では，畠山蕃防衛事務次官が庁内で非公式の研究会を組織し，集団的自衛権行使を違憲とする政府解釈の研究を開始した。この研究会が94年7月までに庁内の高級幹部に提出した報告書は，集団的自衛権に関する政府解釈によって「中長期的視点から東アジア・太平洋地域の安定化を図る上で支障を生じるおそれがある」と結論づけ，この見直しを提言している（『毎日』1995/3/12，1）。

第4節　日米関係の悪化と緊張

　冷戦終結後，アメリカは新たな国際環境に適応するため，軍事政策をはじめとする様々な領域で政策転換を行った。93年に成立したクリントン民主党政府が，この傾向に拍車をかけた。その結果90年代前半までに，日米関係は悪化し緊張をはらむものとなった。以下では，この関係悪化の原因のうち，2つの主たる要因について確認しておく。

　第1の要因は，経済的な摩擦の激化である。クリントン政権は，外交の重心を，冷戦期的な軍事・防衛分野から経済分野へと移していた。その結果，国務省や国防総省といった従来のチャネルを通しての外交交渉が軽視され，合衆国通商代表部 (United States Trade Representative: USTR) が外交の中心を占めるようになっていった。USTRは，時に強硬な経済外交を展開していくことになる。

　この傾向は，対日外交において特に顕著であった。アメリカは，89年から90年にかけて行われた日米構造協議をもとに，日米間の貿易収支の不均衡の原因は日本市場の閉鎖性にあるとする，一方的ともいえる非難を展開した。そして，この解消のため93年には包括経済協議を開始し，電気通信交渉や自動車・自動車部品交渉などで，日本側にとっては理不尽とも思える要求を次々と強硬に突きつけた。自動車交渉では，アメリカは日本車に対する100％の関税課税を盾に，日本に自動車輸入の数値目標受け入れを求めた。この時期，日本はバブル経済の崩壊による深刻な不況の波にさらされ始めており，こうしたアメリカの強硬路線に対する反発も高まりつつあった。結果的に，自動車交渉はアメリカによる制裁発動の目前までもつれ，世界貿易機関 (World Trade Organization: WTO) の紛争処理パネルを経てようやく解決を見ることになる。この例のように，包括協議においては対立的な外交交渉が多く展開され，経済分野における日米関係の悪化が明らかな情勢であった。

　第2の要因は，アメリカの前方展開兵力削減政策である。[37] この点は，日

本の防衛政策に直接かかわる問題であるため，以下で詳しく見ていこう。冷戦の終結により，アメリカでは国防予算の圧縮と軍の規模縮小を求める世論が高まり，これらの政策見直しが避けられない情勢となった。こうしたなか，コリン・パウエル統合参謀本部議長は，軍事力の大幅な削減を避けるために，新たな軍事態勢の構築に向けた検討を開始した。この検討のなかでは，「低強度紛争(Low Intensity Conflict: LIC)」の多発や，未知の潜在的脅威，第3世界における「大量破壊兵器(Weapons of Mass Destruction: WMD)」拡散と「ならず者国家(rogue states)」，といったものがソ連に代わる新たな脅威として検討された。しかしこれらはいずれも，単体ではアメリカ軍が目指す規模の軍備維持を正当化するには不十分であった。そのため，同時に2つの「ならず者国家」と地域的な紛争を戦うというシナリオが選択され，これに基づいて冷戦時の4分の3程度の軍事力を維持するとともに，パワー・プロジェクション能力を高めることが必要，との結論が示された。米軍兵力は，ベルリンの壁崩壊時点で212万人程度であったのに対し，このなかでは削減後にも150万人から170万人程度の兵力が引き続き必要と結論づけている(川上 2004, 75; 78)。この結論は，90年3月の「米国安全保障戦略(National Security Strategy: NSS1990)」で言及され，同年8月にはジョージ・H・W・ブッシュ大統領の演説のなかで正式な政府方針として発表された。そして93年1月の「90年代の国防戦略――地域的防衛戦略(Defense Strategy for the 1990s: The Regional Defense Strategy)」により，冷戦後のアメリカが目指す安全保障戦略として明示されることになる。

　こうした検討の初期にあたる，冷戦後の安全保障戦略がいまだ固まっていなかった90年4月，「東アジア戦略構想(East Asia Strategy Initiative: EASI-I)」が発表された。これは89年末，軍事費削減と軍備縮小を求める強い世論を受けて，議会が国防総省に提出を命じたものであった。EASI-Iは，東アジアにおける米軍前方配備態勢の再構築のため，この地域からの暫時撤退計画を具体的に提示した。この計画は，20世紀中に，米軍兵力を3段階に分けて日本，韓国，フィリピンから撤退させるというものであった。その兵力削減規模は，日本では1万から1万2000人，韓国では1万4000人，

フィリピンでは4000人となっており，地域全体としては90年の13万5000人規模から，9万人規模への削減となる。[38] 他方こうした撤退にもかかわらず，アメリカがこの地域における安全保障役割を放棄しないことも強調されている。具体的には，同盟国や友好国との演習やインター・オペラビリティ強化，施設や物資の提供関係などを通して，地域的な安全保障能力を維持するとの方針が示されている。

しかしEASI-Iは，発表後1年を経ずして変更を余儀なくされる。最大の理由は，90年8月に発生したイラクのクウェート侵攻と，それに続く翌年1月の湾岸戦争勃発である。これにより，アメリカが世界規模で軍事力を展開するためにはアジア太平洋地域への前方展開が不可欠，との見方が強まり，それに基づいて構想が再構築されることになった。その結果，92年7月，改めて新たな「東アジア戦略構想(East Asia Strategy Initiative: EASI-II)」が提出された。EASI-IIでは，この地域へのアメリカのコミットメントを明確に目に見える形で示すことで，抑止力を含む安全保障体制を強化することが重視された。EASI-IIは当初，EASI-Iが示した削減方針を引き継ぐとしていた。しかし，その後の状況変化により，こちらも変更を余儀なくされる。原因は，フィリピン議会が基地協定の更新を拒否したために，91年に同国のクラーク空軍基地とスービック海軍基地から予定外の撤退を迫られたことと，92年に入って発生した北朝鮮の核開発をめぐる問題で，この地域の不確実性が増大したことである。結果として在日・在韓米軍の縮小規模が見直され，大幅な兵力削減は行われないこととなった。

前述のとおり，冷戦後のアメリカの安全保障戦略は，全面核戦争を想定したソ連の高度な脅威から，今後第3世界で起こると予想される地域通常戦争型の低強度の脅威へと，その基盤を転換した。93年1月の「90年代の国防戦略」には，改めて大幅な軍事力削減が盛り込まれ，その削減規模は兵力にして100万人に上っている。これによる軍事力の低下は，同盟国・友好国との間の集団防衛を強化することで補うとの方針が示されており，日本に対してはより多くの役割・負担を求め続けるべきとしていた。

この頃，93年1月にはクリントンが大統領に就任し，民主党政権が発足

していた。この政権下，のちに国防長官となるレス・アスピン下院軍事委員長は，冷戦時の戦力を前提としているブッシュ政権の「90年代の国防戦略」では軍事力削減が不十分であるとし，冷戦後に必要な戦力をゼロ・ベースで見直す作業を始めた。これが同年9月，「ボトム・アップ・レヴュー(Bottom-Up Review: BUR)」として発表される。BURにおける所要兵力は，対イラク戦争と対北朝鮮戦争という主要な地域紛争(Major Regional Conflict: MRC)を2つ同時に戦う(2MRCs)ことを想定し，その両方に勝利するために必要な兵力を積み上げる方式で算出された。その規模は，冷戦中のピーク時の3分の2程度(約140万人程度)とされている。またBURでは，兵力のみならず軍事力構成の面でも見直しを行い，前方展開として同盟国に駐留する兵力を可能な限り削減し，これを高機動能力により有事に迅速な緊急展開を行う海上機動兵力で補う，との方針を示した。これらの結果，東アジア地域には10万人規模のプレゼンスを維持すべきとの結論が導かれている。

のちにも見るように，本節で示したアメリカの一方的な前方展開兵力削減政策は，日本をはじめとするアジア各国に，この地域へのアメリカのコミットメントに対する疑念を生じさせた。同盟理論が示すとおり，これはアメリカの同盟国に，「見捨てられ(abandonment)」るという恐れと，同盟自体への不信を抱かせる結果となった。

第5章　防衛問題懇談会と「樋口レポート」

　1994年8月12日，村山富市首相に1通の報告書が提出された。首相の私的諮問機関である防衛問題懇談会(防衛懇)による「日本の安全保障と防衛力のあり方――21世紀へ向けての展望」。防衛懇座長，樋口廣太郎アサヒビール会長の名を取り，通称「樋口レポート」と呼ばれるこの報告書は，冷戦終結後の世界で，日本がいかなる防衛政策を打ち出すべきかを，9人の有識者が討議のうえまとめたものである。[39] 冷戦終結後の日本の防衛政策に新たな方向性を示すことを目的とした本報告書は，「日米同盟深化」の方向性を導く重要な契機となった。防衛問題懇談会は，新たな防衛政策の中核をなすべき政策アイディアを提示し，さらにそれを防衛政策プロセスに乗せる機能を果たすことで，冷戦後日本の防衛政策に影響を与えた。
　本章では，第1節で防衛懇が設置されてから報告書を提出するまでのプロセスを概観し，第2節ではこのプロセスの鍵となる，防衛懇の制度としての特質を明らかにする。そのうえで第3節において報告書の内容を検討し，その政策提言の根幹にある政策アイディアを明らかにする。最後に第4節では，以上の議論をもとに，ナイ・イニシアティヴが日本の防衛政策形成に与えた影響の重要性について検討する。

第1節　経　　緯[40]

　1993年8月9日，細川護熙日本新党代表が内閣総理大臣に就任した。38

年間にわたる 55 年体制と自民党政権の終焉をもたらした，8 党派連立政権の成立である。細川首相は，冷戦終結により世界的に軍縮政策が広がるなか，日本の防衛政策を再編成しようとしており，防衛予算の抑制や「防衛計画の大綱」の早期見直しを目指していた。[41] この目的のため，細川は元防衛事務次官の日吉章に相談をもち掛けた。日吉は細川に，この目的に適任の防衛政策専門家として，こちらも元防衛事務次官の西廣整輝を紹介した。西廣と面会した細川は，防衛庁 OB としてはリベラルなその姿勢に信頼を寄せるようになる(秋山 2002, 34; 船橋 1997, 261)。

　この頃防衛庁内では，新たな「防衛計画の大綱」(07 大綱)の方向性を探る目的で，首相の下に諮問機関を設置することが検討されていた。これは，「51 大綱」の策定時に，当時の坂田道太防衛長官が自身の下に諮問機関「防衛を考える会」を設置し，ここでの議論を通して「51 大綱」の方向性を固めていったことを念頭に置いた計画であった。この諮問機関設置は，93 年 9 月，防衛庁から就任間もない細川首相に提案された。

　細川首相はこの提案を受け，自らの防衛政策改定の方針を進めるべく，西廣に諮問機関設置への協力を依頼した。以降は首相の強い意向のもと，西廣とその友人の諸井虔秩父セメント会長，畠山防衛事務次官，村田直昭防衛局長らが連絡を取り合って，この機関の設置が進められていった(秋山 2002, 34-35; 船橋 1997, 263-264)。その結果，細川首相の私的諮問機関として，1994 年 2 月 28 日，防衛問題懇談会(防衛懇)が以下の 9 人の委員で正式に発足する(肩書は当時)。

　　　座長　　　樋口廣太郎・アサヒビール会長
　　　座長代理　諸井虔・秩父セメント会長
　　　　　　　　猪口邦子・上智大学教授
　　　　　　　　大河原良雄・経済団体連合会特別顧問(元駐米大使)
　　　　　　　　行天豊雄・東京銀行会長(元大蔵省財務官)
　　　　　　　　佐久間一・防衛庁顧問，NTT 特別参与
　　　　　　　　　　　(元統合幕僚会議議長)

第5章　防衛問題懇談会と「樋口レポート」

西廣整輝・東京海上火災顧問(元防衛庁事務次官)
福川伸次・神戸製鋼副会長(元通商産業省事務次官)
渡邉昭夫・青山学院大学教授

　委員の選定は，基本的に防衛庁内局の主導で行われ，これに首相が内諾を与える形で進んだ。佐久間と西廣を除き，防衛問題の専門家は意図的に排除され，中道的な穏健派とされる顔ぶれが選出されている。また自衛隊制服組の幹部経験者が首相の諮問機関に参加するのは，この防衛問題懇談会が初めてのことであった。

　懇談会の事務局は内閣安全保障室に置かれたものの，佐久間顧問，畠山次官，村田局長を介して，防衛庁防衛局が意見の取りまとめに強く関与したという(秋山 2002, 22)。また防衛庁は，「51大綱」見直しに関する庁の立場を内部で明確化するため，愛知和男防衛長官の下に「防衛力のあり方検討会議」を設置し，3月1日の初会合より，防衛懇での議論にやや先行する形で検討作業を進めていた。

　防衛懇は，2月28日の発足から8月12日までの6カ月足らずの間に，水曜日を中心に計20回に上る会合を精力的に開催し，報告書をまとめ上げた。全会合のスケジュールと主な議題は以下のとおりである[42]。

第1回(2月28日)　　細川総理挨拶，防衛計画の大綱の考え方，防衛諸計画・制度
第2回(3月9日)　　国際情勢認識，我が国を取り巻く軍事情勢
第3回(3月16日)　　我が国の安全保障に関連の深い地域の軍事情勢，統合機能の現状の問題点，陸上自衛隊の防衛戦略と現状の問題点
第4回(3月30日)　　海上自衛隊の防衛戦略と現状の問題点，航空自衛隊の防衛戦略と現状の問題点
第5回(4月6日)　　人的資源，新たな防衛力の態勢への移行，有事法制研究，我が国防衛産業の現状と課題，防衛

	装備・技術と防衛産業，防衛関係費の推移と構造
第6回(4月13日)	日米安保体制，日米防衛協力，日米技術交流，駐留経費負担
第7回(4月18日)	国際平和協力法に基づく我が国の人的貢献，自衛隊による国際平和協力業務，安保理改組問題，軍備管理・軍縮問題の現状，新たな安全保障環境構築に向けた努力
第8回(4月27日)	防衛機能のレヴュー，メンバーによる所見の中間発言
第9回(5月11日)	羽田総理挨拶，今後の議論の進め方
第10回(5月18日)	今後の議論のための枠組み，防衛力整備計画の方式
第11回(5月25日)	我が国財政の現状と防衛関係費，国際情勢の問題についての議論
第12回(6月1日)	防衛力の在り方について
第13回(6月8日)	武器輸出管理，ODA 4原則の適用，総合的な安全保障の問題についての議論
第14回(6月13日)	情報の一元化，政府としての情報の処理等，湾岸危機をケーススタディとした危機管理の問題，重要論点についての議論(基本的な考え方，陸海空自衛隊の統合の強化，予備自衛官制)
第15回(6月22日)	重要論点についての議論(シーレーン防衛，陸上自衛隊18万人体制)
第16回(6月27日)	国連協力と憲法問題，PKO
第17回(7月13日)	村山総理挨拶，防衛力の問題についての議論
第18回(7月20日)	意見の取りまとめのための議論
第19回(7月27日)	意見の取りまとめのための議論
第20回(8月12日)	村山総理への挨拶

3月9日の第2回会合において早くも、樋口座長が、懸案のひとつであった憲法9条と防衛懇との関係について、「行政の長である首相の懇談会なので、現行憲法の枠内での議論と考えている」と明言し、以降防衛懇の議論においてはこの方針が徹底された（『毎日』1994/3/10, 3）。

ところが、順調に検討を進めるかに見えた防衛懇は、発足から1月半足らずで危機を経験する。4月8日、このイニシアティヴの中心にいた細川首相が突然の辞任を表明、防衛懇は5回の会合を行ったところで最大の推進力を失うことになった。同月28日には、新首相に羽田孜が就任した。しかし羽田政権は、細川政権を部分的に継承する少数与党政権に過ぎず、その政権基盤は脆弱であった。防衛懇の活動は中断せず継続したものの、新政権には細川政権ほどの推進力は期待できなかった。

懇談会が8回目の会合を終えた後の5月の連休中には、樋口、諸井、西廣、渡邉の各委員と村田防衛局長および防衛局員がホテルの1室に集まり、報告書の作成に向けてその構成や内容についての詳細な議論を行った。ここでは渡邉が報告書の素案執筆を担当した（秋山 2002, 40）。渡邊は、その後最終報告書の執筆までを一貫して担当することになる。

議論が大詰めに差し掛かった6月25日、防衛懇は次なる危機に見舞われた。羽田内閣が総辞職し、再びの政権交代が起こったのである。この結果、同月30日には村山富市社会党委員長を首相とする自社さ連立政権が発足し、与野党の大部分が入れ替わることになった。新首相は自衛隊違憲論を堅持してきた社会党出身であり、また連立与党の一角である自民党は防衛懇を発足させた細川政権と対立関係にあった。このため、防衛懇での審議は、村山政権発足前の第16回を最後に中止されてしまうのではないかとの懸念が強まった。しかし、石原信雄内閣官房副長官の努力により、最終的には村山首相自身が防衛懇の議論の重要性を認め、審議継続の方針を表明した。この防衛懇にとっても予想外の決定により、最終報告書の完成に向けた詰めの作業が続けられることになった。

その結果、2度にわたる政権交代、しかも与野党交代と自社さ連立政権の

成立という激しい政治的変動を経つつも，1995年8月12日，防衛問題懇談会の最終報告書「日本の安全保障と防衛力のあり方――21世紀へ向けての展望(樋口レポート)」は完成に至り，村山首相へと提出された。

以上が防衛懇の設置から「樋口レポート」提出までの経緯である。以下では，このプロセスについて目につく点を簡単にまとめておく。

まず，中道的な委員の選任についてである。これには，自分たちの主導のもとで，議論を拡散させず短期間で現実的な方針を打ち出したいという，防衛庁内局および西廣の意向が反映されている。[43] 短期間での検討・報告とりまとめという困難な作業を可能とした要因のひとつに，この委員の中道的な顔ぶれがあることは疑いない。この点で，西廣らの人選は意図どおり成功したといえよう。ただ，議論を収束させるうえで重要な要因は他にもいくつか存在した。

そのひとつが，議論を憲法の枠内にとどめるとの方針である。憲法9条をめぐる議論は，戦後日本の政治に強い影響を与え続けた最重要争点のひとつであった。90年代に入ってもその重要性が大きく薄れることはなく，冷戦の終結，湾岸戦争，PKOへの参加といった大きな変化の結果，憲法論議は「国際貢献」との関係で新たな局面を迎えていた。[44] したがって憲法問題は，防衛政策の新たな方向性を探るうえで重要な課題となる。しかし，イデオロギー的対立の色彩が極めて強いこの問題に立ち入れば，統一的な結論を得ることが極めて困難なことは容易に予測できる。防衛懇が限られた時間内に報告書を完成させるうえで，論議を憲法の枠内にとどめ憲法の妥当性には立ち入らないという方針は，大きな意味をもっていた。さらに，報告書がその後の防衛政策の展開に与えた影響を考える時，この決定は，90年代後半に憲法改正が具体的政治日程に上らなかったという事実に，一定の影響を与えたということもできよう。

また，コア・メンバーによる議論の収斂作業も重要であった。詳しくはのちに譲るが，最終報告書の内容は大まかに，国際情勢や日本の防衛戦略の方向性にかかわる前半部分と，具体的な防衛戦略や自衛隊のあり方にかかわる後半とに分けられる。この前半部分には，執筆を担当した渡邉および同氏に

同調的な委員の見解が強く反映されており，後半部分には西廣や防衛庁内局の見解が色濃く滲んでいる（秋山 2002, 40）。これら 2 つのグループの間には，実は相当の見解の相違があった。のちに改めて見るとおり，この相違は「多角的安全保障」と「日米安全保障協力」の関係という，防衛政策の根本方針をめぐる重大なものであったといえる。にもかかわらず，防衛懇における検討段階では双方の対立はさほど深刻化せず，双方の見解を統合した報告素案の構成が早い段階で示されることになった。これが，その後の議論を最終報告へと結実させていくうえで，無視し得ない影響をもった。

　防衛懇にとって，2 度の政権交代が大きな危機であったことは間違いない。精力的に検討を行っていた防衛懇が 10 日以上にわたり開催されなかったのは，この 2 度の政権交代の時期だけである。しかし結果的に，防衛懇はこの 2 度の危機を乗り越え，また議論の内容も政権交代から大きな影響を受けることはなかった。[45] その結果防衛懇は，新時代の防衛政策について統一的な提言を最終報告書にまとめることができた。

　ところが，提出された最終報告書の扱いをめぐっては，自民党出身の閣僚を中心として，閣内にもあまりこれを尊重しない雰囲気があった。その結果「樋口レポート」の内容は検討課題として扱われるにとどまり，内閣レヴェルでは政策化に向けた積極的な対応はなされなかった。他方防衛庁・自衛隊では，内局が中心となって，この最終報告書をもとに翌年に迫った「防衛計画の大綱」見直しに向けた作業が着々と進められていった（秋山 2002, 43）。

第 2 節　制　　度——防衛問題懇談会

　前節で確認した「樋口レポート」提出までの防衛懇の活動プロセスは，「07 大綱」の策定に向けて，その方向性を示すため新たな防衛方針を打ち出そうとするものであった。ここで防衛懇の重要性は，外部有識者が委員として集まって，水平的な立場で議論を重ね，防衛庁内局との意思統一を図ったうえで，新たな防衛方針を統一的な形で「樋口レポート」に示した，という

ことにある。つまり防衛懇は，政策形成プロセス上に一定の位置を占め，諸アクターの相互関係を規定し，それらが統一的な政策提言をまとめることを可能にした制度といえる。その際，防衛懇がもっていた制度的特徴は，単に新たな防衛方針を示すということにとどまらず，新たな「防衛政策の大綱」の策定プロセスとその内容に影響を与えた。

防衛懇は，「07大綱」策定のため設置された非常設の諮問機関であった。この，一見アド・ホックな機関は，実はその19年前に，やはり「51大綱」策定のために設置された防衛長官の諮問機関「防衛を考える会」に範を得たものである。「51大綱」は，この諮問機関によって広い視野から国際・国内情勢に適合的な基本方針を与えられたことで，当時の防衛庁の政策形成能力の限界を超え，20年近くにわたって維持されることになる「基盤的防衛力構想」を打ち立てることができ，またそれに対する国民の支持を獲得することができた。防衛庁には，そのような"成功の記憶"が組織として受け継がれていた。これが，「07大綱」策定にあたって再び諮問機関を設置する動機となった。ちなみに，2004年および2010年に実施された「大綱」改定においても，同様に首相の下に諮問機関が設置されていることからも，「大綱」策定にあたっては諮問機関を設置することが，いわば一組のパッケージとしてパターン化されていることが確認できる。

この防衛庁の諮問機関設置の提案は，防衛政策の改定を目指す細川首相の意図にも合致するものであったため，防衛懇の議論は首相のイニシアティヴのもとで推進され，これを防衛庁が支援することになった。政党政治レヴェルのトップに立つ首相が，防衛政策策定にあたって強いイニシアティヴを取ったことは，政党政治レヴェルの消極的関与という従来の防衛政策プロセスに見られた特徴を覆す，重要な要因である。このようなことが可能になったのは，細川首相が，国民の強い支持を受けて38年ぶりに誕生した非自民政権のトップとして，55年体制の枠組に縛られない政権運営を行い得たためである。これにより防衛懇は，非常設でありながらも，首相と防衛庁による上と下からのサポートを受ける機関として，「07大綱」の方向性に大きな影響力を揮い得る強力な制度的位置を占めることになった。

ただ，防衛懇と防衛庁の関係については，一層の検討を要する。この「51大綱」改定に際して，大胆な政策提言を期待された防衛懇と，インクリメンタルな政策選好をもつ防衛庁の間には，一定の緊張関係が不可避的に生じたといってよい。防衛懇が防衛庁の限界に縛られずに政策形成を行うためには，前者が後者からある程度独立している必要があるが，その結果として防衛懇の政策提言が防衛庁の選好あるいは実施の限界を超えてしまえば，政策提言は実効性をもち得ない。防衛懇は，独立の機関として政策提言をその役割とし，また首相のサポートを受ける強い制度的位置に基づいて，幅広い政策提言を行うことができた。しかし提言が提出された時点で防衛懇はその役割を終えて，政策プロセスから退場することになる。その先，提言に基づいて政策を決定を導き実施へと移すのは防衛庁である。防衛懇の提言が防衛庁にとって受け入れ難いものであれば，防衛庁が提言に従って政策を推進するか否かは，不透明といわざるを得ない。これは，防衛懇の制度的限界である。

　防衛懇には，この限界を回避するための制度的裏づけが存在した。第1に，防衛庁内局が防衛懇の実質的事務局機能を果たし，両者が密接に関係しながら検討作業を進める体制が取られていた。これは，運用の仕方によっては防衛懇の独立を阻害する要因ともなり得たが，実際のプロセスでは防衛懇側にそのような不満は生じなかった。第2に，防衛庁内に内局と自衛隊の幹部で組織される長官の諮問機関が設置されていた。この防衛力のあり方検討会議は，防衛懇の議論を先取りしながら，それに基づいて防衛庁内の意思統一を図り，防衛懇の提言を浸透させる機能を果たした。これら2つは，防衛懇と防衛庁の選好が乖離することを避けるための制度的裏づけといえる。さらに，乖離が発生してしまった場合にも，たとえば首相がイニシアティヴを取るなど，政党政治レヴェルにおける後押しがあれば，提言どおりの政策推進を実現することは可能である。以上のように，政策の決定・実施能力をもたないために提言どおりの政策を実現できない，という防衛懇の制度的限界に対しては，3つの解決策が用意されていた。

　しかし，のちに詳しく見るように，政権交代により与野党の入れ替わりがあったこと，防衛懇内に潜在的対立があったことなどから，これらの解決策

は十分に機能せず，防衛懇の制度的限界がその後のプロセスに影響を与えることになる。

第3節　アイディア――「樋口レポート」

　本節では，「樋口レポート」の核心にある2つの新たな政策アイディア，「多角的安全保障」アイディアと「日米同盟深化」アイディアを抽出し，その内容を検討する。[46] なお，「樋口レポート」の内容の詳細については，資料編の資料解説2および資料全文IIを参照されたい。
　まず，「国連中心」，「安保重視」，「自主防衛」という冷戦期の3つの政策路線が，「樋口レポート」においてどのように扱われているのかを確認する。「まえがき」は，戦後日本が国連による集合的安全保障を理想としつつも，現実的には日米安全保障条約を防衛政策の中心としてきたとして，「国連中心」路線の存在を認めつつも，「安保重視」路線が従来の防衛政策を形成してきたと分析している。他方，ここには，戦後初期には大きな影響力をもちつつも80年代までには衰退した「自主防衛」路線についての言及は見られない。この政策路線が，もはや現実的な検討対象となり得ないことが言外に示されているといえる。
　第1章-2.「米国を中心とする多角的協力」では，NATOと並んで日米安保条約を，アメリカ中心の同盟ネットワークの「最も代表的なもの」としている。従来の「安保重視」路線においては，日米安保条約はあくまで日本の防衛のための手段としてのみ位置づけられてきた。しかしここでは「米国を中心とする多角的協力」のための手段としての位置づけが示されている。もちろん，この条約のもう一方の当事者であるアメリカは従来から条約を地域的安全保障枠組としての側面を重視しその意義を強調してきた経緯があり，その限りでこのような日米安保条約の位置づけは，特に目新しいものではない。しかしながら，日本側がこのような立場を公式に打ち出したことはかつてなかった。その意味で「樋口レポート」の記述は画期的な政策転換の提言

といえる。第1章-3.「協力的安全保障の機構としての国連などの役割」では，冷戦後の世界において国連が安全保障上の重要性を増していることを強調している。ここには「国連中心」路線にさらなる根拠を与えてその重要性を高く評価する姿勢が見える。

さて，「樋口レポート」の核心である，冷戦後日本の防衛政策の中核をなすべき新たな政策アイディアは，第2章「日本の安全保障政策と防衛力についての基本的考え方」で提示される。1.「能動的・建設的な安全保障政策」において，秩序形成者としての日本の役割を強調し，以下のように3つの政策路線を提示する。「第一は世界的ならびに地域的な規模での多角的安全保障協力の促進，第二は日米安全保障関係の機能充実，第三は一段と強化された情報能力，機敏な危機対応能力を基礎とする信頼性の高い効率的な防衛力の保持である」。そして続く3項目で，3つの路線それぞれについて詳しく展開していく。

第1の「多角的安全保障協力」は，主に国連による集合的安全保障体制を想定し，これを日本の安全保障政策の究極目標として掲げる。この限りでは，「樋口レポート」の提言は，従来の「国連中心」路線と大きな違いがない。ここで示されるアイディアの新しさは，次の主張によく表れている。すなわち，冷戦の終結により集合的安全保障体制の最低条件は整いつつあるものの，その実現までにはまだ長い時間が必要となるため，その実現に向けて平和維持活動を中心とする国連の諸活動に積極的に参加することこそが，日本の国益にかなう，との主張である。従来の「国連中心」路線においては，日本は自らを秩序受容者と位置づけ，国連による集合的安全保障体制の確立を希求するのみであった。これに対し「樋口レポート」は，日本を秩序形成者として位置づけ直し，自らが国連の集団安全保障体制の確立に向け積極的な活動を行うべき，とのアイディアを提示したのである。この点において，「樋口レポート」は，かつての「国連中心」路線を単に引き継いだのではなく，「多角的安全保障」アイディアとでも呼ぶべき新たな政策アイディアを提示したといえる。この新たな政策アイディアに，湾岸戦争以降に隆盛した「国際貢献論」の影響を見出すことは容易である。

第2の「日米安全保障協力関係の機能充実」に関しては，日本の防衛のためだけでなく，アジア地域へのアメリカのコミットメントを確保することにより地域的安定を維持するためにも，安保条約の「存続をよりいっそう確実なものとし，そのよりいっそう円滑な運用をはかるため，さまざまな政策的配慮と制度的な改善がなされなければならない」とする。ここでは，従来の「安保重視」路線を超えて，日米安保条約を東アジアの地域的安全保障枠組として活用すべく，これを強化・拡大するという方向性が明示されている。ここにも，「樋口レポート」の新しさが端的に表れている。ここではのちの「日米同盟深化」路線の2本柱となる「安保条約の有事運用」と「日米防衛政策調整」こそ明示されてはいないものの，同様の意図をもった要素も見られる。このことの意義は，続く第3章においてさらに明らかとなる。

　第3の「信頼性の高い効率的な防衛力の維持および運用」では，日本独自の防衛力につき，新たな状況や任務に対応するため，能力の向上や危機対応への態勢作り，政策的な準備等の必要性が主張されている。しかし「51大綱」で打ち出された「基盤的防衛力構想」が引き継がれていることからも明らかなとおり，政策上の大幅な変更は加えられておらず，ここまでに示された情勢変化および「多角的安全保障」アイディア，「日米同盟深化」アイディアを前提として，これらに対応できる防衛力を形成することに主眼が置かれている。これは日米安保を前提とした防衛方針といえ，独力で防衛を行う「自主防衛」路線を想起させる内容は，ここでも示されない。

　この第2章までが「樋口レポート」の骨格部分で，防衛政策の核心を成す基本的な政策アイディアが，ここまでに全て示されている。防衛懇のなかでも，「レポート」を執筆した渡邉を中心とする委員の考えが強く表れている部分である。

　次の，「新たな時代における防衛力のあり方」と題された第3章は，前章までに示された冷戦後日本の防衛政策を実現するための具体策について論じている。構成も前章の記述を受け，第1節で「多角的安全保障」，第2節で「日米安全保障協力」，第3節で自衛能力の改善について，それぞれ具体的な論点を提示している。第1節では自衛隊のPKO活動を積極的に展開するた

め，PKFへの参加凍結を早期に解除するよう促している。第2節では，日米安全保障協力を実現するための日米間の課題として，「(1)政策協議と情報交流の充実」および「(2)運用面における協力体制の推進」などが指摘されている。ここでいう「運用面」は，主に「有事運用」を意味している。つまりここでは，従来の安保関係においては十分機能せず，のちのいわゆる「安保再定義」において初めて実現されることになる，「日米同盟深化」の2本柱となる要素がすでに示されているのである。このことから，「樋口レポート」が示した「日米安全保障協力」こそが，「日米同盟深化」アイディアの起源ということができる。これら2つの要素が「ナイ・イニシアティヴ」のプロセスにおいて実現されていくことで，「日米同盟深化」が開始されることになる。

　第3章第3節は，自衛隊のあり方について軍事専門的な内容に踏み込む議論が展開される部分であるため，ここでは触れない。なお，この部分には防衛庁や西廣らの見解が強く反映されている。

　「樋口レポート」に示された政策方針の特徴は，大きく変動する国際環境と日本の防衛政策を現実的かつ整合的に関連づけ，全体をまとまりあるひとつの政策ヴィジョンとして構築しようとする視点にある。この結果，「樋口レポート」の提言は従来政策の延長や状況適応といった範囲を超え，政策路線の新たなアイディアに基づく転換を打ち出すものとなった。その端的な表れが「多角的安全保障」アイディアの提示である。自己を秩序受容者と規定した戦後日本の防衛政策にとって，国連による集団安全保障体制の確立は，理想としつつも実際には取り組まれることのなかった政策路線であった。自己を秩序形成者と再規定し，集団安保体制の確立のための積極的な活動へと向かうことは，まさに政策の大転換といってよい。このような変化の提言に対し，政策実施の担当者である防衛庁およびそれに近い立場にあった西廣らの委員が，必ずしも積極的な支持を示さなかったとしても，何ら驚くにはあたるまい(秋山 2002, 40)。[47] こうした事情は，従来の政策方針と比較的近く，またその必要が防衛庁内においても広く認識されていた「日米同盟深化」アイディアの場合と大きく異なるところである。

以上見てきたように,「樋口レポート」は冷戦後日本の防衛政策を構想し,「多角的安全保障」アイディアと「日米同盟深化」アイディアという2つの新たな政策アイディアを導入した。「樋口レポート」によれば,これら2つの政策アイディアは,日米同盟の強化・拡大という短期目標が,国連によるあるいは地域的な集合的安全保障体制の確立という長期目標の基盤となり,その実現に寄与するという論理で,補完的・整合的な関係をもっており,対立的な関係にはない。にもかかわらず,防衛懇委員の間でも2つの政策アイディアに対する支持は必ずしも共有されていなかった。渡邉を中心とするグループが「多角的安全保障」アイディアを重視していたのに対し,西廣を中心とするグループや防衛庁内局はこの方針が日米安保を弱めることを恐れていた。[48)] また,のちに明らかになるように,防衛庁・自衛隊内においても当初からこれら2つに対する支持には温度差があり,その問題は結局解消されなかった。

　さらにこの点は,その後の防衛政策プロセスにおいても争点となる。そこで特に問題とされたのは,「樋口レポート」第2章の構成であった。1.では冷戦後の情勢認識を確認したうえで,日本は積極的な安全保障政策をとるべきとの提言を示している。そのための具体的方針が続く2.～4.で示されるのであるが,その順序は,まず多角的安全保障関係の構築が挙げられ,次いでそれに向けて日米安全保障協力の充実が必要であるとし,最後にこのための効率的な防衛力の運用を要請する,というものであった。この,

多角的安全保障協力→日米安全保障協力→効率的防衛力

という順序,特に「多角的安全保障協力」と「日米安全保障協力」の記述の順序が優先順位と読み替えられ,ある政治的意図を伴って問題化されたのである。前述のとおり,「樋口レポート」では,2つの新たな政策アイディアを対立的な関係ではなく,両者が補完的・整合的な関係と位置づけている。しかし政策実施のためには,この2つのアイディアの間に一定の優先順位づけが必要となる側面があることも否定できない。

防衛懇内部および防衛庁内においても，これらの優先順位は問題とされ，議論が重ねられた。最終的には，このアイディアを推した渡邉らの意見を入れて「樋口レポート」が執筆されることになり，また防衛庁内局も，「多角的安全保障」を，「安全保障同盟国としての日米の強固な2国間関係におけるグローバルな協力」を意味するもの，つまり多国間安保を日米安保体制と対立するものではなく，むしろ強固な日米安保体制のうえに形成されるべきもの，と理解することで，意思統一を果たすことになった（秋山 2002, 24）。この様な「多角的安全保障」解釈は，防衛懇内部でこのアイディアを彫琢した渡邉らの意図とは，必ずしも完全に一致するものではなかったと考えられる。しかし，のちに政策の推進主体となる防衛庁が渡邉らの意図どおりの「多角的安全保障」解釈を完全には受容し得なかった以上，このような乖離の発生は避けられないものであったともいえる。結局防衛庁は，「多角的安全保障」アイディアのもとに組織の意思統一を図ったが，それは防衛庁型の新たな「多角的安全保障」解釈を生む結果となった。

第4節　仮説の検証

以下では，本章の議論をもとに，政党政治仮説，官僚政治仮説，経路依存仮説，漸進的累積的変化仮説それぞれの妥当性について検討する。

政党政治仮説

本仮説は，政党政治レヴェルにおける諸アクターの行動が，防衛政策に決定的な影響を与えると想定する。

55年体制の崩壊と相次ぐ政権交代を経験したこの時期，政党政治レヴェルにおける変動は，冷戦期とは比べものにならないほど激しかった。自民党から政権を奪った細川連立内閣のもとで開始された防衛政策形成は，当然従来政策の大幅な見直しに向かうことになる。細川首相と連立与党のいずれをとっても，防衛政策に関する選好は自民党に比べれば左派寄りで，軽武装・

軍縮を求め，また日米安保体制には批判的な傾向が強い。したがって防衛政策の見直しは，軍備と日米安保体制の縮小に向かうと予測できる。細川首相が軍備を縮小する方向での防衛政策見直しを目指して防衛懇を設置させた経緯は，政治決定仮説が導く上記の予測に大枠で合致している。ここには，冷戦期の特徴として指摘された政党政治レヴェルの消極的関与の傾向は見られない。

　しかし細川首相は防衛懇の審議途中で辞任し，引き続く羽田内閣は少数与党となったため強い指導力を発揮できなかった。しかも羽田内閣も短期で倒れ，村山自社さ連立政権が誕生する。防衛政策について選好が大きく異なる政党の連立に基づくこの政権の影響が，どのような方向に向かうのか，容易には判別し難い。ただ，内部に対立を抱える政権が防衛政策形成に対し強い指導力を発揮することは困難であろうとの推測は可能である。防衛懇が解散されずに審議を続け無事「樋口レポート」を提出し得たこと，また「樋口レポート」の内容に対し政党政治レヴェルからの強い介入がなかったことは，こうした影響の表れとも解釈できる。この限りでは，政党政治レヴェルの動きは，ここでも大枠で防衛政策形成のダイナミズムを説明するといえる。

　ここでは政党政治レヴェルが政策内容に影響力を発揮しておらず，具体的な政策内容の形成は官僚政治レヴェルに委ねられていたのであり，政党政治レヴェルの消極的関与という特徴が改めて見出され得る。この点で，政治決定仮説の妥当性には疑問が付される。ちなみに，この消極的関与は，連立政権内部の事情により発生したものと考えられ，円滑な国会運営を目指すことで生じていたかつての消極的関与とは，動機づけにおいて異なるものといえる。

　以上から，政党政治仮説は，この時期の防衛政策形成プロセスのダイナミズムを大枠において説明する枠組としては，一応の妥当性をもつといえる。「樋口レポート」の内容は，官僚政治レヴェルにおいて，防衛懇内での諸アクターの行動により決定された。政党政治レヴェルはその内容に直接的な影響を与えなかったが，「樋口レポート」が基本的に防衛庁・自衛隊という省庁内レヴェルの決定に過ぎないものである以上，これ自体はさほど不自然な

ことではない。むしろ，省庁内の政策決定を後押しする環境を形成したという面において，政党政治レヴェルの影響は従来以上に大きかったということもできよう。

官僚政治仮説

次いで，官僚政治仮説について検討する。官僚政治レヴェルにおいては，防衛懇を舞台として，外部有識者と防衛庁内局の官僚が，その政策提言の形成に向けて活動していた。防衛懇では，渡邉らのグループと，西廣らのグループおよび防衛庁内局の間に，特に「多角的安全保障」をめぐる選好の齟齬があった。にもかかわらず，この齟齬は深刻な対立に発展することなく，渡邉らの意見を入れる形で「樋口レポート」が執筆された。

行為論的視点に基づく推定では，双方の争いの結果，より大きな影響力をもっていた渡邉グループが早期に勝利し，対立は深刻化することなくその選好が「樋口レポート」に反映された，との説明があり得よう。ただ，防衛懇の性質から，内部での委員たちの関係は基本的に水平的で，大きな影響力の差は存在しなかったと考えられる。防衛政策についての専門的知識という面では，元防衛事務次官の西廣や，元統幕会議議長の佐久間に分があり，事務局機能を果たしていた防衛庁内局は西廣らに同調的であったことを考えると，この限りではむしろ渡邉らの影響力は小さかったとも考えられ，上記の説明との整合性に疑問が生じる。これに答えるには，防衛懇内の諸アクターの影響力関係を明らかにする必要がある。そのためには，防衛懇の制度的特徴についてより詳しく分析する必要があろう。

このように，官僚政治仮説は，防衛懇内の諸アクター間の影響力配置を単独では説明しきれないという限界を抱えている。さらにいえば，この限界のために，「樋口レポート」の策定が続くプロセスにどのような影響を与えるのかを十分に評価することが難しい。こうした問題を念頭に，以下では他の仮説について検討を続ける。

経路依存仮説

本項の経路依存仮説および次項の漸進的累積的変化仮説は本来，中・長期にわたる制度変化と政策変化のトレンドを説明する枠組としての性格が強く，本章で扱ったような短期の現象の説明に用いることは必ずしも適切ではない。この枠組のなかでは，短期的な事象は長期的なトレンドの一部分を構成する現象と見ることができる。この点，「樋口レポート」は90年代の防衛政策形成にとって，公式の政策決定以前の短期的・部分的プロセスと位置づけられよう。さらにいうならば，本書が扱う90年代の「日米同盟深化」のプロセス自体も，21世紀まで継続するより長期の「日米同盟深化」プロセスの初期段階と考え得るものである。したがって，本章で取り扱ったプロセスの分析に基づいて以下に示す仮説の検討は，本仮説の妥当性を十分に評価し得るものではなく，あくまでの暫定的な議論にとどまる。

経路依存仮説は，90年代の国際的・国内的情勢変化にもかかわらず，各政策決定レヴェルが内包する制度の特徴が継続したことで，経路依存効果が働いた結果，従来政策が維持・継承された，と予測する。「樋口レポート」の作成期については，防衛庁・自衛隊内の省庁内決定プロセスにおいて，同庁の限定的政策展開能力という制度的特徴が冷戦後にも継続したために，新たな政策アイディアが提示される可能性は低かった，との予想が導かれる。

しかしながら実際のプロセスでは，従来の「国連中心」路線を一部継承しつつも，そこから大幅な展開を遂げた「多角的安全保障」アイディアと，「安保中心」路線をさらに発展・強化する方向性をもった「日米同盟深化」アイディアという，従来政策の枠を超える2つの新たな政策アイディアが提示された。

「多角的安全保障」アイディアは，国連による集合的安全保障体制の確立を理想とする点を「国連中心」路線と共有しつつも，秩序受容者としての自己規定に立って理想の実現を希求するのみであった「国連中心」路線から大きく踏み出し，秩序形成者として国連の集合的安全保障体制の確立に向け軍事的役割をも引き受け積極的に活動する，という新たな政策路線を提示した。他方「日米同盟深化」アイディアは，日米同盟を防衛政策の中心とする点で

は冷戦期の「安保重視」路線と同様であるものの，日米安保の役割を日本の防衛のみならず東アジアの地域的安全保障にまで広げ，またその信頼性を確保するために日米間，特に両国の軍―軍間の協力関係を強化・拡大しようとする点で，やはり従来とは異なる新たな政策路線を提示した。

さらに，これら2つの方針を相互補完的な関係と位置づけ，双方を防衛政策の中心に位置づけようとする「樋口レポート」の提言は，「安保中心」路線のみに立脚してきた従来の防衛政策を，大きく転換しようとするものであった。

したがって「樋口レポート」の形成プロセスに関する限り，経路依存仮説の説明は十分な妥当性をもたないといえる。もちろん，1事例における問題から，経路依存仮説の妥当性が全面的に棄却されるわけではない。ただ，第1期の比較的短期のプロセスでは，従来とは明確に区別されるべき展開があったと考えるべきであり，これは従来の特徴の継続として説明することができない。では，なぜそのような変化が生じたのだろうか。この点を説明するには，経路依存仮説以外の枠組が必要である。

ところで，断続均衡論の視点に立つならば，むしろこのプロセスは激変の可能性を推測させる。つまり，ここで従来の制度から断絶した歴史的岐路が生起しつつある，との見方である。この推測の妥当性は，本章の事例のみからは検証できないため，次章以降で引き続き検討することとする。

漸進的累積的変化仮説

小さな制度変化であっても，特定の方向性をもつ変化が複数積み重なれば，長期的には大きな制度変化に匹敵する影響を政策に与え得る。このような漸進的累積的変化仮説の視点は，本章の事例をどう説明するのか。

「樋口レポート」は，「多角的安全保障」アイディアと「日米同盟深化」アイディアという，2つの新たなアイディアに基づく大胆な政策提言を行った。これを可能としたのが，防衛懇という制度がもつ特徴であった。首相の政策イニシアティヴに基づき，政策提言を行う諮問機関として強力な制度的位置を占めた防衛懇が，防衛庁とは独立して防衛方針の検討を行ったことにより，

政策展開能力に欠けインクリメンタルな政策選好をもつ防衛庁の，政策硬直的な影響が回避された。2つの新たなアイディアは，防衛懇という非常設の諮問機関が，政策形成プロセスにおいて，政策展開能力の限界という制度的特徴をもつ防衛庁を迂回する制度として機能したことで実現したものといえる。

このように，非常設の諮問機関設置という，比較的小さい部分的な制度変化が，大胆な政策提言という変化をもたらした。この事実は，漸進的累積的変化仮説とは矛盾せず，仮説に適合的するものとも解釈し得る。しかし，仮説の妥当性を判断するためには，この事実のみでは不十分で，こうした小さな制度変化が他にも生じるか否か，また生じるとしてそれらが一定方向の影響を累積させるか否かを知る必要がある。

加えていえば，防衛懇が首相のイニシアティヴによって設置された制度であり，首相が軍縮的な防衛政策転換を企図していたことに着目すれば，官僚政治仮説に対する一定の示唆が得られよう。次章でも見るとおり，渡邉らが推す「多角的安全保障」に対する西廣らの懸念は，相当に強いものであった。にもかかわらず，これをめぐる対立は先鋭化せず，結局「樋口レポート」には渡邉らの選好が反映された。防衛懇と首相との関係は，この問題を説明する要因となる。防衛懇は，西廣と防衛庁内局が首相からの指示を受けて設置した機関であるから，防衛懇の運営にあたって彼らが首相との関係を意識していたとの推測が成り立つ。とすれば，彼らが渡邉らの選好と対立する選好をもっていたとしても，首相の政策選好が渡邉らと近似するとの認識があれば，渡邉らに強く反対することは難しい。首相の存在が，防衛懇内における渡邉らのグループの影響力を間接的に拡大させたとの説明が可能だろう。このように，漸進的累積的変化仮説の制度論的視点は，政治決定仮説の限界を補う意味をもち得る。

ま と め

本章の分析は，政党政治仮説および官僚政治仮説が「樋口レポート」策定に一応の説明を与え得ることを示した。ただしこれらの仮説には，諸アク

ター間の影響力配置を説明できない，あるいは決定が後続のプロセスに与える影響を十分に評価できない，といった限界が存在する。そこで，経路依存仮説と漸進的累積的変化仮説についても検討を加えた。このうち経路依存仮説は，「樋口レポート」の政策提言の説明としては十分な妥当性をもたなかった。「樋口レポート」のプロセスはむしろ激変期の生起を推測させるものであった。漸進的累積的変化仮説は，「樋口レポート」の策定プロセスを大枠において説明するとともに，政治決定仮説の限界に対しても，一定の示唆を与えることができた。ただし，短期的事例の分析にとどまる本章の議論からは，各仮説の評価を確定できるわけではない。各仮説の妥当性を判断するには，さらなる事例の分析が必要となる。

　さて，本章の分析について，もう少し議論を展開しておこう。防衛懇の制度的特徴からは，さらなる予測が導かれる。防衛懇は，外部有識者による大胆な政策転換の提言を可能にした。しかし，実際の政策決定を導くという点では困難を抱えることになろう。その原因は，一義的には政策の決定・推進段階に関与できないという，防衛懇の制度的限界に求められる。防衛懇の周辺には，この限界を補完し得る要因が存在した。まず，防衛懇と防衛庁・自衛隊の選好を収斂させるための仕組みが2つあった。防衛庁内局が防衛懇の事務局機能を果たすこと，および防衛庁・自衛隊内に検討機関を設置することである。さらに，防衛懇と防衛庁・自衛隊の選好が乖離した場合にも，政党政治レヴェルのイニシアティヴにより政策の決定・実施を主導することで問題を回避し得る。「樋口レポート」が政策に反映されるか否かは，これらの補完要因の機能にかかっていると考えられる。

　実際には，「樋口レポート」の政策提言と防衛庁の政策選好の乖離を防ぐための調整は，必ずしも十分機能しなかった。防衛庁内では，従来防衛政策の中核を成してきた「安保中心」路線に近い「日米同盟深化」アイディアに対しては，これを支持する姿勢が浸透していたものの，従来政策とは方向性の異なる「多角的安全保障」アイディアについては，これを忌避する傾向が強く見られた。この点からは，政策展開能力の限界という防衛庁の制度的特徴が，いまだ根強く残存していたことが見て取れる。

他方において，防衛庁は内部の検討機関での議論を通して，「樋口レポート」に沿って一応の意思統一を図ることには成功している。そこでは，2つの政策アイディアを整合的に解釈する努力が行われ，さらには内部的反発の強い自衛隊の部隊削減についても，合意が形成されている。この点で，防衛懇の提言に沿って防衛庁内をまとめる仕組みは，一定の機能を果たしたといえる。これらの結果，防衛庁が「樋口レポート」に基づく意思統一を図るなかで，防衛庁型とでも呼ぶべき独自の「多角的安全保障」解釈が生まれた。
　第3の補完要因，政党政治レヴェルのイニシアティヴにより防衛懇の提言を実際の政策形成・推進につなげる可能性は，2度の政権交代により全く機能し得なくなってしまった。防衛懇による政策提言のイニシアティヴを推進した細川首相が辞任し，羽田少数与党政権を経て，細川政権と敵対していた自民党が政権の中枢に返り咲いたことにより，防衛懇の提言は政党政治レヴェルにおいては放置されることになった。細川首相によって打破されたかに見えた政党政治レヴェルの消極的関与という特徴は，政権交代によって再びこれ以後の防衛政策プロセスを特徴づけていくことになる。
　以上のように，防衛懇と防衛庁・自衛隊の選好は，大枠では合致していたものの，「多角的安全保障」アイディアをめぐっては部分的に緊張関係を内包しており，また後期には政党政治レヴェルのイニシアティヴが機能し得ない状況にあった。したがって，「樋口レポート」の政策提言と防衛庁・自衛隊の選好に内在する緊張が顕在化する場合には，「樋口レポート」，なかでも特に緊張の根源である「多角的安全保障」アイデアが「07大綱」に反映される可能性は低い，との予測が可能である。この点は，次章以降の検証課題となる。

第6章　ナイ・イニシアティヴと「東アジア戦略報告」

　1995年2月，アメリカ国防総省は，クリントン政権2期目の対東アジア戦略を示す「東アジア戦略報告（EASR）」を公表した。この文書は，少なくとも本書の視点からは内容的に注目すべき点の少ない，多分に象徴的な意味合いが強いものであった。にもかかわらず，この文書の策定プロセスは90年代日本の防衛政策形成にとって重要な意味をもった。

　本章では，第1節で「EASR」を完成させた「ナイ・イニシアティヴ」のプロセスを概観し，第2節ではこのプロセスに見出される制度的特徴を示し，第3節で「EASR」の内容を検討してそこに含まれる政策アイディアを抽出する。

　本章で明らかになるのは，この文書の内容ではなく，策定プロセスの重要性である。このプロセスは，アメリカ国内の政策プロセスでありながら，日本国内の政策プロセスと密接に関連し合って国境を越えた融合的な政策プロセスを形成した。その結果，新たな「防衛計画の大綱」(07大綱)に示される日本の防衛政策の中核的方針を，強く規定していくことになる。

第1節　経　　緯

　1994年9月15日，ジョセフ・ナイが国防次官補に就任した。彼は，東アジア地域に対するアメリカの安全保障政策を明確化するため，のちに「ナイ・イニシアティヴ」と呼ばれることになる検討プロセスを推進していく。

この成果は，翌年2月に「東アジア戦略報告(East Asia Strategy Report: EASR)」，通称「ナイ・レポート」として発表されることになる。

当時，2つの理由から，東アジア地域の安全保障に対するアメリカのコミットメントが疑われ，日米関係が悪化していた。第1に，冷戦終結による米軍の前方展開兵力削減は，日本をはじめとする東アジア地域諸国に，アメリカのこの地域に対するコミットメントの継続を疑わせる結果を引き起こした。

第4章で見たように，冷戦終結後のアメリカは軍縮方針を打ち出しており，この一環として前方展開されていた海外駐留米軍の規模縮小を進めていた。この傾向は冷戦終結により平和が実現されたヨーロッパ地域において顕著であり，冷戦のピーク時には36万人に達していた駐留米軍は，10万人規模まで縮小されることになった。こうした方針は，具体的脅威が消滅し平和を謳歌する西欧諸国では概ね歓迎を受け，これに対する強い反対や心配の声はごくわずかといってよかった。しかしながらアジア地域においては状況が大きく異なった。特に東アジア地域の安全保障上の国際システムは冷戦時においても米・中・露の3極構造であった点でヨーロッパ地域とは大きく異なっており，したがって冷戦終結によっても必ずしも対立構造は解消されず，一定程度残存することになった。また，これらの3極が直接相対する北東アジアには，朝鮮半島と台湾海峡という不安定要因が存在していた。こうした点から，多くの安全保障専門家の間では，冷戦後も東アジア地域は安全になったとはいえない，という見方が支配的であった。冷戦が終結した以上，この地域に駐留する米軍兵力もある程度の削減はやむを得ない情勢ではあった。しかし，ブッシュ政権下で計画されたEASI-IやEASI-IIの削減計画は，何よりもアメリカ国内世論の圧力を受けて作成されたものであったため，国内政治への配慮に比して当該地域諸国に与える影響への関心が薄く，こうした国々に対する説明も十分に行われなかった。これが各国に，アメリカのコミットメントに対する疑念を生じさせる結果となった。アメリカの同盟国においては，疑念は同盟理論にいう「見捨てられ(abandonment)」ることへの恐れを伴い，アメリカへの不信を掻き立てることになる。1994年夏にア

ジア地域のアメリカ大使館が行った状況調査では，日本のみならずマレーシアや中国などの地域各国においても，アメリカが将来この地域へのコミットメントを縮小させるとの認識が強いことが明らかになり，この報告がワシントンに送られた。アメリカのコミットメントへの疑念は，地域各国で現実に高まりを見せていた。

　第2に，クリントン政権初期の外交は，一般に経済分野を非常に重視しており，政治や安全保障に対する関心は概して希薄であった。対日外交もこの例外ではなく，特にUSTRが中心となり，日米包括経済協議などにおいて日本に厳しい要求を突きつけ対立的な交渉を続ける一方，国務省や国防総省といったチャネルを通しての外交交渉は低調であった。そうしたなか，93年3月には，北朝鮮の核開発疑惑問題からNPT脱退を宣言，翌94年6月まで1年以上にわたる北朝鮮核危機が始まる。前述のようにこの過程では，朝鮮半島で武力衝突が起こった場合，日米安保条約が実際には十分機能しないことが明らかとなり，これが日米安保体制の崩壊をも巻き起こしかねないとの懸念が，日米両国の関係者に広がっていた。

　こうした状況を打破するため，日米外交における安全保障問題の重要性を強調し，この分野での関係強化を目指した取り組みを始める必要がある。アメリカの対東アジア・日本外交専門家のなかには，こうした認識が広がっていた。たとえば共和党派の人脈のなかでは，知日派として知られるリチャード・アーミテージ元国防次官補やブレント・スコウクロフト元大統領補佐官が，クリントン政権の対日政策に関する懸念を表明していた。[49] こうした懸念は党派を超えて民主党人脈にもある程度共有されており，これに基づいて活動を行うグループも存在した。なかでもその後のプロセスにおいて重要な役割を果たすことになったのが，ワシントンのフォート・マクネア（Fort McNair）にある国防大学（National Defense University: NDU）などにおいて開催されていた，日米安全保障問題に関する内輪の勉強会，通称マクネア・グループ[50]である。

　マクネア・グループの主な参加者は以下のとおりである。エズラ・ヴォーゲル国家情報会議（National Intelligence Council: NIC）東アジア担当上級分

析官，ポール・ジアラ国防総省日本部長，マイケル・グリーン防衛分析研究所(Institute for Defense Analyses: IDA)研究員，パトリック・クローニン国家戦略研究所(Institute for National Strategic Studies: INSS)主任研究員。

ヴォーゲルは，日米の安全保障関係に強い憂慮を抱いていた。また彼は，NIC議長でありハーヴァード大学教授であったナイとは，会議でも大学でも同僚であり，強い個人的関係を有していた。2人は94年春頃から，対日政策についてよく議論するようになっていたという。[51]

ジアラは，94年2月の日米首脳会談における包括協議の決裂の時点で，日米関係を憂慮し，これを「漂流している(drifting)」と評したメモをケント・ウィードマン国防次官補代理に手渡すなどして，注意を喚起しようとしていた。[52]

グリーンとクローニンは，NDUなどにおいて私的な勉強会，マクネア・グループの組織・運営を行っていた。

さらに，いわゆるNDUジャパン・デスクも，この勉強会に参加していた。ジャパン・デスクは，1992年に開始された防衛庁とNDUとの人材交流計画によってNDUに任期1年で派遣される防衛庁の若手幹部ポストである。このポジションは，主に防衛庁側の働き掛けで設置に至ったもので，その目的はあくまで人材交流とされていた。NDU内にオフィスがひとつ与えられる程度で職務も明確化されておらず，その活動内容は派遣される個人によって左右されることが多く，もちろん公式の政府間チャネルには組み込まれていない。[53] 初年度はこの制度の設立に尽力した山内千里が派遣され，以降1年交代で新保雅俊，髙見澤將林，徳地秀士ら，のちに防衛庁の中核を担うことになる若手幹部が派遣されている。

1994年夏，日本で防衛問題懇談会が最終報告書(「樋口レポート」)提出に向け審議を続けていた時期には，マクネア・グループは報告書の草案を入手しその内容の分析を行っていた。[54] 草案は最終案に比べて，より「多角的安全保障」アイディアを強調した内容であった。このためグループのメンバーは，草案を日本が安保体制という2国間関係から離れて多国間枠組へと基本

第6章　ナイ・イニシアティヴと「東アジア戦略報告」　113

戦略を転換させつつある兆候と考え，安保体制の将来に対する憂慮を深めた。

「樋口レポート」の公表前には，当時ジャパン・デスクだった新保を通してこれに対するマクネア・グループの意見を日本側に伝えられることになり，ジアラがグループのメンバーを集めて分析と議論を行った。そこで問題になったのは，「樋口レポート」の議論がアメリカによるコミットメントの縮小を前提として組み立てられているという点であった。アメリカのコミットメントに対する疑念は，日本に限らずアジア地域全体で高まっていることも明らかになっていたため，グループのメンバーをはじめアメリカのアジア外交担当者の間には，この問題を重視する認識が広がりつつあった。また「樋口レポート」が，アメリカの外交政策におけるプライオリティについて，経済分野や人権問題，大量破壊兵器の不拡散といった問題に重点を置いており，安全保障分野でコミットメントの根拠となる前方展開を放置している，との議論を行っていることも問題とされた。

「樋口レポート」の公表後，グリーンは「レポート」の真意を明らかにするため訪日し，西廣ら関係者へのインタヴューを行った。グリーンは西廣に，「樋口レポート」のなかで「日米安全保障協力」よりも「多角的安全保障協力」が前に置かれていることには意味があるのかと尋ねた。すると西廣は，樋口グループ内に日米関係よりも多国間関係を重視する委員が数名おり，順序はその意見を反映したものであると述べ，これには非常に重要な意味があると答えた。さらにこうした順序づけをグリーンが批判すると，西廣はこれに賛同し，個人的には「レポート」の序列に反対だとの意見を述べたという。また，外務省からもこの点について憂慮が示された。[55] 同様にワシントンでも，「樋口レポート」の内容を日本のアメリカ離れの象徴として批判する論調が見られるようになっていた。

こうした「樋口レポート」批判は，必ずしもその内容を正確に反映したものとはいえない。前述のとおり「樋口レポート」は，「多角的安全保障」と「日米安全保障協力」を対立的なものとしてではなく，補完的・整合的なものと位置づけていた。「樋口レポート」批判の背後には，アメリカの対日外交担当者や知日派たちが，USTR主導の経済偏重の対日外交政策を批判し，

悪化した日米の関係改善に向けた戦略転換を求める目的で，半ば意図的に「樋口レポート」の特徴を過度に単純化し問題を喧伝することで，政策コミュニティの関心を惹きつけようとしたという事情がある。

　アメリカ側の政策イニシアティヴの中心を担うことになるナイ自身は，「樋口レポート」に問題を感じるどころかこれを好意的に受け止めたとして，次のように語っている。「「樋口レポート」を読んだが，どこに問題があるのかちっとも分からなかった。むしろ，日本の新たな行動主義とグローバルな視野の広さと積極性を感じて心強かった。PKO への取り組みも好感が持てた」(船橋 1997, 265; また同趣旨のナイの証言について，『毎日』1997/5/17, 15)。95 年 2 月 19 日には，東アジア地域での信頼醸成措置に向けた多国間安全保障枠組の形成にも言及し，3 月 7 日には国連の PKO 活動を補完する東アジア地域版 PKO の構想を示し，日本の積極的な参加を求めている。これらの発言の根底には，「樋口レポート」が示した「多角的安全保障」と「日米安全保障協力」の相互補完的位置づけと，極めて類似した発想があるといえる。

　結局のところ「樋口レポート」をめぐるアメリカ側の拒否反応は，多分に国内の政治情勢を背景とした「見せかけ」としての側面が強かったというべきである。この意味で「樋口レポート」は，アメリカの政策プロセスにおいて「ガイアツ」として利用されたといえる。[56]

　ただ，こうした表面的な問題化がもたらしたショックの影響は，決して小さくはなかった。日本側では，アメリカ内の批判を受けて「樋口レポート」を問題視する動きが表面化し，外務省もこの問題への関心を強めた。マクネア・グループのメンバーは，アメリカの対アジア外交，なかでも特に重要な対日本外交が危機に瀕しているとの認識を共有し，これらの地域に対する外交戦略を，安全保障分野を中心に据えて見直そうと動き始めた。

　1994 年 9 月には，新保に代わって高見澤がジャパン・デスクとして NDU に赴任した。高見澤は，「樋口レポート」がアメリカで強い批判にさらされたことから，日米間に大きな誤解が生じているのではないかと恐れていた。ジアラとヴォーゲルは，高見澤を含めて日米 2 国間の勉強会を組織すること

を提案した。この勉強会の運営はグリーンが担当し、主に当時彼が在籍していた IDA で開催された。実質的にマクネア・グループを引き継いだこの非公式の勉強会にも、現役の外交官や官僚をはじめ研究者やシンクタンクの人間が参加し、安全保障分野における日米両国の政策についてブレイン・ストーミング的な議論を行った。

　同じく 94 年 9 月、国防次官補に就任したナイが、アメリカ政府内で対日政策見直しの中心となっていく。前述のように、ナイは NIC 時代から日米関係に関心をもち、ヴォーゲルらとともに改善策を練っていた。そもそもナイの国防次官補就任には、ペリー国防長官から打診を受けたときに、ナイ自身が日本との安全保障関係の強化を担当させてほしいと頼み、日米関係を憂慮していたペリーもこれを快諾したという経緯がある。94 年 9 月、ナイの次官補正式就任の直前、畠山防衛事務次官がワシントンにナイを訪ね、ジアラ、アーミテージらを交えて朝食を伴にした。[57] この訪問は、「樋口レポート」に対するアメリカからの強い批判を憂慮した西廣が、畠山にアメリカ側への趣旨説明と相互理解の形成を依頼して実現した。畠山は日米安保体制への強い憂慮を示し、翌年に予定されている「防衛計画の大綱」改定に向けて、日米韓で緊密な協議を行いたいとの姿勢を示した。これに感銘を受けたナイは畠山に、何かあったらいつでも電話をしてきてほしいと述べた。また畠山はウォルター・スローコム国防次官とも会談し、同趣旨の要請を行った。スローコムはこれにより、対日政策における安全保障分野の欠落を重視するようになった。これを聞いたペリー長官は、10 月中旬からの外遊の際に日本重視の姿勢を打ち出すことにした。以上のように、日本側の働き掛けもあり、国防総省内では日米安保体制の強化を重要課題として共有する体制が形成され、その後の具体的な作業はナイに一任された。ここに、ナイ・イニシアティヴが開始される。

　当初、国防総省外からは、ナイのイニシアティヴに反対する声が上がった。国務省の日本担当者は、国防総省による対日政策見直しに、自分たちがそれまで取ってきた政策が否定され職域が侵されると感じ、強く抵抗した。しかし、国務省と国防総省の現場レヴェルにおいて発生した摩擦は、すぐにトッ

プ・レヴェルでの協調関係が成立したために，深刻なものとはならなかった。就任直後の94年10月，ペリー長官に随行し日本を訪れたナイは，東京でウィンストン・ロード国務次官補，スタンレー・ロス東アジア担当大統領特別補佐官らと懇談した。ここでロードはナイのイニシアティヴに賛意を示し，ロスもこの問題をナイに任せることで同意した。その後ナイとロードの関係は良好に推移し，またこれと前後して，ペリー国防長官とウォーレン・クリストファー国務長官の間でも国防総省主導の対日政策見直しについて同意が成立したことで，国務省内にもナイ・イニシアティヴを支持する方針が共有されるようになった。

　ナイ・イニシアティヴにとって最大の障害は，USTRと考えられた。前述のとおり，クリントン政権第1期目は経済問題を外交の最重要課題としており，対日外交はUSTRに主導されていた。したがって，経済問題の重要性を薄め交渉における自由度を制限しかねない安全保障分野での協調促進に対しては，USTRを中心とするいわゆる「貿易屋(trade guys)」からの反対が出ると考えるのは当然であった。しかし実際には，そのような障害は生じなかった。これは，ナイ・イニシアティヴが，政府内の幹部レヴェルにおいては比較的低位の国防次官補に主導されたことで，特に初期の段階ではUSTRに強い警戒感を抱かせることがなかったためといえる。その後95年6月には，USTRにとっての懸案であった日米自動車交渉が決着して経済分野における重要問題がひとまず解消し，96年1月にはミッキー・カンターUSTR代表と激しい交渉を繰り広げた橋本龍太郎元通産大臣が総理に就任，カンター自身も同年の大統領選でクリントンの選対責任者になる予定になっていた。したがって，ナイ・イニシアティヴの後期においては，経済重視派が安全保障派と対立するという構図の前提自体が徐々に薄れてきていた。実際，96年にナイが「日米安保共同宣言」に向けての説明をホワイト・ハウスで行った際には，他省庁から反対が出ることはなかったという（秋山2002, 61）。

　ナイは，自らのイニシアティヴを進めるにあたって，身近にあった対日政策専門家集団であるマクネア・グループをこれに取り込み活用した。こうし

てマクネア・グループは，ナイ・イニシアティヴ開始後も重要な役割を果たしていく。彼らは，対日外交に関する戦略ペーパーの執筆に着手した。のちに「EASR」として結実することになるこのペーパーの目的は，外交戦略の焦点を経済分野から安全保障分野へと移行させることにあったため，経済問題は扱わず，まず政治的問題から始め，次いで戦略的問題へと移り，最後に運用上の問題を取り上げる構成を取ることにした。全体の基調となる戦略的議論は，ナイ自身が「BUR」などに示されたアメリカの来るべき世界戦略との整合性を見定めたうえで組み立てた。さらにジアラとヴォーゲルがアウトラインを示し，グリーンら日本専門家とクローニンら同盟関係の専門家が，それぞれの専門領域に沿った見地から修正を加えた。それをもとにグリーンとクローニンがペーパーの執筆を行った。

　ペーパーの最後に見られる米軍の作戦行動への支援や米軍と自衛隊の役割分担といった話題は，第4章で触れた「安保条約の有事運用」への関心を反映したものだ。これを重視したのは，朝鮮半島危機を国防総省日本部長として経験したジアラであった。前述のとおり，北朝鮮の核開発をめぐる危機は，日米安保体制を現実に機能させる初めての機会となり，実際にその検討が行われたが，そこで明らかになったのは，有事に際して安保条約を現実に運用するための準備は全くといっていいほど行われておらず，実際には安保体制を機能させられない，という現実であった。この安保体制自体の危機を現実のものとしないため，安保条約の運用に必要な措置を講じることを喫緊の課題とする考えは，当時の日米の政策担当者に共有されるようになっていた。ジアラは，この問題をペーパーで取り上げようとしていたのである。ジアラの問題意識は他のメンバーにも共有されるようになり，これらの話題が戦略ペーパーに記述されることになった。ただしここには，有事運用のさらなる強化を求める記述は見られない。

　94年11月，国防次官補就任2カ月目にして早くも2度目の訪日を果たしたナイは，事務レヴェルの日米交渉チャネルである日米安全保障高級事務レヴェル協議（Security Subcommittee: SSC）に参加した。このSSCには，アメリカ側からはナイ国防次官補，ロード国務次官補，リチャード・マイヤー

ズ在日米軍司令官らが参加し，日本側からは，時野谷敦外務省北米局長，秋山昌廣防衛庁防衛局長，山本安正統合幕僚会議事務局長らが参加した。ここで両国は，日本側と日米安保体制の強化と拡大のプロセスを開始することで合意した。以降，これにかかわるSSC協議の内容は極秘とされ，両国は「ノン・ペーパー」と呼ばれるペーパーを出し合って議論を深めていった（秋山 2002, 23）。

同月，「EASR」に向けた検討も開始され，翌年2月の「EASR」発表まで，その内容について日本側と協議が続けられた。また，上記のナイ訪日に同行したヴォーゲルは，自民党の山崎拓や新進党の愛知和男ら元防衛長官をはじめとする，政官にわたる日本の防衛政策関係者と会談し，集団的自衛権行使を違憲とする日本政府の憲法解釈見直しが今後の重要課題となる，との認識を共有したとされる（『毎日』1995/3/12, 1）。94年12月には早くも，ペーパーの草案が，米軍に対してよりも先に日本側に提示され，内容についての協議が行われていた。

ナイは，書き上がった戦略ペーパーをもとに2, 3ページの資料を用意し，ペリー国防長官に安全保障分野における対日関係強化を求めた。ペリー長官がこのナイ次官補の申し出に同意し彼の活動を支持したことで，この戦略方針が政策化されることになった。

その結果，マクネア・グループによって執筆された戦略ペーパーは，アメリカ政府の政策文書として公式に位置づけられ，95年2月28日，アメリカ国防総省より「東アジア戦略報告（EASR）」として公表された。これが，のちに日本の「防衛計画の大綱」（07大綱，95年11月），「日米安保共同宣言」（96年4月）など，相互に関連づけられ内容を調整された政策文書へと結実する，「日米同盟深化」の最初期の成果となった。

第2節 制　　度──ナイ・イニシアティヴ

本節では，「EASR」へと結実したナイ・イニシアティヴによってもたら

された制度的特徴を明らかにする。ナイ・イニシアティヴは，あくまでも一連の政策イニシアティヴであって，それ自体は制度ではない。しかし，そのプロセスにおいては，「EASR」によって新たな政策アイディアが提示されたのみならず，1.5トラック・チャネル（後述）という特異な日米間の交渉制度が導入され，その後の「日米同盟深化」に多大な影響を与えた。本節では，このナイ・イニシアティヴのプロセスにおいてもたらされた制度的特徴について検討する。

　ナイ・イニシアティヴの目的は，アメリカが冷戦終結後の時代においても東アジア地域の安全保障にコミットメントを継続する姿勢を明確化し，その核として日米同盟を強化することにあった。この目的を実現するためには，当時経済分野に偏っていた対日外交の重心を政治・安全保障分野へとシフトさせ，さらに政府内で政策イニシアティヴを一本化する必要があった。具体的には，対日安全保障政策にとって最大の障害と目されたUSTRからの反対を退け，また国防総省と国務省という外交・安全保障政策の中心官庁からの支持を調達しなければならない。

　ナイ・イニシアティヴは，結果的にこれらに成功する。USTRからの反対は，初期においてはイニシアティヴが政府内の比較的低位に主導されたこと，後期には経済分野と安全保障分野の対立という構図が崩れたことで，さほど大きな障害とはならなかった。国防総省内においては，ナイが対日政策のイニシアティヴを取ることは，就任前に約束された既定事項であった。国務省との関係においては，初期には国防総省に属するナイのイニシアティヴに対する反発があったものの，比較的早い段階でナイ自身が直接交渉を行い，国務省幹部からの支持調達に成功した。さらにペリー国防長官とクリストファー国務長官の間でも，ナイのイニシアティヴに対する支持が確認された。したがってナイ・イニシアティヴは，事務レヴェルにおいては，関係省庁の支持あるいは黙認を受けた対日政策イニシアティヴとして，自らの政策提言を政策決定へとつなげやすい位置を得ていた。また，大統領に近い閣僚の強い支持を受けていたことで，政府トップ・レヴェルにおいても相当の影響力を期待できたといえる。これらの結果，ナイ・イニシアティヴにおいては対

日安全保障政策を国防総省が主導する体制が確立した。

　マクネア・グループは，NDU において組織されていた私的な対日政策勉強会でありながら，ナイが政策イニシアティヴを進めるにあたって，対日政策ブレーンとして機能した。マクネア・グループは，あくまで私的な勉強会であり，アメリカの政策決定プロセスにおいては何ら公式の地位を与えられてはいない。しかし，そこにはヴォーゲルやジアラといった政府内の対日政策担当者が参加しており，さらにヴォーゲルの個人的なコネクションを通して議論の内容がナイへと伝えられていた。[58] これらの事情により，マクネア・グループはナイから，のちに「EASR」として公表されるに至る対日戦略ペーパーの作成を任され，安全保障分野におけるアメリカの対日政策決定に重要な影響を与えることになった。ペーパーの主要な執筆者の一人であったグリーンも，このグループの性格を，「事務方の勉強会を政府以外で行う」，「1.5 トラックとでもいえる」もので，「通常のケースではなかった」珍しい例と評価している。[59] この，マクネア・グループという非公式組織の機能が，ナイ・イニシアティヴの特徴を示している。

　さらにこのマクネア・グループの影響，ひいてはそれに立脚したナイ・イニシアティヴのプロセスは，アメリカ国内の政策形成に限られなかった。注目すべきは，マクネア・グループが日米 2 国間のプロセスにも関係し，そこでも無視できない役割を果たしたということである。

　マクネア・グループには防衛庁の若手幹部が就任する NDU ジャパン・デスクが参加しており，これが非公式のレヴェルで日米間，主に防衛庁と国防総省の接触チャネルとして機能した。「樋口レポート」や「EASR」の形成過程では，防衛庁はこの非公式チャネルを通して，アメリカ政府の対日政策決定中枢に近い人々の感触を探って情報を得，また日本側の感触や評価を伝えることができた。マクネア・グループ内でジャパン・デスクが冷戦後のアジア地域に対するアメリカのコミットメントに懐疑的な認識を伝え，アメリカ側のメンバーが対日政策に関する憂慮を深めることとなったのは，その一例である。このように，両国の防衛当局は，「日米同盟深化」の最初期においては，マクネア・グループという，政府レヴェル（ファースト・トラック）

ではなく，しかし完全に非政府レヴェル(セカンド・トラック)でもない，いわば1.5トラックとでもいうべき特殊なチャネルによって接触をもつことができた。

　この柔軟な日米の接触チャネルは，ナイ・イニシアティヴの実現にとって重要な役割を果たした。次節で詳しく見るように，ナイは日米の安全保障政策協議を非常に重視していた。たとえば，ナイは戦略ペーパー作成の初期段階から，これが日本の新たな「防衛計画の大綱」(07大綱)にも反映され，両者が共通の戦略的見地をもつことを期待していた。ところが従来，日米の安全保障対話は，形式的なものか現場レヴェルでの実務的なものに限られ，両国の基本政策に関する対話は行われておらず，当然これに活用できる制度も十分ではなかった。新たな接触チャネルを公式に立ち上げるには時間がかかるし，これを協議する場も問題になる。マクネア・グループという柔軟な1.5トラックの接触チャネルは，こうした障害を回避し，日米の政策対話という彼の目的を実現へと向かわせる契機として機能した。またナイは，マクネア・グループを，単なる議論の場としてだけではなく，将来の両国の安全保障政策を連動的に最適化することで安保体制を強化するという，明確な目的のために活用したといえる。この，通常の2国間交渉ルートには含まれない，非公式な日米接触チャネルという特異な枠組が，従来非常に弱かった防衛庁と国防総省の間の事務レヴェルでの軍―軍関係を補完・強化し，ナイ・イニシアティヴを日本の政策形成過程と結びつける役割を果たした。

　このようにナイ・イニシアティヴにおいては，非公式の柔軟な1.5トラック・チャネルが形成され機能したことで，最終的には日米両国の防衛政策形成を国境を超えて同時に共同で行うという非常にユニークな特徴が，両国の政策プロセスにもたらされたのである。

　ナイ・イニシアティヴは，関係省庁のトップ・レヴェルの支持のもとに，こうした政策イニシアティヴとしては比較的低いレヴェルに主導され，1.5トラック・チャネルを通すなどして，政策担当者のみならず政府外の専門家や日本政府側の官僚の参加も受け入れ，国境を超えるプロセスとして進められた。これにより，従来は不十分だった日米の事務レヴェルでの軍―軍関係

が一定の機能を果たすようになったことで，日米の接触は保たれ，政策の内容についての説明や協議が行われるようになった。このように開始された日米間の軍─軍政策協議は，この時点ではまだアド・ホックなもので，制度化されていたとはいい難い。しかし，軍─軍協議はこの後も継続され，その過程で徐々に制度化されていくことになる。ナイ・イニシアティヴのプロセスに見られる1.5トラック・チャネルによる軍─軍の接触というアド・ホックな特徴は，のちに日米の軍─軍協議制度を導く，いわば制度の萌芽というべき性格をもっていた。

　ナイ・イニシアティヴは，マクネア・グループなどによってもたらされた特異な制度的特徴を足掛かりに，日米それぞれの政策形成機能のみならず，日米間の政策調整機能をも果たしたのである。こうしたナイ・イニシアティヴの特徴は，のちに日本国内の防衛政策形成プロセスにも影響を与え，特に省庁間レヴェルにおいて制度変化を促すことになる。この点については次章以降で改めて触れる。

第3節　アイディア──「東アジア戦略報告」

　本節では，まず「東アジア戦略報告(EASR)」の内容を概観し，次いで「EASR」に関する新たなアイディアを明らかにし，その重要性と影響について検討する。

　「EASR」が最も強調しているのは，アジア太平洋地域に対するアメリカによるコミットメントの維持である。ナイ・イニシアティヴ開始に至る前述の事情を考えるなら，これはごく自然なことといえる。「EASR」では，アジア太平洋は最も経済的活力に優れた地域であるため，アメリカの安全のみならず経済発展にとっても重要であるとの理由を挙げて，当該地域へのコミットメントの継続は国益にかなうとする。さらに，この地域におけるアメリカの役割を「誠実な仲介人(honest broker)」と規定し，その役割を果たすため予見し得る将来にわたってこの地域に10万人規模の米軍の前方展開

が必要であると論じる。それは、「世界中で起こる危機に対する迅速かつ柔軟な対処」、「地域覇権の出現防止」、「様々な地域的問題に対する影響力強化」など、アメリカの国益にかなう効果をもつとした。

10万人という数字は、「BUR」から引き継がれたもので、当時実際にこの地域に展開していた米軍の規模である。それはすなわち、アメリカは今後東アジア地域へのコミットメントを縮小させることはない、というメッセージであった。また、これは当時ヨーロッパに駐留していた米軍ともほぼ同規模であり、米軍の前方展開について世界的なバランスを維持するとの意味も込められている。10万という数字を明示することに対しては、軍を中心とする国防総省内部から、将来の運用における自由が奪われることを恐れてこれに反対する声が上がった。しかし最終的には反対派も、この数字に下限の意味をもたせることで予算削減圧力に対する防壁ともなり得る、との判断から同意に転じた。他方アジア地域においては、この数字は従前の戦略バランスを保つものとして概ね好意的に受け止められた。

「EASR」は、具体的な戦略目標を5つ挙げている。第1に、日本をはじめとする当該地域の同盟国との2国間関係の「強化(engagement)」である。第2に、中国、ロシア、ヴェトナムといった非同盟国との関係「拡大(enlargement)」を挙げる。なかでも特に、中国を敵視せず国際社会の枠組に取り込むことが重要であるとしている。第3に、将来的にASEAN地域フォーラム(ARF)のような地域的多国間対話の枠組が重要になるとしている。第4に、北朝鮮や台湾、スプラトリー諸島など、地域に存在する問題を重視し、特に北朝鮮の核疑惑問題に関しては日米韓の3カ国が協調して解決を目指すことが必要だとしている。最後に、大量破壊兵器(WMD)の拡散はアメリカのみならず同盟国などにとっても大きな脅威となるため、これを防止する努力が重要であるとともに、戦域ミサイル防衛(TMD)などの対処能力も必要であると結論づけている。

「EASR」は日米関係について、「アメリカにとって最も重要な2国間関係」であるとし、「太平洋地域の安全保障政策と世界的な戦略目標の両方にとって不可欠である」と位置づけている。さらに、日米関係は安全保障上の

同盟関係，政治関係，経済・貿易関係の3本柱で成立しているとし，経済・貿易分野の摩擦によって同盟関係を傷つける愚を強く戒めている。そのうえで，ODAやPKO活動の実施，在日米軍に対する「思いやり予算(Host Nation Support: HNS)」を挙げ，日本が地域的・世界的な安定の維持に一定の役割を果たすようになったことを指摘している。また，米軍の日本駐留を「日本や，その近隣にあるアメリカの利益を防衛するのみならず，極東全体の平和と安全の維持に資する」ものとしている。ここでは，日米安保条約は単に日本の防衛のためのみならず地域的安全保障のための機構であるとの立場が強調されている。この立場は，「樋口レポート」において日本側が示したものと同一であるが，前述のとおり従来アメリカが安保条約に与えてきた位置づけに沿ったもので，アメリカ側にとっての新しさはない。

以上のように，「EASR」は冷戦終結後の時代におけるアメリカにとっての東アジアの重要性を分析し，そこでの長期的国益を守るためにいかに行動すべきかを提言した文書である。具体的には，この地域へのコミットメントを維持する必要性が主張されるが，なかでも特に強調されるのは，日本との同盟関係の重要性であり，この関係を強化・拡大することがアメリカの国益にかなうとする。このように，「EASR」の主張はそれまでのアメリカの対日安全保障政策と比較して，基本的には従来の方針を受け継いでおり，目新しい要素はほとんど見られない。また，「樋口レポート」の内容と比較しても，新たに付け加えられた課題等があるわけでもなく，「樋口レポート」に示された「日米同盟深化」アイディアをアメリカの国益にかなうものと評価し，その推進を支持するものだったといえる。

他方，「樋口レポート」に示されたもうひとつのアイディア，「多角的安全保障」についての評価は，「EASR」には示されていない。ただし，日本が地域的安全保障のために積極的に役割を果たしていこうとする姿勢に関しては，これを高く評価している。

「EASR」における新たなアイディアは，その内容に示されているのではなく，その策定プロセスのなかにこそ見出される。ナイは，自らのイニシアティヴの目標を，日米が安保に関する政策プロセスを共有し，そのなかで共

通の戦略的視点に立つことによって，両国の安全保障政策を最適なものへと調整することに置いた。この，両国の戦略を調整し最適化するという目標が，イニシアティヴのプロセスを一貫して規定し，同時にプロセスのなかで実践された。「樋口レポート」の形成過程で機能し始めていた，マクネア・グループとジャパン・デスクが形成した1.5トラック・チャネルは，従来十分な機能を果たしていなかった日米間の安全保障政策協議制度とは異なり，ナイおよび国防総省というイニシアティヴの中心に近く，柔軟に運用可能な非公式接触チャネルだったことで，日米軍―軍間の事務レヴェル協議のための枠組として，有効に機能することができた。そして，このチャネルを契機として政策協議が行われること自体が，イニシアティヴの核心にあった新しいアイディアの実現であった。

このナイ・イニシアティヴおよび「EASR」のプロセスで提示され実践された，両国が戦略的視点と政策プロセスを共有するというアイディアを，「日米防衛政策調整」アイディアと呼ぼう。これは，「樋口レポート」が「日米安全保障協力」として示した「日米同盟深化」のうち，政策調整に関する部分を明確化し，日米安保条約の強化・拡大をより実質化するための政策アイディアであった。ここに，「安保条約の有事運用」と「日米防衛政策調整」という2つの要素から成る「日米同盟深化」アイディアが確立されたといえる。そしてここで明確化された「日米防衛政策調整」アイディアが実践されることにより，本来日本の政策決定プロセスとはいえないナイ・イニシアティヴが，冷戦後日本の防衛政策に無視し得ない影響を与えることになった。

第4節　日本の防衛政策形成プロセスへの影響

ナイ・イニシアティヴは，日米間の安全保障関係を見直すため，アメリカ政府内部で開始された政策イニシアティヴである。改めていうまでもなく，このイニシアティヴは一義的にはアメリカ国内の政策形成プロセスの一部であって，当然ながら日本の防衛政策プロセスではない。にもかかわらずナ

イ・イニシアティヴについて論じてきたのは，以下に詳しく見るように，まずその影響が日本の防衛政策形成プロセスにとって，質的にも内容的にも無視し得ない重要性をもっていたためであり，さらにはそのプロセスが日本の防衛政策プロセスと部分的に融合し，両国それぞれの従来の政策プロセスとは異なる，新たな政策形成の場を作り出したからである。このような事情から，本節では日本の防衛政策形成プロセスについての仮説の妥当性についての検討は行わず，代わりにナイ・イニシアティヴが日本の防衛政策形成に与えた影響を中心に検討する。

　従来からアメリカは日本の防衛政策に影響を与えており，単に影響の有無あるいは規模という観点からは，ナイ・イニシアティヴは特筆に値しないかもしれない。本書がナイ・イニシアティヴを重視するのは，それが以前とは質的に区別される新たな影響を，日本の防衛政策プロセスに与えたと考えるためである。

　それまで，両国の具体的な防衛政策策定は，それぞれに任されており，これに際して両国間で協議が行われることはほとんどなかった。また両国の防衛当局間の関係も希薄であった。日米間レヴェルにおける軍―軍関係の凍結という従来の制度的特徴は，こうした事情を反映している。そのため，日本の防衛政策形成に対するアメリカの影響は，アメリカが日本に対し安全保障面での要求を伝え，それに基づく日本国内での政策形成を期待するという形をとることが多かった。この，外圧としての影響は，実質的な意味合いはともかく，形式的にはアメリカ側の関心を一方的に日本に押し付けるものであったといえる。

　これに対しナイ・イニシアティヴのプロセスでは，「日米防衛政策調整」という新たな政策アイディアが提示された。これが政策プロセスに参入することを可能にしたのが，マクネア・グループとNDUジャパン・デスクによって形成された1.5トラック・チャネルであった。このチャネルは，公式の2国間関係に制度として組み込まれてはいなかったため，政策協議の不在や軍―軍関係の不活性といった従来の制度的特徴がもつ経路依存圧力を回避する柔軟な回路として機能した。その結果，ナイ・イニシアティヴにおいて

は，「日米防衛政策調整」アイディアに基づいて両国の緊密な協議が行われた。

　従来の外圧としての影響が形式上アメリカ側から日本側へと一方的に作用するのに対し，ナイ・イニシアティヴにおける影響は，両国が協議を通して関心を収斂させることで，双方が一致できる政策を共同で形成するという形式を取る。そのため，少なくとも形式的には日本がアメリカの政策形成に影響を及ぼす可能性も確保されており，この意味で両国は対等な立場で政策協議を行い得る。この点で，ナイ・イニシアティヴにおける影響は，従来の外圧としての影響とは区別される。

　ただ，日本の防衛政策形成に対するナイ・イニシアティヴの重要性は，こうした形式的な対等性を導入したことのみにあるのではない。より重要なのはその帰結である。両国間で政策プロセスを共有し，協議のうえで相互に最適化された政策を形成する場が設けられたことで，政策プロセスは両国の国内プロセスとしてのみ展開されるのではなく，部分的には2国間に形成された新たな空間へと引き出されることになる。いい換えるなら両国の政策プロセスの一部は，独立した別個の存在から，相互に浸透し影響する，容易に峻別のできないものへと変化する。この新たな政策プロセスの形成こそが，ナイ・イニシアティヴがもたらした最も重要な帰結である。

　これにより，アメリカ側の影響が，外部からは認識されにくく，また軋轢を生じにくい形で，より直接的に日本国内の政策形成プロセスに及ぶようになった。日本の防衛政策形成プロセスには，アメリカの影響が埋め込まれたことになる。ただ同時に，日本がアメリカの政策形成に影響を与える可能性も高まった。この変化が両国の政策形成に与える影響が，実質的にどのようなものになるのかは，政策協議の内実に規定されることになろう。

　さて，ナイ・イニシアティヴの重要性は，この他にも見出される。「日米防衛政策調整」が実践され始めたことによって，特に事務レヴェルの日米軍―軍関係は，徐々に，しかし格段に緊密になっていく。上述の1.5トラック・チャネルは，最初期にこの軍―軍関係を支えたアド・ホックな接触チャネルであったが，のちには公式のチャネルが整備され，緊密な軍―軍関係が

制度化されてゆく。こうして，軍―軍関係の凍結という従来日米間レヴェルにおいて見られた特徴は，ナイ・イニシアティヴを契機に変化していくことになる。

さらにいえば，新たに制度化された緊密な軍―軍関係は，一層の政策調整の深化をもたらす。この意味で，ナイ・イニシアティヴがもたらしたアイディアと制度の関係は，相互強化的であったといえる。

また，ナイ・イニシアティヴの影響は，日本国内の省庁間レヴェルにも及んでいく。アメリカ側において国防総省が主導権を握ったことによって，その日本側カウンター・パートである防衛庁の相対的重要性が上昇し，国内のプロセスにおける影響力向上につながっていくのである。これにより，防衛庁の限定的影響力という，従来省庁間レヴェルに見られた特徴にも，変化が及ぶことになる。

付言すれば，政策調整により影響力が拡大するならば，防衛庁はさらに政策調整を深化させようというインセンティヴをもち，このアイディアへの支持を強める可能性が高い。したがって，ここでもアイディアと制度は相互強化的な関係をもつとの推測が可能である。

以上に見てきたように，ナイ・イニシアティヴのプロセスを通して，日本の防衛政策に対するアメリカの影響が日本国内の政策形成プロセスに埋め込まれ，軍―軍関係の凍結という日米間レヴェルの特徴，および防衛庁の限定的影響力という省庁間レヴェルの特徴にも変化がもたらされた。このように，ナイ・イニシアティヴは，一義的にはアメリカ国内の政策プロセスでありながら，日本の防衛政策形成プロセスに極めて重要な影響を与えたのである。

最後に，ナイ・イニシアティヴのプロセスと本書の3つの仮説の関係について見ておこう。日米間プロセスであるナイ・イニシアティヴによって，日本の政策形成に関する本書の仮説を十分に検証することはできないが，仮説の妥当性に関する一定の示唆を引き出すことはできよう。

第1に，政党政治仮説，官僚政治仮説について，日米間の政策調整の開始や軍―軍関係の強化に，日本の政党政治レヴェルが関与した形跡はほとんどない。これらは，両国の官僚レヴェルが自律的に活動した結果と見ることが

できる。アメリカ側においては，ナイ・イニシアティヴに対する政府トップレヴェルの承認が存在したものの，日本側で，これに相当する状況の存在は確認できなかった。防衛庁は，政党政治レヴェルの無関心あるいは黙認のもと，アメリカとの政策調整を実践し始めたといえる。したがって政治決定仮説については，政党政治仮説の想定は妥当せず，他方官僚政治仮説の想定には十分な妥当性があると考えられる。

次いで，経路依存仮説についてである。ナイ・イニシアティヴが日米間レヴェルおよび省庁間レヴェルにおける制度的特徴に変化圧力を与える事実は，制度の継続に基づく経路依存圧力の存在を想定するこの仮説とは相反する影響を，のちのプロセスに与えるものと考えられる。これは，仮説の妥当性に疑義を抱かせる材料との解釈が可能である。この点を検証するためにも，のちのプロセスにおいて，省庁間レヴェルの特徴にさらなる注意を払う必要があろう。

最後に，漸進的累積的変化仮説である。日米間レヴェルおよび省庁間レヴェルの制度的特徴の変化は，上述のとおりどちらも日米防衛政策調整を強化する方向へのバイアスをもつと考えられる。したがって，このプロセスを通してこれらの変化が生じるならば，長期的には日米安保関係を深化させる側への政策変化圧力となる可能性がある。このように，ナイ・イニシアティヴがもたらした変化は，漸進的累積的変化仮説の想定を支持する材料と解釈することが可能である。

以上からは，のちに続くプロセスに関して以下のような予測ができよう。第1に，政党政治レヴェルが防衛政策形成への関与に積極的な態度を示すようになる兆候は見られないため，政党政治レヴェルの消極的関与という特徴は継続しそうである。第2に，このプロセスには防衛庁が積極的にかかわっていることから，防衛庁の限定的政策展開能力という従来的特徴には，変化の可能性があると予測できる。ただし，ここで生じた政策変化が従来の「安保重視」路線を強化する方向のものであることから，政策展開能力の評価についてはある程度割り引いて考えることも必要だろう。第3に日米安保体制を重視する方向へのバイアスをもった制度変化が生じたことから，これに親

和的な「日米同盟深化」アイディアの影響力が高まる傾向が見られそうである。第4に，このことから「多角的安全保障」アイディアの影響は，「日米同盟深化」アイディアとの関係で，相互補完的と解釈される場合には強化され，対立的と解釈される場合には抑制されることになろう。これらの予測の妥当性は次章において検討する。次章の分析がこれらの予測を支持するならば，本章の分析が各仮説に対してもつ示唆の妥当性は高いと考えられようし，それは本章の分析と次章以降の分析の整合性が保たれていることの傍証ともなろう。

第7章　政府内調整と新「防衛計画の大綱」(07大綱)

　新たな「防衛計画の大綱」(07大綱)の策定作業は，1994年11月頃に防衛庁内局において開始され，約1年を経た95年(平成7年)11月28日，閣議決定により新「07大綱」が正式に成立することになる。本章では，第1節で「07大綱」成立に至るまでの経緯を概観した後，続く第2節では内閣安全保障会議(安保会議)と与党防衛政策調整会議という政府政策の決定にかかわる制度の特徴を明らかにし，第3節ではいかなる政策アイディアが「07大綱」の中心にあるのかを明らかにする。

　防衛政策の根幹をなす文書である「防衛政策の大綱」は，政府内部の政策文書と位置づけられており，その決定に際しては国会による採決は不要とされる。55年体制下においては，与野党の対立と防衛政策のイデオロギー争点化により，政党政治レヴェルが防衛政策形成へ十分に関与し続けられなかった。国家の重要政策である防衛政策の根幹部分が国会での審議を経ずに決定されることとなった理由が，こうした事情にあることは，すでに見たとおりである。

　本章で見るとおり，55年体制崩壊後の「07大綱」策定プロセスにおいても，この政党政治レヴェルの消極的関与という特徴は継続し，政府内部文書という「大綱」自体の位置づけも変更されることはなかった。したがって，「07大綱」策定プロセスは，以下のようなものになる。まず主管官庁である防衛庁が原案を起案する。次いで，安全保障会議においてこれをもとに省庁間協議が行われ，原案を修正して会議としての答申案をまとめ，政府内の意思統一を図る。同時に，与党防衛政策調整会議においても原案の修正と連立

与党内の意思統一が図られる。最後に，これらを通してできあがった最終案を閣議決定する。

　行政と議会の多数派が一致する議院内閣制においては，そもそも議会を通して野党の意思を政策に反映させるための制度的保証は十分ではないから，この意味でも政策形成への政党政治レヴェルの関与は低いものとならざるを得ない。これに加えのちに触れる連立与党内の事情が，政党政治レヴェルの関与をさらに弱めることになった。

　制度の継続に基づく経路依存圧力により政策が維持される，との経路依存仮説によれば，政党政治レヴェルの消極的関与という制度的特徴が継続したため，「07大綱」の政策内容は従来の政策方針の継続となることが予想される。以下で見るプロセスは，大枠でこの予想に合致しているように見える。しかし仔細に検討するならば，「07大綱」で採用された政策路線が，従来方針を継承しつつもそれをさらに発展させたものである点など，この仮説のみからでは十分に説明のつかない事象が存在することも明らかとなる。こうした事象を理解するには，前章までに検討した，ここまでの政策プロセスで生じた制度的変化とアイディアの展開の影響を考慮するとともに，本章で見る制度の継続の背後で進んでいた，政党政治の再編による政治的論理の変化をも視野に収める必要がある。

第1節　経　　緯[60]

　1994年8月に公表された「樋口レポート」がひとつの契機となって，同年11月アメリカでナイ・イニシアティヴが開始された頃，日本ではすでに事務レヴェルにおいて「07大綱」に関する検討が進められていた。前述のように，「樋口レポート」の形成過程で防衛懇の議論と密接にかかわって進められた庁内検討会の活動などにより，「07大綱」に関する防衛庁・自衛隊内の態度は，この時期にはすでにかなり固まっていた。しかし，この「07大綱」の内容には各自衛隊の防衛力規模削減等の微妙な内容が含まれていた

ため，かなり見直しのプロセスが進んだ95年後半に至るまで，国内においてはその内容が庁外に明らかにされることはなかった。しかしその間にも，「07大綱」をめぐるアメリカ側との協議は活発に行われていた。アメリカ側ではナイが，日米双方にとって新時代の安全保障戦略の基礎となる「EASR」と「07大綱」が，理念や方向性の共有を目指していたため，「EASR」の内容を構想・執筆過程で日本側に示して協議が行われたことはすでに確認した。これと同様に，日本側も「07大綱」の構想をアメリカ側に示し，その内容にかかわる協議が行われていた。すなわち日米両国は，「EASR」と「07大綱」という2つの基本戦略の理念や方向性のみならず，その形成プロセスをも共有していた。こうしたプロセスを経て，「07大綱」の構想は徐々に練り上げられていくことになる。

94年12月末には，防衛庁内で「07大綱」策定に向けての大枠が固まり，95年3月末の時点で，玉澤徳一郎防衛長官，畠山事務次官，西本徹也統幕議長，村田防衛局長ら防衛庁・自衛隊のトップの間では，「07大綱」の概要につき，「樋口レポート」に沿う内容にすることで意見がまとまっていた。これに基づき3月29日には玉澤長官が，8月末までに「07大綱」の骨格を示す方針を発表している。

政策化に向けた次の段階では，政府原案を練り上げるため安保会議に諮る必要がある。安保会議は，安全保障会議設置法に基づき，安全保障に関する重大事項についての審議を行うため，内閣安全保障室が運営し，基本的に閣議の前に関係閣僚を集めて開催される。[61]

一般に「大綱」改定は，当然安保会議の議題となるテーマだが，この時には，主に2つの理由から，安保会議への諮問に時間を要した。第1の理由は事務手続上の問題である。安保会議を開催するためには，事前に議論の方向性を示す必要があるとされている。しかし防衛庁は，自衛隊の定員削減など微妙な内容を含むこの「大綱」改定を正面から打ち出すことができなかった。そのため，当初は上記の条件を満たすことができず，安保会議を招集できなかったのである。結局この問題は，議題を「「大綱」の改定」ではなく「今後の防衛力の在り方についての検討」と曖昧にすることで解決された。

第2の，より重要な理由は，自民党内に「大綱」の改定という防衛政策の根幹の見直しを行うことに対する抵抗があったことである。この時期，政権は自社さ連立与党が握っており，村山社会党委員長が首相を務めていた。すでに自衛隊違憲論を捨てていたとはいえ，いまだ防衛アレルギーの根強い社会党が強い影響力を発揮しやすい政治状況のもとで，防衛政策の根本を再検討することに対しては，山崎拓政調会長をはじめとして，防衛族を中心とする自民党議員らから，強い懸念が表明されていた。また，同様の意見は，防衛庁内の一部にも存在していた。さらに自民党の一部には，自民党を政権の座から追い落とした細川政権のイニシアティヴによって提出された「樋口レポート」を「51大綱」改定の基本指針とすることへの，感情的な忌避感もあったとされる。

　しかしながら，日本の防衛政策を所掌する防衛庁および外務省においては，現行の「51大綱」が冷戦終結後の新たな国際環境に適合しなくなっているため，政治的理由から「51大綱」改定を先延ばしすることはできない，との認識が大勢を占めていた。最終的にはそうした意見に沿って，「51大綱」改定が安保会議で議題として取り上げられることになった。

　防衛庁は，「樋口レポート」に沿ってすでに固まっていた「07大綱」の原案に基づいて，政府内での検討を進める予定であった。しかし組織のトップが，この原案の方針に反する見解を公表し始める。95年5月2日，日米防衛首脳会談がワシントンで開催された。玉澤防衛長官はこの訪米の直前から，日本の安全保障の根幹は日米安保体制にあるとして「日米同盟深化」の重要性を強調し，「多国間安全保障」アイディアを疑問視する考えを強調し始めていた。玉澤長官は，防衛首脳会談後の記者会見でも同様の考えを打ち出し，日米安保体制の充実は，2国間のみならず国際的な平和にも資すると，「多国間安全保障」を否定するニュアンスの発言をしている。こうした態度の背景には，前述の自民党内における「樋口レポート」への反発があった。

　これに対し，秋山防衛庁防衛局長は翌3日のSSCで，日米安保体制を単なる2国間の制度であるにとどまらない国際公共財と位置づけ，「日米同盟深化」を進めることで「多角的安全保障」を目指すという防衛庁の考えを強

調した。[62] 前章で見たように、この「日米同盟深化」と「多角的安全保障」の優先順位に関する問題は、当初アメリカにおいて問題化された。これが日本国内でも争点化され、政府内の官僚レヴェルでは、「樋口レポート」に沿おうとする防衛庁と、アメリカの見解を共有する外務省の間に、対立が生じていた。

少なくとも95年初頭までは、この対立が防衛庁の優位に進む可能性をはらんでいた。その際に鍵となるのが、アメリカ側の中心にいたナイである。前述のとおりナイは、地域的な多国間の信頼醸成や、東アジア版のPKO設立などを提案するなど、多国間の地域的安全保障枠組形成に強い関心を抱いていた。さらにナイは、日米安保体制を国連PKOに役立てるとの構想も打ち出していた。つまりナイは、日米安保体制の強化を多国間の集合的安全保障に生かそうとする構想をもっていた。これは、「多角的安全保障」と「日米同盟深化」の総合を目指した「樋口レポート」の構想と極めて似通っている。すでに発言を引用したとおり、ナイ自身が「樋口レポート」、特にそのPKOへの取り組みを非常に高く評価していたことからも、両者の発想の近さは明らかといえる。以上から、少なくとも95年初頭までのナイ・イニシアティヴの初期においては、「樋口レポート」に示された構想は、いまだ排除されておらず、それどころかイニシアティヴを主導したナイの支持を受けて推進される可能性があった、といえよう。

しかし結局、上述のように組織内部の統一を欠くこととなった防衛庁は、日本国内のプロセスにおいて方針転換を余儀なくされた。その結果「07大綱」は、「日米同盟深化」をより重視する姿勢を打ち出すことになる。

95年5月30日、ようやく翌月の安全保障会議の開催が決定し、6月9日、安全保障会議で「51大綱」改定に向けた初審議が行われた。[63] この後、11月28日の「07大綱」答申案の決定に至るまで、以下に示すように全10回の審議が行われ、この中で省庁間の調整を図って政府方針の一本化が行われた。[64]

第1回(6月9日)　　国際情勢(外務省)

	国際軍事情勢(防衛庁)
第2回(8月22日)	国際情勢補足(外務省)
	国際軍事情勢補足,「防衛計画の大綱」の考え方(防衛庁)
第3回(8月29日)	財政的節約(大蔵省)
	人的資源, 軍事科学技術の動向, 今後の防衛庁のあり方の基本的方向と平成8年度防衛関係費概算要求(防衛庁)
第4回(9月8日)	日米安保体制(外務省, 防衛庁)
第5回(9月29日)	安定的な安全保障環境の構築(外務省)
	今後の防衛力の役割(防衛庁)
第6回(10月18日)	防衛産業(防衛庁, 通産省)
	今後の防衛力のあり方の基本的考え方, 防衛計画の計算方式(防衛庁)
第7回(10月27日)	自衛隊の将来体制と同体制への移行要領, 今後の防衛力のあり方についての考え方(防衛庁)
第8回(11月7日)	新「大綱」案文(内閣安全保障室)
第9回(11月24日)	案文修正(内閣安全保障室)
第10回(11月28日)	新「大綱」についての答申案の決定

　安保会議における最大の問題は, 防衛庁・外務省と内閣法制局との間に生じた対立であった。内閣法制局は, 防衛政策に関しては主に法秩序と政府の憲法解釈や統一見解などの一貫性を維持する立場にあり,「51大綱」の改定にあたっても, こうした視点から問題点を指摘していた。焦点となったのが「周辺事態対処」にかかわる問題であった。「周辺事態対処」とは, 日本の周辺で日本の「平和と安全に重要な影響を与えるような事態」が発生した場合には, 国連の活動に対する支持や日米安保体制の運用を通じて対処する, とする規定で,「樋口レポート」においても触れられていなかった論点である。この規定は, 9月から10月ごろ, 米軍側との協議からその必要性を意識し

た統合幕僚会議事務局から発案され，防衛庁および外務省がこれを支持した（信田 2006, 78）。これは朝鮮半島核危機を受けて定められた，日米安保の有事運用を実質化するという方針に基づく，具体的な取り組みのひとつといえる。これに対し法制局は，この規定を，従来政府が行使できないとしてきた集団的自衛権の行使にあたる活動の可能性が排除されていないとして，反対した。[65]

　この問題は，結局安保会議に先立つ省庁間レヴェルの調整では解決に至らなかった。ところが内閣安全保障室は，省庁間の調整がつかない問題を同会議に上げないとの方針を取っていたため，同会議内での政治的解決にもち込むこともできなかった。最終的に防衛庁は，本件を直接衛藤征士郎防衛長官[66]に上げ，衛藤長官が本件を安保会議で扱うよう河野洋平外相や橋本通産相らに直接根回しをし，そのうえで法制局長官と安全保障室長の了承を得るという，通常とは異なる政党政治レヴェルのルートを使って，ようやくこれを安保会議の議題とすることに成功した。これにより安保会議内において議論が行われ，政党政治レヴェルにおいて解決に向けた調整が図られた。

　この後，政府内，特に省庁間レヴェルにおいては，「07大綱」決定に向けて着々と準備が進んでいった。最後に問題となったのが，政党政治レヴェルの交渉，特に自社さ連立与党内の調整である。これは，省庁間レヴェルの意思統一を図る安全保障会議での論議に劣らず重要で，8, 9月頃から進められていた。自民党と社会党という，防衛政策に関して真っ向から対立してきた両党が参加する連立与党において，防衛政策に関する意思統一を図ることは，極めて困難であると同時に，連立の存続自体にもかかわる重要課題であった。この作業を担当したのが，与党防衛政策調整会議である。同会議には，自民党から池田行彦と大野功統，社会党から大出俊と田口健二，さきがけから前原誠司が参加していた。座長は任期2カ月の持ち回り制で，「51大綱」改定が議題となった時には大出が担当していた。調整会議における協議は，様々な対立をはらみつつも，徐々に進められていった。

　前述の「周辺事態対処」をめぐる問題は，政党政治レヴェルでの調整が必要とされた争点のなかでも，「07大綱」の根幹にかかわる特に重要な論点で

あった。村山首相および社会党は,「周辺事態対処」が日米安保条約において「極東」とされていた条約の対象範囲を,実質的に拡大するものではないかとの懸念を示した。この問題に関して,調整会議を中心に自民党側と社会党側の交渉が重ねられた。その結果最終的には,「周辺事態対処」は日米安全保障体制に関する問題であって,日米安保条約における「極東」の範囲に関する政府統一解釈を変更するものではないことを確認し,これを「07大綱」と同時に発表する内閣官房長官談話で明確化する,という妥協が成立した。実際には,この妥協は必ずしも「極東」外での日米軍事協力を否定するものではなく,問題の根本的解決となっていない。[67)] にもかかわらず,この問題をめぐる連立与党内の対立は,この妥協によって政治的に決着した。

　11月末の与党調整会議の最終段階では,社会党およびさきがけが,武器輸出3原則の堅持を「07大綱」に記載すること,および核兵器について「究極的廃絶」を目指すとした原案について「究極的」の文言を削除すること,の2点を強く要求した。後者は,「究極的」との表現により,核廃絶が現実的目標ではなく努力目標と解釈される恐れがある,との判断に基づく要求である。これらの要求に対し自民党側は,武器輸出3原則は個別政策レヴェルの問題で「大綱」になじまないなどとして強硬に反対し,協議は決裂寸前の事態となった。28日午前の安保会議において政府原案を決定することが既定方針となっていたが,結局27日の調整会議においても結論は出ず,28日の安保会議は開始時間を延期,同日も連立与党内の協議が続けられた。28日午前の調整会議でまず「究極的」の削除が決まったものの,武器輸出3原則については合意に至らなかった。夕方,調整会議は一旦翌29日に協議をもち越す決定を行ったが,村山首相が橋本自民党総裁に電話し28日中の取りまとめで合意を取りつけて官邸で調整会議を再開させ,武器輸出3原則については「07大綱」に含めず官房長官談話で言及することで決着した。こうして1995年11月28日,安保会議を開催し答申案を確定,これに続けて行われた閣議において,新たな「防衛計画の大綱」(07大綱)が正式に決定された。

第 2 節　制　　　度——安全保障会議

「07大綱」の策定にあたっては，2つのレヴェルでの調整が必要であった。ひとつは，連立与党を形成する自由党・社民党・さきがけによる，政党政治レヴェルの政党間調整であり，もうひとつは，政府内の主に官僚によって行われる省庁間レヴェルの調整である。連立政党内の調整は，一般に与党政策調整会議と呼ばれる枠組で行われており，このうち防衛政策の調整にかかわるものは防衛政策調整会議と呼ばれていた。後者の省庁間調整は，主に安全保障会議に付随する実務協議によって行われる。本節では，これら2つのレヴェルの調整について検討し，その制度的特徴を明らかにする。

　従来，55年体制下の日本の防衛政策形成に関しては，政党政治レヴェルの関与が薄く，官僚レヴェル，特に外務省と防衛庁が中心的な役割を担ってきたとされる。55年体制がすでに終焉を迎えていた「07大綱」の策定過程においては，自社さ連立与党が政権の座にあり，与党防衛政策調整会議のなかで3党間の政策調整が活発に行われた。前節で見た「周辺事態対処」をめぐる与党内の動きは，この端的な例といえる。連立与党の形成によって，政党政治レヴェルの消極的関与という55年体制下の防衛政策形成に見られた制度的特徴は，過去のものとなったかに見える。

　しかし，「周辺事態対処」をめぐる防衛政策調整会議の議論を詳しく見るならば，必ずしもこのような結論は妥当しないことが分かる。軍事的色彩の強い日米安保条約と，それを中核として存在するより広範な協力関係としての日米安保体制とを区別したうえで，「周辺事態対処」は日米安保条約における「極東」の範囲に関する政府統一解釈を変更しないと主張し，これを内閣官房長官談話にて明確化する。結局のところこの決着では，問題の核心であった安保条約の対象範囲の実質的拡大について，その是非が明確となっていない。さらに，これは「日米同盟深化」アイディアの是非という「07大綱」の根幹にかかわる論点であったにもかかわらず，その点についての議論もなされないままであった。このような決着は，問題の本質を脇に置いた

「政治決着」といわざるを得まい。これらの問題については，次節で改めて確認する。また，調整会議における最終調整の内容が，武器輸出3原則と核兵器の廃絶に関する文言の表面的な修正であったことも示唆的である。つまるところ，調整会議における議論は，「07大綱」の本質にまでは至らず，より象徴的かつ表面的な争点や文言についての争いに収斂してしまった。

連立与党，特に長年防衛政策で原理的対立を続けていた自社両党にとっては，防衛政策の根幹を成す「07大綱」につき，その根本に踏み込んだ議論のうえで合意に達することは極めて困難であった。しかし55年体制下とは異なり，両党が連立与党を形成している状況では，協議の決裂は政権崩壊へと直結するため，そのような事態は何としても避けねばならない。こうした事情は調整会議における協議が開始される以前から明白であった。したがって調整会議においては，「07大綱」の本質に深くかかわるような論点について実質的な議論を避けることが，連立与党各党にとって共通の合理的行動であった。しかし防衛政策が，連立与党の動向に注目する有権者にとって関心の高い論点であることも間違いない。そのため各党は，この政策に真剣に取り組んでいる姿勢を示し，有権者の支持を維持・拡大するために，最終的に妥協が可能な象徴的な論点については，強い態度を示して協議を進めたのである。

以上の連立与党の行動とその背後にある論理は，55年体制下に見られた自民党のそれと質的に何ら変わるところがない。結果として，「07大綱」策定のプロセスにおいても「国会の迂回」の戦略が継続され，国会承認が避けられたことは，この意味で当然であった。かつてとの違いは，（連立）与党の動機づけが「スムーズな国会運営」から「連立枠組の維持」へと変わったことくらいであろう。いい換えれば，環境の変化によりその機能は安定的な国会運営から連立政権の枠組維持へと変化したものの，55年体制下の防衛政策プロセスに見られた政党政治レヴェルの消極的関与という制度的特徴は，少なくとも90年代中盤に至るまで継続したのである。

ただし以上の事実は，政党政治レヴェルが政策形成に対して小さな影響力しかもたないことを，必ずしも意味しない。「周辺事態対処」をめぐる問題

が，政党政治レヴェルの直接交渉によって安保会議の議題として取り上げられたことで決着を見た事情が示すように，省庁間対立が激しく官僚政治レヴェルでの調整が困難な場合でも，問題を政党政治レヴェルに移せば，政治的イニシアティヴのもとに強い影響力が行使され，一定の解決が図られ得る。この事実は，政党政治レヴェルが積極的に関与した場合には，その影響力が官僚レヴェルのそれを上回ること，すなわち潜在的には政策形成に関して政党政治レヴェルが官僚レヴェルを凌ぐ影響力をもち得ることを示している。ただ「07大綱」策定のプロセスでは，このような政党政治レヴェルの強力な指導力は，連立枠組維持を目指す与党内の消極的姿勢によって，十分に機能することなく終わった。

　その結果，実質的な政策内容の策定に中心的役割を果たしたのは，防衛庁と外務省に代表される官僚レヴェルの調整であり，その枠組となったのが安保会議に付随する実務協議である。安保会議は，安全保障政策に関係する閣僚によって構成されるが，基本的に政府省庁間の官僚レヴェルにおいて合意に達した事項を閣僚が形式的に決済する場であって，結局のところ実質的な決定はこれに付随する官僚レヴェルの諸協議において行われており，安保会議の決定に関して政党政治レヴェルの実質的な関与は大きくない。この事実を端的に示すのが，日本の防衛政策形成の中心となる防衛庁と外務省の間で行われた調整である。

　「07大綱」の策定をめぐって，当初防衛庁と外務省の間には，「樋口レポート」の防衛ヴィジョンに関する対立が存在した。争点となったのは，「多角的安全保障」と「日米同盟深化」の関係である。前章で見たように，アメリカでは「樋口レポート」の「多角的安全保障」アイディアが日米安保軽視の表れとして問題化された。防衛庁と外務省の間でも，同様の論点が争点となっていた。「樋口レポート」に基づき「51大綱」改定を進めていた防衛庁に対し，外務省は，アメリカが示した懸念のとおり，「多角的安全保障」重視の姿勢が，これを優先し日米安保体制を軽視する日本のメッセージと見られることを恐れ，「樋口レポート」に沿った「07大綱」では安保体制の維持が難しいと判断していた。

防衛庁および外務省は，安保会議開催前から，事務レヴェルにおいてアメリカも交えてこの問題について議論を深めていた。結果的にこの防衛庁と外務省の政府内対立は，先述のとおり防衛庁が内部の統一を欠いたことで外務省の方針に譲歩せざるを得なくなり，比較的早い段階で決着する。この結果，「07大綱」に関する政府方針は，防衛庁と外務省の一致のもと，日米安保体制を防衛政策の最重要基盤と位置づけ，「日米同盟深化」を優先することで固まり，他方，「07大綱」における「多角的安全保障」の重要性は縮小していった。このように，「07大綱」に示される防衛方針の根幹にかかわる重大な決定は，官僚レヴェルにおいて決着し，ここに政党政治レヴェルが十分に関与することはなかった。

この方針が定まった後には，防衛庁と外務省の間には協力関係が成立し，安全保障会議においては一致して「07大綱」策定に向けた努力が進められることになった。両省庁は，「周辺事態対処」が問題となった際にも，協調して内閣法制局に対抗した。

第3節　アイディア——新「防衛計画の大綱」(07大綱)

本節では，「07大綱」の中核を成す政策アイディアを明らかにする。なお，「07大綱」の詳細については，資料解説3・4および資料全文Ⅲを参照されたい。

「07大綱」策定にあたって，防衛庁が「多角的安全保障」アイディアと「日米同盟深化」アイディアの双方を重視していたのに対し，外務省は前者が日米安保軽視のメッセージと取られることを恐れ，これに反対した。結局この対立は防衛庁が譲歩し，「日米同盟深化」アイディアを「07大綱」案の核とし，対して「多角的安全保障」アイディアの扱いを小さくすることで，政府内統一が図られた。以上の事情は前節までに見たとおりである。

1995年11月28日に成立した「07大綱」においても，この方針は維持されている。「日米同盟深化」アイディアの影響は，「07大綱」の随所に見る

ことができる。そのうち特に重要な点を3つ挙げておく。第1に，防衛構想を端的に示す「Ⅲ我が国の安全保障と防衛力の役割」のなかに，3として日米安保体制に関する項目が新たに設けられている点である。しかもこの項目は，日本独自の防衛力の役割を示す4の前に置かれている。「樋口レポート」において項目の順序が重要な意味をもつとされ争点化された事情を考えるなら，このⅢの構成は，単に象徴的意味にとどまらない，「07大綱」の核心にかかわる意義をもつと考えられる。ここには，「日米同盟深化」アイディアに沿って日米安保体制を重視する姿勢が示されている。

　第2に「51大綱」に侵略事態への対処方針として規定されていた「限定小規模侵略独力排除方針」[68]が削除されたことが挙げられる。この方針は，日本への侵略事態への対応につき，小規模の侵略に対しては日本独力で対処するものの，自衛隊の能力を超える大規模な侵略には米軍と協力して対処する，との規定である。「07大綱」においてこの規定が削られたのは，「51大綱」策定以降に日米軍事協力が進展した結果，日本有事に米軍の協力を仰がないとの想定がもはや非現実的となったからとされる（秋山 2002, 102-105）。しかし，もともと「51大綱」の規定自体が多分に象徴的なものであったことを考えれば，この変更は単に上記のような現実を反映したものというより，その現実を下支えする理念を積極的に受容した結果と見るべきだろう。「07大綱」の中核に「日米同盟深化」があること，他方この時期までに「自主防衛」の政策的意義が大きく低下していたことが読み取れる。しかもそれは単に理念的な重要性の問題にとどまらず，現実にオペレーション・レヴェルにおいて日米安保関係が深化してきていたこと，そして「07大綱」のもとでさらにその傾向が強まっていくであろうことを示している。

　第3に，Ⅲ-4-(2)-イの「周辺事態対処」が挙げられる。この規定は「07大綱」最大の争点といえる。詳しくは資料解説4に譲り，ここでは中核的な政策アイディアに関連する点に触れるのみとする。問題は，本項の規定が，日米安保体制の対象範囲に「我が国周辺地域」が含まれ，かつ日本がそこでアメリカと軍事協力を行う可能性を示唆している点である。この意味で，「周辺事態対処」条項は，日米安保を前提として，日本の領域外においても

日米協力，特に米軍と自衛隊が協力して活動を行うことを可能とするための規定である。つまり日米安保条約を前提とし，その地理的・機能的な範囲の拡大を目指すことが主眼にあるのであって，これは「日米同盟深化」アイディアの端的な表現といえる。アメリカは，「07大綱」にこの規定が置かれたことに驚きつつも注目し，それによって「ガイドライン」改定に至る日米安保体制拡充の流れが一段と加速したという（秋山 2002, 128）。

またこの規定の内容は，第5章で見た「多角的安全保障」アイディアに関する防衛庁内の独自解釈とほぼ重なる。これは，日米安保を中核として，これを強化することで多角的安全保障につながる効果をも得る，との政策方針であった。その意味では，「周辺事態対処」の規定は「日米同盟深化」とともに，部分的には防衛庁型の「多角的安全保障」解釈を体現するものともいえる。しかしその「多角的安全保障」解釈は，渡邉ら防衛懇の一部委員が構想し「樋口レポート」によって示したもとの姿とは異なるものといわざるを得ない。この点は，次に見る国連PKF活動の扱いにおいて，一層明確になる。

「多角的安全保障」路線は，「07大綱」から削除こそされなかったものの，その重要性は「日米同盟深化」に比べて著しく縮小された。III-4-(3)の「より安定した安全保障環境の構築への貢献」という小項目が設けられてはいるものの，「日米同盟深化」と異なり，構成上中核的な扱いはされていない。さらに記述の順序においても，日米安保体制と密接に関係する「我が国の防衛」，および「大規模災害等各種の事態への対応」より後に記載されたことが，「多角的安全保障」の軽視を明白に物語っている（ちなみに上述の「周辺事態対処」は「大規模災害等各種の事態への対応」のもとに記されている）。内容的にも，「国際平和協力業務の実施を通じ，国際平和のための努力に寄与する」として，1992年に成立したPKO法に基づく国連の平和維持活動への参加推進が謳われているのみで，その記述は既存政策の確認にとどまっており，当時問題となっていた論点については言及もされていない。

当時，PKO活動をめぐる最大の争点は，軍事力行使の可能性を前提としているPKFへの参加の是非であった。PKO法は附則第2条において，

PKFへの参加については「別に法律で定める日までの間は、これを実施しない」として、当面の間凍結すると規定していた。これについて「樋口レポート」は、「多角的安全保障」の具体的方策として、早期のPKF参加凍結解除を求めた。しかしながらこの論点に関して政府は、社会党内部の強い不満に配慮するなどして、消極的な態度を示していた。[69)] この結果、PKF参加凍結解除問題は、「07大綱」においては言及されることもなく終わった。

このように、「樋口レポート」に示された「多角的安全保障」アイディアは、防衛庁内の意思統一に伴う変質を受けたうえ、防衛庁と外務省の対立の結果、扱いが著しく縮小したために、「07大綱」では小項目としてわずかに触れられるにとどまり、新たな防衛方針を導くことはなかった。

第4節 仮説の検証

「07大綱」は冷戦後日本の防衛政策の基本的な方針を確定するうえで決定的な影響力をもつ重要な文書である。ある意味で冷戦後日本の防衛政策はこの文書によって決定された、と見ることができる。換言すれば、政策の決定という行為論的な視点から分析する際には、この「07大綱」こそが最も重要な対象となる。その「07大綱」において、今日まで続く防衛政策の中核とされたのが、「日米同盟深化」路線であった。以後、日本の防衛政策はこの路線に沿って展開され、そのなかでさらに強化されていくことになる。以下では、この「07大綱」の策定プロセスをもとに、4つの仮説の妥当性を検討する。また、前章末で示した、政党政治レヴェルの消極的関与の継続、「日米同盟深化」アイディアの影響力上昇、「日米同盟深化」アイディアと対立した場合「多角的安全保障」アイディアは抑制される、との3つの予測についても検証し、本章と前章の分析の整合性を確認する。

政党政治仮説

政党政治仮説は、「07大綱」策定のプロセスを以下のように説明する。

「07大綱」に示される新たな日本の防衛方針は，政権の選好を反映することになり，その内容は連立与党内の調整・決定に依存する。より具体的には，自社さ連立与党が政権の座にあったことで，55年体制において与野党間に見られた防衛政策をめぐる対立は，政権内での調整によって抑制され，政党政治レヴェルの指導力のもとに「日米同盟深化」アイディアに基づく新たな防衛政策が導入された，との説明が導かれる。90年代の防衛政策変化の背景に，55年体制下とは異なる新たな政治状況の影響を見るこの説明は，一定の説得力をもつように見える。しかし実際の「07大綱」策定のプロセスを見ていくと，このような説明は十分な妥当性をもたないことが分かる。

与党防衛政策調整会議での議論が示すように，政党政治レヴェルは防衛政策の根幹には関与せず，象徴的な争点や文言をめぐる表面的な議論に終始した。

「周辺事態対処」に関する対立の処理に見られるように，政党政治レヴェルは潜在的には強い影響力をもっていた。しかし，自社さ連立与党は，政権枠組の維持を優先して，政策形成への積極的関与を避けたため，強い指導力を発揮できなかった。結果として，政党政治レヴェルの特徴であった消極的関与という特徴も，継続することになった。前章末で示した，政党政治レヴェルの消極的関与の継続という第1の予測は，的中したといえる。この時期の日米安保体制をめぐる防衛政策展開が，「安保再定義」と呼ばれ，従来方針の継続と新たな方針の導入という相反する評価が相半ばする背景には，こうした政党政治レヴェルの消極的な姿勢がある程度影響していると考えられる。

実際問題として，戦後，防衛政策をめぐって原理的対立に終始してきた自社両党にとって，双方が合意できる実践可能な防衛政策を新たに，しかも連立成立からわずか1年あまりの短期間に作り出すことは，おおよそ不可能なことであった。にもかかわらず防衛政策を策定しなければならないならば，その内容は，連立与党外，すなわち官僚レヴェルにおいて策定されるより他にない。政党政治レヴェルは，「07大綱」の内容にほとんど影響を与えなかった。

官僚政治仮説

　官僚政治仮説は,「07大綱」決定を以下のように説明する。大綱策定のプロセスでは, 省庁間レヴェルが主な舞台となり, そこでは防衛庁・自衛隊, 外務省, 内閣法制局の各アクターが活動していた。「多角的安全保障」アイディアをめぐっては, 防衛庁がこれを「日米同盟深化」アイディアと並ぶ防衛政策の中核にしようとしたのに対し, 外務省はこれが日米関係を損なうと考え反対する姿勢を取った。その結果, 影響力において勝る外務省が勝利し,「多角的安全保障」は防衛政策の中核から排除された。「周辺事態対処」をめぐっては, これを推進したい防衛庁と外務省に対し, 内閣法制局は違憲性が疑われるとして反対に回った。この対立は官僚政治レヴェルでは決着がつかなかったため, 政党政治レヴェルの調整を経て, 結果的に防衛庁と外務省が勝利した。

　この官僚政治レヴェルの強い影響を想定する説明は, 本章で検討したプロセスとよく合致する。「07大綱」案は防衛庁で起案され, 安保会議の実務レヴェルを司る省庁間協議において修正を加えられて内容が確定し, 政党政治レヴェルはそれを追認して, 正式決定に至る。こうした流れに沿わなかったのは,「周辺事態対処」をめぐる防衛庁・外務省と内閣法制局の対立のみであった。この時には政党政治レヴェルにおける決着が図られたものの, そこでは政策内容にかかわる議論は行われなかった。結局のところ,「07大綱」は実質的に官僚政治レヴェルにおいてその内容が決定されたのである。

　このように, 官僚政治仮説は,「07大綱」の決定プロセスに妥当性の高い説明を与え得る。ただ, この仮説の説明には限界も存在する。前章で検討したとおり, 日本側官僚レヴェルで行われていた「07大綱」の原案策定は, 実はアメリカ側の政策決定とそのプロセスを共有しており, 両者を明確に区別することは難しい。したがって日本の官僚政治レヴェルのみを分析対象とするこの仮説では, アメリカを含めたこのプロセスの影響を十分に評価することができない。この点については, プロセスを制度論の枠組から捉え返すことで, 一定の示唆が得られよう。

経路依存仮説

　経路依存仮説は，従来の防衛政策プロセスに見られた制度的特徴が継続したことで，経路依存圧力が生じ，日米安保中心の従来型の政策が継続した，との説明を導く。この説明は，大枠においては，本章の分析と合致すると見ることが可能である。

　上述のように，従来の制度的特徴である政党政治レヴェルの消極的関与は，この時期にも継続していた。また，「07大綱」の中核に関しては，省庁間レヴェルで対立があり，最終的には「日米同盟深化」を推す外務省の主張に対し「多角的安全保障」を推す防衛庁が譲歩することで決着した。この事実は，外務省が防衛庁に優越する強い影響力をもつという従来からの防衛政策プロセスの特徴を反映するものと見ることができる。これらの結果，日米安保体制を防衛政策の中核に置くという従来方針が継続された。以上の説明の限りにおいて，制度的特徴の継続という本仮説は妥当ということができる。

　しかし，より仔細な検討からは，本仮説では説明のできない事実が浮かび上がる。第1に，「07大綱」策定プロセスで見られた政党政治レヴェルの消極性については，そのインセンティヴの変化が明らかになっている。第2に，防衛庁と外務省の対立につき，防衛庁の譲歩という結果から，単純に外務省の相対的優位を結論づけることはできない。第3に，「07大綱」の防衛方針は，「日米同盟深化」アイディアに基づくものであり，その方向性は従来の「日米安保中心」路線と共通する部分が多いものの，前者を単純に後者の継続と見ることには問題がある。これらの問題点は，いずれも経路依存仮説の妥当性に疑問を投げ掛けるものといえる。これらの諸点については，次項で詳しく検討する。

　さて，以上の検討から明らかなとおり，冷戦後日本の防衛政策決定において最も重大な局面といえるこの「07大綱」策定は，大枠において従来の制度特徴が残存するなかで行われたといえる。政策決定にかかわる諸アクターの構成は，従来のプロセスにおいて見られたものと大差なく，諸アクターの選好や影響力配置にも，従来との断絶的な差異はない。したがって「07大綱」策定時の環境は，断続均衡論が変化を説明する際に想定する，激変を導

く「歴史的岐路」のような状況とは異なると考えられる。確かに，「樋口レポート」の形成プロセスや，ナイ・イニシアティヴのプロセスにおいては，従来と大きく異なる状況が生起し，新たなアクターが参入し，革新的なアイディアが導入されるなど，「歴史的岐路」の可能性を感じさせる展開が観察された。しかし，この「07大綱」の決定に際しては，そうした特異な状況は顕在化せず，従来の政策決定パターンと共通点の多い決定プロセスが展開された。「07大綱」の策定プロセスでは，それ以前のプロセスの展開が「歴史的岐路」の現出につながる可能性を用意したものの，その可能性は実現しなかった，と考えることができよう。断続均衡論に基づく激変を想定する説明は，本書の事例において最も重要な決定といえる「07大綱」の策定プロセスには妥当しないといえる。

漸進的累積的変化仮説

　この仮説は，「07大綱」策定プロセスに，以下のような説明を与える。このプロセスにかかわる各決定レヴェルには，比較的小さな制度的変化が起こっており，それらは従来の特徴や政策に一定方向へのバイアスを与えるものであったため，結果的にその方向への政策変化が生じた。
　実際，前項で触れたとおり，このプロセスには，各決定レヴェルに目立たない変化が生じていたことが分かっている。第1に，政党政治レヴェルの消極的関与についてである。この特徴自体は，前章末で示した第1の予測どおり，従来から継続したものと見ることができる。消極的関与について本書の仮説との関係で重要なのは，この戦略がもたらす政策的バイアスである。それは，防衛政策に対し特定の方向づけを与えるようなものではなく，官僚レヴェルで策定された政策の方向性をそのまま引き継ぐ，という形で政策決定に反映されると考えられる。このバイアスは，従来から継続していると見ることができる。しかし，その背後にある与党のインセンティヴは，従来の円滑な国会運営から，連立与党枠組の維持へと変化を見せた。この変化は目立たないものではあるが，無視できない意味をもつ。なぜならこれが，さらなる政治環境の変化に対して消極的関与戦略が維持されるか否かを左右する可

能性があるためだ。この点については続く各章でも検討を重ねる。

　第2に、外務省に対する防衛庁の譲歩について、その含意が問題となる。これを、防衛庁の限定的影響力という特徴が継続していることを示す事実と解釈することには、問題もある。防衛庁の「多国間安全保障」解釈は、外務省が安保軽視として批判した「樋口レポート」のそれとは異なり、むしろ日米安保体制の強化を重視するものであった、との見方ができるためだ。この見方によれば、防衛庁と外務省は「日米同盟深化」という基本方針を共有しており、両者の対立は、当事者にとって防衛政策の根本にかかわるようなものではなかった、と解釈すべきである。その場合、防衛庁の譲歩は根本的な方針転換ではなく、基本方針を維持したうえでの部分的調整と捉えられる程度のものであったと見るべきだろう。さらに、外務省の主張は基本的にアメリカの対日政策コミュニティの立場とほぼ同じであったから、防衛庁の譲歩はアメリカ側の意向に沿ったものと考えることもできる。防衛庁はもともと安保重視の方針をもっていたから、アメリカ側の要望に応じて政策の部分的調整を行うことは十分に考えられる。つまり防衛庁の妥協は、外務省の優越に起因するものとは必ずしも結論づけられず、従来の防衛政策プロセスに見られた特徴が継続しているか否かを、ここで明確に判断することはできない。前章で示した、日米の軍―軍関係の緊密化に基づく防衛庁の影響力向上も、外務省優位の継続についての判断を留保させる材料となろう。

　ただいずれにせよ、省庁間レヴェルの制度的特徴が、「日米同盟深化」アイディアを推進する方向性をもつことは間違いない。以上から、前章末で示した「日米同盟深化」アイディアの影響力上昇という第2の予測については、概ね事実に適合的であったといえよう。

　第3に、「07大綱」の中核を貫く「日米同盟深化」アイディアにより、「日米防衛政策調整」や「周辺事態対処」など、極めて重要な政策が新たに提起・導入された。「日米防衛政策調整」は、防衛政策形成プロセスに従来存在しなかった日米間の政策調整という新たなステップを導入する試みである。また「周辺事態対処」は、78年の旧「ガイドライン」策定以来課題とされながら、研究にさえも着手できなかった周辺有事(6条事態)に関して安

保条約の有事運用を実現するための規定である。こうした画期的な政策変化をもたらした「日米同盟深化」を，単に従来の「日米安保中心」路線の継続と位置づけるには無理がある。この点については本章ですでに強調してきたことでもあり，また資料編資料解説1・2で詳しく検討しているので，ここでは改めて繰り返さない。

　以上のように，「07大綱」の策定プロセスでは，政党政治レヴェルにおいて目立たないが無視できない制度変化が生じており，省庁間レヴェルにおいても従来制度の継続は必ずしも確認されておらず，変化の可能性も否定できない。さらに，省庁間レヴェルでは「日米同盟深化」アイディアを支持する方向性が示され，政党政治レヴェルの変化は省庁間レヴェルで示された方向性を引き継ぐという影響をもっていた。その結果，「日米同盟深化」アイディアに基づく政策が策定されたといえる。以上の事情は，漸進的累積的変化仮説の想定とよく合致する。また漸進的累積的変化仮説は，こうした制度変化の可能性を明らかにすることで，「07大綱」の政策プロセスが，それに続くプロセスに与えた影響を評価するための視点を提供できる点で，有効性の高い仮説であるといえる。

　　ま　と　め
　本章の分析は，「07大綱」の決定要因の説明としては，官僚政治仮説の妥当性が高いこと，および「07大綱」の策定プロセスが後続のプロセスに与える影響については，漸進的累積的変化仮説が有効な視点を提示することを示した。他方，政党政治仮説はこのプロセスの説明としては妥当性をもたず，経路依存仮説は，大枠において本章の分析を説明し得ると解釈できるものの，細かな論点については説明上の限界を抱えている。ただし，本章の短期事例の分析のみからは，制度論的視角に基づく仮説に対する評価の妥当性を十分に担保できない。各仮説の妥当性は，引き続き第9章において検証する。

　前章では，ナイ・イニシアティヴのプロセスの分析を通して，第1に政党政治レヴェルの消極的関与という特徴は継続する，第2に「日米同盟深化」アイディアの影響力が高まる，第3に「日米同盟深化」アイディアと対立的

と解釈される場合には「多角的安全保障」アイディアは抑制される，との3つの予測を示した。このうち第1と第2の予測については，事実に適合的であったことを前項で示した。

　残る第3の予測について見ておこう。「07大綱」は，多くの部分で「樋口レポート」の内容を引き継いでおり，その提言に沿って形成されている。しかし最も中核的な政策方針については，「樋口レポート」の記述ではなく，日米の政策当局間および国内の諸アクター間の合意が直接的に「07大綱」に反映された。そして，「樋口レポート」で強調された「多角的安全保障」は，「日米同盟深化」とは対立する方針と位置づけられた結果，「07大綱」ではその重要性を著しく低下させることになった。第3の予測も，事実に合致するといえる。

　以上から，本章の「07大綱」策定プロセスの分析は，前章末で示した3つの予測が概ね事実に適合的であったことが分かる。これは，前章の分析と本章の分析が一貫性をもっていること，またナイ・イニシアティヴのプロセスが「07大綱」策定プロセスに影響を与えたことの例証といえる。前章の分析において示されたナイ・イニシアティヴの重要性が，本章の分析のなかでも間接的に支持されたといえよう。

　ここまで見てきたように，「07大綱」の中核である「日米同盟深化」路線は，官僚政治レヴェルにおける政策決定によって確定され，政党政治レヴェルの黙認によって正式に政策化された。ただし，この間のプロセスでは，ナイ・イニシアティヴによって始まった日米の緊密な政策協議が，「07大綱」の内容に一定の影響を与えていたことも見逃せない。特に「日米同盟深化」の柱のひとつである「日米防衛政策調整」の実現は，このナイ・イニシアティヴの影響抜きには理解できない。さらに敷衍すれば，それは旧「ガイドライン」などに基づいて進められた，自衛隊と米軍の間のオペレーション・レヴェルでの協力関係強化の成果でもあったといえよう。「周辺事態対処」に関する要請が，米軍との軍―軍協議を行っていた統合幕僚会議から提出されたことは，これを象徴する出来事といえる。この日米の軍―軍関係強化により，「07大綱」における「日米同盟深化」の政策化は，1997年の新「ガイ

ドライン」締結に向かう方向性を確立する意味をももつことになる。この点については，次章以降で検討しよう。

第 8 章 「日米安保共同宣言」と在沖縄米軍基地問題

　本章では，1996 年 4 月 16 日に橋本龍太郎首相とビル・クリントン大統領によって発表された，「日米安保共同宣言（共同宣言）」の成立プロセスを概観した後，その内容を簡単に確認する。

　この日米間のプロセスは，前章で見た日本国内の「07 大綱」の策定プロセスと並行して展開された。そこでは，在沖縄米軍基地問題という日米同盟自体を揺るがしかねない重大な政治的争点が生起し，これへの対応が日米によって同時並行的に行われた。在沖縄米軍基地問題は，この時期の日本の防衛政策を検討するうえで大変重要な意味をもっている。よってやや煩雑とはなるが，以下では時期的に重なり，また関連の強いこれら 2 つのプロセスを，基本的に時系列に沿って見ていく。ただ，在沖縄米軍基地問題は，90 年代日本の防衛政策の展開を論じる本書の中心的テーマからは十分にアプローチしきれない対象である。よってここでは，「共同宣言」を中心的に扱い，在沖縄米軍基地問題については，「共同宣言」と「日米同盟深化」に関係する範囲で，その概略に言及するにとどめる。

　本章は，この「共同宣言」のプロセスが，「07 大綱」の核心にある「日米同盟深化」路線を共有し，これを両国が確認・推進するものであったことを明らかにする。その結果「共同宣言」は，翌 97 年に行われる「ガイドライン」改定を，両国間のテーマとして初めて明示した文書となった。

第1節　経　　緯[70]

「日米同盟深化」の定着

　すでに見たとおり，ジョセフ・ナイが米国防次官補に就任した直後の94年11月，日米は東京で開催されたSSCにおいて，日米安保体制の強化と拡大に着手することで合意した。いわゆるナイ・イニシアティヴのプロセスにおける日米間の正式協議は，この合意に基づいて，SSCを中心とする実務協議において行われることになった。こうした協議のなかで，最終的な成果を日米の首脳が政治宣言として発表するという方針が定められた。それ以降，日本側は外務省が中心となり，防衛庁がそれに協力するという態勢で，宣言に向けての作業を進めていった。

　95年1月6日に開催されたSSCでは，在沖縄米軍基地の縮小などで日米が大筋合意し，その内容は首脳会談で確認されることとなった。その日米首脳会談は，同月12日にワシントンで開催された。そこでクリントン大統領と村山首相は日米安保体制の重要性を確認し，また大統領は沖縄の米軍基地の一部を日本に返還する方針を示した。18，19日には，外務省内で日米安保実務当局者協議が行われた。協議には，日本側から外務省と防衛庁の審議官クラス，アメリカ側から国務省と国防総省の次官補代理クラス，および在日米軍と統合参謀本部の担当者らが参加した。ここでは両国が，冷戦後の国際情勢にあわせて日米安保の運用見直しを行う方針で一致した。

　2月15日に「EASR」の概要が明らかになると，直後の18日には，日米安保体制を強化・拡大し地域紛争の解決に利用する検討を，両国がすでに開始していることも明らかになった。この検討のための事務レヴェル協議の日程は，PR効果を最大限に発揮するために，ナイらアメリカ側のトップ・クラスが主導し，かなりの労力を費やして綿密に組み上げられた。9月に日米安全保障協議委員会(Security Consultative Committee: SCC)[71]を大々的に開催し，共同記者会見を開いてこの合意への地均しをするとともに，これに対する世論の関心を喚起して，11月のAPECにあわせて開催される予定

の日米首脳会談において正式合意のうえ，大々的に発表する。これが当初の計画であった。

　以上のように日米両国は，このプロセスの初期から，「同盟深化」という方向性を共有し，これを最終的に「日米安保共同宣言」に結実させようと考えていた。このプロセスは，最終段階に至るまで，ほぼ計画どおりに進められていく。以下，「共同宣言」の他，両国の協力を実質化させるうえで重要なACSAやPKOといった論点について，少々詳しくこのプロセスを見ながら確認していこう。

　2月19日，日米安保協議の実質的なアメリカ側責任者となっていたナイが，日米間の軍事同盟強化への期待を公にした。28日に「EASR」が正式に発表されると，3月3日には，国防総省がこれをもとに「日米安全保障関係報告書」を議会に提出した。報告書は，アメリカのグローバルな戦略にとっての日米安保体制の重要性を強調し，在日米軍を，アジア太平洋地域の第1防衛線であるとともに，ペルシャ湾までを含む広範な地域における突発的事態に対応する役割をもつ，としている。7日にはナイが，ACSAは必ずしも自衛隊が米軍に物資を補給するというものではなく，その逆のケースもあり得ると発言した。日米両国はこの時までに，共同訓練や日本国内での米軍の訓練，PKO活動を対象とするACSAを締結する方向で協議を進めていた。ナイは，このACSAが単に日本の対米支援を想定するものではなく，両国にとって利益となるものとして，さらなる推進を呼び掛けたのである。5月3日には，ワシントンで玉澤防衛長官とペリー国防長官が日米防衛首脳会談を行い，日米安保体制の「再定義」に向け前述のスケジュールどおり9月にSCCを開催する方針で一致するとともに，ACSAを早期に締結することでも合意した。

　9月1日，ハワイで開催された日米防衛首脳会談では，両国首脳が具体性のある「日米安保共同宣言」を策定する方針で合意した。4日，来日中のナイが折田正樹外務省北米局長および秋山防衛局長と会談し，11月にクリントン大統領がAPECで訪日する際に「日米安保共同宣言」を発表して，日米安保体制の位置づけを明確化する方針を確認した。5日には衛藤防衛長官

が，ACSA を PKO についても適用する方向で検討していることを正式に表明した。これに対して内閣法制局は，ACSA を有事に適用することは集団的自衛権の行使にあたるとして，PKO への適用に否定的な見解を非公式に示している。

　9月11日，村山首相は防衛庁で訓示を行い，そのなかで日米安保体制に関して，それまで「堅持する」としてきたところを，「強化する」との表現に改めて，「日米同盟深化」の方向性を明確化した。これに呼応するように12日，ペリー国防長官は講演で，11月の「日米安保共同宣言」において2国間安保の緊密化，地域安保への相互貢献拡大，地球規模での安保協力，という方向性を打ち出すとの方針を示した。26日，日本政府は新たな在日米軍駐留経費負担特別協定を閣議決定し，負担額の増額を受け入れた。これに基づき27日には，ニューヨークで開催された SCC において，11月に「日米安保共同宣言」を発表する方針が再度確認されるとともに，日本が次期通常国会において ACSA の成立・承認を目指す意向を表明した。[72]

　以上に詳しく見たように，95年9月末までに，日米は「同盟深化」の方向性を共有し，実務レヴェルにおいて協議を行い，着実に「同盟深化」を推進しつつあった。その際に，両国の軍事協力を実質化するための ACSA 締結が，協議の重要テーマのひとつとなっていたことが分かる。ACSA は，安保体制を現実に運用可能なものとするという，両国が共有する目的を実現するための，重要な具体的手段であった。

在沖縄米軍基地問題

　ところが「日米安保共同宣言」に向けて準備が順調に進んでいるかに見えたこの時期，日米安保体制の根幹を揺るがす事態につながる事件が，すでに起こっていた。1995年9月4日に発生した，沖縄駐留米海兵隊員による女児暴行事件である。これにより，米軍の沖縄駐留，ひいては日米安保体制に対する県民世論の反発が一気に表面化し，基地反対運動が広範な支持を得て展開されることになった。

　前述のとおり，日米安保とは，特に平時においては「物と人の協力」，あ

るいはより有体に「土地と人の交換」によって成り立っている。基地反対運動は，まさにこの日米安保の本質を否定する動きに他ならない。ひとつの事件が，日々積み重ねられている安保の平時運用の努力を打ち砕き，日米安保体制の核心を揺るがす問題を生起させることになった。

　事件発生当初に焦点のひとつとなったのが，罪を犯した米兵の取り扱いを定めた，日米地位協定の改定問題であった。地位協定によれば，逮捕された米兵の身柄を拘束し続ける権利は日本側にはなく，米軍への引き渡しが義務づけられており，また裁判権も米軍側に属していた。これにより日本側による事件捜査は阻害されることが多く，裁判においては罪状に比して軽微な刑罰しか科されない傾向にあった。そのため沖縄県民の多くは，地位協定が米兵の犯罪を助長していると考え，政府および米軍にこの見直しを求めたのである。これに対し政府は当初，協定見直しを頑なに拒否していた。しかし，勢いを強める県民の反対運動にようやく事態の深刻さを認識した政府は，事件発生から1カ月後の10月4日，地位協定の運用見直しを米側に打診する方針を決定し，これを5日の日米合同委員会[73]の席上，アメリカ側に伝達した。11日，アメリカ側もこれを受け入れる方針を表明し，13日の合同委員会で両国が運用見直しに合意し，これに向けての作業が開始された。19日には米兵容疑者の日本側への早期身柄引き渡しを重罪に限って認める方針で日米両国が合意し，25日の合同委員会で正式に合意文書を取り交わしたことで，地位協定をめぐる問題にはひとまず幕が引かれた。

　在沖縄米軍基地問題の最大の争点となったのが，大田昌秀沖縄県知事による代理署名拒否問題である。県民の強い反基地世論に押された大田知事は，9月28日，米軍用地賃貸契約に関する機関委任事務である代理署名を拒否すると発表した。この署名拒否が，日米の安保体制を揺るがす事態を引き起こしていく。

　以下，この問題について詳しく見ておこう。沖縄の米軍関連施設用地のうち，国有地は33％程度に過ぎず，残り67％は公有地および民有地であった。このうち民有地の使用には，日本政府が地権者と賃貸契約を結んで土地使用権原を取得し，それを米軍に提供するという手続が必要となる。しかしなが

ら国との賃貸借契約に応じない地権者も存在しており，こうした所有者に属する土地は米軍関連用地全体の約 0.2% 程度に上っていた。これらの土地を米軍用地として使用するには，駐留軍用地特別措置法によって定められる使用手続を経なければならない。特措法は，日本政府がこれらの土地に対し公告・縦覧手続を行い，土地収用委員会の裁決を求めるよう定めている。政府は，収用委の裁決が下って初めて，その土地の使用権原を得て，基地用地を合法的に米軍に提供することができる。この公告・縦覧から土地使用権原を得るまでの手続には，通常 1〜2 年ほどを要した。

　手続の第 1 段階となる公告・縦覧は，国の所掌事務であるものの，実際の事務手続は機関委任事務として知事が代行するよう定められていた。大田知事は，この機関委任事務としての署名を拒否したのである。となれば，国は用地の使用権原を得られず，現行の契約期間を過ぎると，用地を明け渡すか，さもなければ不法占拠をせざるを得なくなる。当時は，楚辺通信所の一部が翌 1996 年 3 月 31 日に契約期間満了を迎え，2 年後には嘉手納飛行場など 13 施設についても契約期間が満了するという時期で，すぐにも強制収用手続を開始せねばならない状況にあった。このため，大田知事の代理署名拒否は，日本政府および米軍による土地の不法占拠を招きかねない問題となった。[74]

　地位協定の運用見直しが合意に近づいても，この代理署名拒否問題は一向に解決の目処が立たなかった。そこで 10 月 22 日，訪米中の村山首相は，自ら大田知事と会談する方針と，11 月のクリントン大統領訪日までに問題の解決を目指す意向を表明した。24 日には，河野外相とモンデール駐日大使が，在沖縄米軍基地の整理・統合・縮小を推進するために日米間の新たな協議機関を設置することで合意した。この機関は，その後日米の安全保障当局首脳間および政府首脳間で設置が正式に合意され，「沖縄に関する特別行動委員会(Special Action Committee on Okinawa: SACO)」と名づけられた。SACO は 11 月 20 日に初会合を開き，1 年を目処に結論を得る方針で協議を開始した。村山首相と大田知事の会談は 11 月 5 日に行われたが，席上大田知事は代理署名の拒否を改めて首相に伝えるとともに，地位協定の見直しに関しても独自案を提出するなどして，協議は決裂した。これにより代理署名

をめぐる問題は，村山首相が大田知事を提訴するという形で法廷闘争へともち込まれることとなった。結局，クリントン訪日前の解決を目指した村山の努力は，失敗に終わったのである。村山は，この年が明けて早々の1996年1月5日，突然辞任を発表し，後継に連立与党の中核を担う自民党の総裁であった橋本を指名した。橋本は1月11日，首相に就任し，以後沖縄問題は橋本新首相へと引き継がれることになる。

　長らく日米安保に反対し，沖縄県民の反基地感情に共感的であった社会党左派の村山首相が，こちらも社会党所属で県民の代表たる大田知事と対決せざるを得ず，結局沖縄問題を解決に導くことなく首相の職を退くことになったことは，歴史の皮肉という他ない。村山首相と大田知事という政治的にごく近い2人によってさえ，正面対決という展開しか見出され得なかった在沖縄米軍基地，ひいては日米安保体制にかかわる問題の深刻さと困難は，ここで改めて強調して余りある。

「共同宣言」延期

　さて，この間日米両国は沖縄問題への対応に多大な労力を割かれつつも，「共同宣言」の取りまとめ作業を続け，11月10日，宣言の文案が何とかまとめられた。このなかでは，日米関係を世界で最も重要な2国間関係とし，日米安保条約を両国の同盟関係の基盤であり双方の発展に寄与したとしている。東アジア情勢については，冷戦終結後もなお不安定な要因を抱えているとし，このためアメリカはこの地域に引き続き10万人規模の前方展開を維持するとした。問題となっている沖縄の基地問題については，安保条約の目的を果たし得る範囲での縮小の努力を明記し，これに向けた新たな協議機関を設置するとしている。安保条約を地球規模の国際環境の安定に寄与しているとし，これを維持・強化するため自衛隊が協力体制を高めるとの方針を示している。

　しかし，ここまでナイらの計画どおり進んできたプロセスは，大詰めで破綻する。出発を翌日に控えた11月16日，クリントン大統領は訪日の中止を発表した。これは表向きアメリカの国内問題が原因とされた。クリントン大

統領率いる民主党政府に対し，ニュート・ギングリッチ下院議長を中心とする共和党議会が対立姿勢を強め，96年度予算に関して全面対決に至った結果，14日には一部政府機関が閉鎖される事態となった。これによりクリントン大統領は，同日，訪日日程の短縮を発表し，さらに2日後には予算問題を優先するとして訪日自体をキャンセルすることとなったのである。

ただし，この訪日キャンセルの主たる理由が沖縄問題にあることは，政策関係者が広く認めるところである。女児暴行事件が解決しておらず，またこれをきっかけに沸騰した在沖縄米軍基地問題も，ようやくSACOの設置が決まった程度で，全く解決の糸口は掴めていない。そうしたなかでの訪日はリスクが大きすぎるとの判断が，アメリカ側にはあった。その結果，大阪でのAPECおよび首脳会談には，クリントン大統領に代わって来日するアルバート・ゴア副大統領が参加することになった。

「共同宣言」の発表については，元々首脳会談において行うインパクトが重視されており，また日米安保体制の根幹にかかわる大問題が発生している最中の発表は不適切であることから，村山・ゴア会談ではこれを行わずに，次回のクリントン大統領来日時へともち越されることになった。「日米安保共同宣言」は，その予定されたスケジュールの最終段階で，延期を余儀なくされたのである。このプロセスを主導したナイ国防次官補は，同年12月に任期を終え，結局自らが始めたイニシアティヴの途中で，ハーヴァード大学ケネディ・スクール学長へと転出した。

この「日米安保共同宣言」の発表延期は，この時期の防衛政策形成に大きな影響を与えた。第1に，この延期は「07大綱」の「周辺事態対処」規定に，日本側実務レヴェルの意図以上に大きなインパクトをもたせる結果になった。当初，「日米安保共同宣言」は，日米両国首脳により「07大綱」決定直前に発表される予定であり，そこには「周辺事態対処」にかかわる項目が含まれていた。つまり，まずは両国首脳が政治宣言において「周辺事態対処」への道を開き，その後に「07大綱」でこれを日本の防衛政策に組み込む，という順序で事態が進むはずであった。一部官僚の間には，これで「07大綱」の「周辺事態対処」への反発はある程度弱められるだろうとの予測が

あった。しかし実際には，クリントン大統領訪日が直前でキャンセルされたことで，「07大綱」は単独で日本の新たな防衛政策の基本方針として発表されることとなり，そこで初めて発表された「周辺事態対処」の方針に，予定外の強い関心が寄せられる結果になった。

　第2に，この延期は「共同宣言」の内容自体にも影響を与えた。当初予定であればすでに「共同宣言」が発表されていたはずの96年1月，先述のように日本において首相交代劇が起きる。これによって「ガイドライン」の改定という方針が，「共同宣言」の論点として俄かに浮上することになった。朝鮮半島核危機を契機に，アメリカ側が日米安保体制の運用面での見直しと強化，特に日米安保条約に基づく米軍と自衛隊のオペレーション・レヴェルでの共同活動のあり方を重視するようになっていた。さらに，同様の認識が日本政府内においてもある程度共有されるに至っていた。

　当時，日米の防衛協力の在り方を具体的に規定していたのは，「51大綱」策定を契機に1978年に締結された，旧「ガイドライン」であった。しかし朝鮮半島危機は，この旧「ガイドライン」に規定された日米安保の運用が，全く不十分であることを明らかにした。日米の防衛政策担当者は，核危機後により実効性の高い新たな「ガイドライン」の策定を考えるようになっていた。しかし実際には，「ガイドライン」改定はなかなか政策課題として表面化しなかった。

　これは，防衛政策担当者が，社会党出身の村山首相のもとで「ガイドライン」改定を行うリスクを嫌ったためである。外務省および防衛庁は，「ガイドライン」改定を村山内閣の政策課題としないことで一致していたという（船橋 1997, 324）。ところが，村山に代わって橋本が首相となったことで，この制約がなくなり，「ガイドライン」改定が政策課題として浮上することになる。

　96年1月末にサンフランシスコで日米安保セミナーが開催された。これに際して非公開で行われた日米政府関係者の協議において，新任の田中均外務省北米局審議官が，「日米安保共同宣言」に「ガイドライン」改定の方針を新たに書き加えることを提案，この方針で日米が同意した（伊奈 2002）。

アメリカ側ではカート・キャンベル国防次官補代理がこれに強い関心を示し，日本側では田中審議官と柳沢協二防衛庁防衛局審議官が自衛隊制服組を交えて，3月から4月にかけて具体的な作業を進めていった（秋山 2002, 243）。その結果，最終的に発表された「日米安保共同宣言」には，発表延期決定前の最終案にはなかった「ガイドライン」改定の方針が明記されることになった。

「共同宣言」発表直前には，米軍の沖縄駐留をめぐる問題もひとつの山場を迎えていた。のちに見るように，4月1日には基地用地を日本政府および米軍が不法占拠する状態に陥り，米軍駐留への世論の反発は強まっていた。日米はこうした世論の反発が安保体制を不安定化させると認識し，大規模な米軍用地の返還をもって不満を鎮めようと協議を進めた。その結果4月13日には，橋本首相とモンデール駐日大使が，海兵隊普天間基地を5〜7年以内に日本側に返還することなどで合意に至った。普天間基地は，市街地に近いことなどから沖縄県が最も強く返還を求めていた米軍施設であるとともに，米軍側が軍事的理由などから重要性を強く主張していた海兵隊基地であったため，この返還決定は日米協議の大きな成果とされた。15日には変則SCC[75] が開催され，SACO中間報告をもとに，普天間基地を含む米軍施設11カ所の返還などが合意された。ただこの返還交渉では，アメリカ側は有事に際しての日本側のより積極的な協力を求めることも忘れていない。変則SCCでもACSAの正式署名[76]や「ガイドライン」改定作業開始の確認が行われるなどしており，「日米同盟深化」の方向性はここでも堅持されている。

「日米安保共同宣言」は，クリントン大統領の訪日を待って，96年4月17日に当初予定より5カ月遅れでようやく発表された。この「共同宣言」は，危機を乗り越え着実に進む「日米同盟深化」の明確な表れであり，結果であった。

なお，橋本政権発足に伴って，自民党内にも防衛政策形成に積極的にかかわろうとする動きが生じていた。[77] そのひとつの核が自民党政務調査会の安全保障調査会であった。村山政権下では，連立与党運営の目的から，防衛政策に関する協議の中心は自社さ3党の間で行われる与党協議会であり，自民

党安保調査会は休眠状態にあった。しかし，橋本政権が発足したことに加え，安保調査会長に瓦力元防衛長官が就任したことで，同会の活動が活発化する。彼は，冷戦後の安全保障政策の確立，沖縄問題で揺れる日米関係の安定化，小選挙区制で初めて争う総選挙で焦点化するであろう安全保障問題での自民党の独自性発揮，などを意図して，安全保障政策ヴィジョンを打ち出す必要があると考えた。そこで2月8日の安保調査会総会に外務省や防衛庁の担当者を招いて安保ヴィジョン策定作業を開始，ヒアリングをもとに正副会長，および顧問会議で主要論点を詰めた。それに基づき調査研究のうえ「日米安保体制の今日的意義」と題される提言案を起草したのは，党政務調査会首席専門員の田村重信であった。安保調査会メンバーはこの草案をもとに，現状認識や将来の展望を加えた提言を完成させた。この提言は3月15日に「日米安保体制の今日的意義」として発表された。作業開始から発表までの40日弱の間に，計11回の会合がもたれたという。

この提言では，「ガイドライン」について「内容を充実させるために積極的に取り組む」と言及している。先述のように，この提言が出された時点にはすでに事務レヴェルにおいて「ガイドライン」改定に向けた具体的な動きが始まっていた。そのためこの提言発表にかかわる自民党安保調査会の活動は，防衛政策を主導するものとは評価し難い。しかしながら与党内にこのような動きが活発化したことは，事務レヴェルの作業にとって強い追い風となったといえる。[78]

沖縄問題のその後

さて，このように96年4月に「日米安保共同宣言」にかかわるプロセスは終わりを迎えた。しかしこの後にも，沖縄問題は依然として継続していた。以下では，その後の沖縄問題の展開について概観しておく。大田知事の代理署名拒否をめぐる政府対沖縄県の訴訟は，96年3月25日，福岡高裁那覇支部の判決でひとまず国が勝訴し，これに基づいて国は，同月29日，沖縄県土地収用委員会に楚辺通信所の一部土地の収用裁決申請および緊急使用の申し立てを行った。しかし，2日後に迫った31日の契約期間満了までには当

然結論が間に合うはずもなく，4月1日より政府がこの土地を不法占拠するという事態に陥った。また高裁判決に対しては，沖縄県がすでに3月27日に上告を表明し，問題は解決されないまま最高裁へともち越されていく。

　双方とも解決の糸口が見出せないまま，8月14日には，97年中に契約期限切れを迎える11施設につき，大田知事が再び代理署名を拒否，15日に首相が知事を提訴する事態が繰り返された。ただこの頃から，事態は徐々に解決へと向かい動き始める。8月28日，最初の訴訟の上告審が，国側勝訴をもって決着した。また9月8日に地位協定見直しと米軍基地縮小への賛否をめぐって行われた沖縄県民投票では，基地縮小に91.26％の圧倒的多数票が集中したものの，有効投票率が59.53％という低い数字となり，基地をめぐる複雑な県民世論を示す結果となった[79]。また，こうした間にも政府と県の協議は精力的に進められており，両者に一定の信頼関係が形成されつつあった。これらの結果，9月13日，知事が代理署名を受け入れたことで，在沖縄米軍基地をめぐる政府と県の対立はようやく一応の決着を見ることになった。

　96年11月23日，1年間にわたって討議を進めてきたSACOは，最終報告を12月2日に開催されるSCCに提出すると決定した。12月2日，提出を受けた変則SCC[80]は，このSACO最終報告を了承した。最終報告では，焦点となっていた普天間基地をはじめとして，11の米軍関連施設の全部又は一部，面積にして在沖縄米軍関連施設全体の約21％にあたる，計5002ヘクタールの返還方針が示されている。また，普天間基地の返還を5〜7年以内とするなど，返還時期についても具体的な目処も示されている。さらに，日米地位協定についても運用改善が盛り込まれており，最終報告全体として沖縄の基地負担の軽減が図られている。しかし他方で最終報告書は，大田知事はじめ沖縄県民の求めが強かった4万7000人の駐留米軍規模の削減については一切触れていない。またペリー長官はSCC後の記者会見で，東アジアの駐留規模（10万人）とあわせて，在日米軍の駐留規模も維持する方針を表明した。この他SCCでは，普天間基地問題について，未定である返還後の代替基地・海上ヘリポートの海域（沖縄東海岸沖とのみ決定）・工法を決定

するため，詰めの協議を行う普天間実施委員会の設置も決定された。これにより，95年9月の女児暴行事件以後急激な展開を見せた沖縄米軍基地問題は，96年末をもって最も緊迫した段階を超え，ひとつの画期を迎えた。

　しかしSACO最終報告の後も，沖縄米軍基地問題の影響は消滅しなかった。当初沖縄県民の要求を背景としていた在日米軍の駐留規模削減が，必ずしもそれに限られない広がりをもち始めており，97年に入っても議論が続けられた。この年は，アメリカの「4年期国防戦略見直し(Quadrennial Defense Review: QDR)」改定の年にあたっていた。97年2月10日，改訂作業のための国防総省国防専門委員会(National Defense Panel: NDP)のメンバーであり，国防長官諮問委員も兼任するアーミテージ元国防次官補が，東アジア10万人体制の明記に反対する意見を表明した。彼はまた，普天間代替海上基地の完成など将来の軍事技術上の進歩があれば，在沖縄海兵隊の削減も可能であるとの見解も示した。3月16日には自民党国防族の中心でもある山崎政調会長が，この頃進められていた「ガイドライン」見直しについて，在沖縄海兵隊の削減と平行して議論していく必要があるとして，両者を結びつける見解を示した。このように，在日米軍，特に在沖縄海兵隊の削減論は，日米の防衛政策コミュニティ内の中心からも一定の支持を受けるようになっていた。海兵隊削減論，あるいはそれを求める沖縄への一定の理解は，日本政府内にも存在した。

　しかしながら結果的には，日米両政府はこうした要求を一貫して拒否し続けることになった。2月17日に行われた橋本首相と大田知事の会談では，首相は大田知事の海兵隊削減要求に理解を示す姿勢を見せつつも，削減は実際上困難とした。23日，クリントン政権2期目の新国務長官，マドレーン・オルブライトと久間章生防衛長官の会談では，国務長官が東アジアと日本の両方で米軍の駐留規模を維持する方針を表明した。翌24日の首相と国務長官の会談では，首相が，東アジア全体の緊張緩和が進めば海兵隊削減も日米の議論の対象とすべきだとして，将来的な削減の可能性について述べた。しかし，国務長官はこれには答えず，駐留規模を維持する方針を改めて示したのみだった。3月23日にはゴア副大統領が来日し，池田外相と会談を

行った。この席では両者が，現時点では在日米軍の削減論議は不適切との見解で一致した。翌日の首相・副大統領会談では，米軍の兵力規模に関する協議を中長期的課題として，緊密な協議を行うことで双方が一致しつつも，首相は東アジア情勢が不安定ななかで日本として在日米軍の削減を求める考えのないことを明言した。また副大統領も，東アジア地域に前方展開する米軍の規模を維持する方針を示した。そのうえで，沖縄問題に端を発する動揺を乗り越え，日米が安全保障面を重視し協調を図っていくとの方針が改めて確認された。4月7日には，ウィリアム・コーエン新国防長官が久間防衛長官と会談し，在日米軍は現在の兵力水準および機能を維持する，在日米軍の兵力構成を含む軍事態勢について緊密かつ積極的な協議を継続する，などの点で合意に至った。

　この頃，日本の国会において大きな問題となっていたのが，駐留軍用地特別措置法の改正である。代理署名問題では96年9月，訴訟と協議の末に知事が手続代行を受け入れたことはすでに見た。しかしたとえ知事の代理署名が行われたとしても，その後に続く土地収用委員会における審理が長引けば，結局土地使用権原が得られないまま契約期間切れとなる恐れがあった。政府はこうした問題を解消するため，収用委員会の裁決により土地使用権原が得られるまでの期間，対象となる土地を暫定使用できるよう，駐留軍用地特別措置法を改正しようとした。これが自社さ連立与党の枠組を揺るがす争点となったのである。自社さ連立与党は，96年11月の第2次橋本内閣発足に伴い，社民党[81]およびさきがけが閣外協力に転じてすでにその枠組を変化させていた。この変化には，沖縄問題をめぐる連立与党内の温度差が強く影響していた。そうしたなかで起こったこの駐留軍用地特措法改正問題では，社民党内で反対論が大勢を占め，党議拘束は行わないものの政府案に反対する方向で党内意見がまとまる事態となったのである。これに対して野党の新進党や民主党が政府案に賛成する展開となったことで，連立与党内の関係は悪化した。4月8日，結局改正案は圧倒的多数の賛成により可決され，自社さ連立の枠組も維持されることにはなった。しかしこの影響により，自民党内では，安全保障関連政策における保・保連合の有効性を評価する認識が強ま

り,「ガイドライン」見直しに向けても新進党などとの連携を模索する動きが活発化した。8日の衆議院安保土地使用特別委員会では,与党内不一致を追及する新進党に対し,首相が「ガイドライン」見直しにつき与野党協議の可能性に言及して,保・保の連携を示唆した。また5月12日には山崎自民党政調会長が講演で,「ガイドライン」見直しに関して社民党の姿勢次第では政界再編が起きかねないと発言した。

　以上のように,在沖縄米軍基地問題は,単に米軍基地への是非にとどまらず,日本の防衛政策と日米安保体制の是非を根本的に問い直す契機となった。そのため日米の防衛政策関係者は,この問題への対応を最優先事項として精力的に取り組み,これを通して日米安保体制の安定化を図ろうとしたのである。この結果,日米安保体制にかかわる政策プロセスのうち,沖縄問題への対応の中心であったSACO,およびそれと同時に進行した「日米安保共同宣言」,さらにその後に続く「ガイドライン」見直しが,新たな"政策パッケージ"として政策担当者に意識され,それまでにも増して強い動機づけを得て進められることになった。

　また,政党政治レヴェルが沖縄問題の重大性を認識し,活発に対応を行ったことも重要であった。これにより,政党間の合従連衡をめぐる駆け引きが活発化したこともさることながら,政党政治レヴェルにおいて防衛政策関連の発言が活発化し,その結果,それまで存在感の薄かった政治家たちが,政策プロセスにおいて一定の役割を果たすようになる。それはまだまだ主導的な役割といえるものではなかったが,99年の「周辺事態に際して我が国の平和及び安全を確保するための措置に関する法律(周辺事態法)」によって着手された有事立法など,新「ガイドライン」成立以降の関連法案の立法化プロセスを進めるうえでの,準備期間を用意することになった。

第2節　「日米安保共同宣言」[82]

　以下,「日米安保共同宣言」の内容を簡単に見ておく。宣言の構成は以下

のとおりとなっている。[83]

「日米安全保障共同宣言——21世紀に向けての同盟」
［前文］
　　1
　　2
　地域情勢
　　3
　日米同盟関係と相互協力及び安全保障条約
　　4
　　　　a　［日本の防衛のための最も効果的な枠組は日米両国間の緊密な防衛協力］
　　　　b　［アメリカの軍事的プレゼンスと地域へのコミットメントを確認］
　　　　c　［日本は国内の米軍維持に適切に寄与する］
　日米間の安全保障面の関係に基づく二国間協力
　　5
　　　　a　［緊密な協議を継続する］
　　　　b　［「日米防衛協力のための指針」を見直す］
　　　　c　［ACSAに基づいて協力関係を一層促進する］
　　　　d　［相互運用性を重視し相互交流を充実する］
　　　　e　［大量破壊兵器拡散防止と弾道ミサイル防衛につき協力する］
　　6
　地域における協力
　　7
　地球規模での協力
　　8
　結語
　　9

本文の1および2が前文にあたる部分である。ここでは，日米関係を「歴史上最も成功している二国間関係の一つ」で，それが「アジア太平洋地域の平和と安全の確保に役立った」し，「21世紀においてもパートナーシップが引き続き重要である」としている。

3の地域情勢については，「07大綱」と共通した認識が示されている。アジア太平洋地域に政治・安全保障対話，民主主義，経済的繁栄が広がりつつあるとしながらも，同時に不安定性と不確実性が依然として存在することにも触れている。

4では，日米安保条約を中心とする日米の同盟関係の重要性が確認されている。この同盟関係が日本の防衛にとって最も効果的なものであり，こうした認識に基づく「07大綱」が日本の防衛政策の基礎であることが示される。またアメリカはこの地域に10万人規模の前方展開を維持することが確認され，日本はこれを歓迎することが記されている。

2国間協力について，5では防衛分野での緊密な協議を継続・強化する方針が示され，そのために「ガイドライン」の見直し作業を開始することが明記されている。さらに，両国がACSA締結を歓迎すること，相互運用性（インター・オペラビリティ）の確保・強化や技術・装備面での相互交流を図ること，大量破壊兵器の拡散防止と戦域ミサイル防衛（Theater Missile Defense: TMD）研究について両国が協力することが宣言されている。6では米軍の日本駐留を円滑にするため日本国民の理解を得ることが重要であるとの認識を示し，特に沖縄の問題についてはSACOを中心に米軍施設の整理・統合・縮小を進め，96年11月までに満足のいく成果を出すとの方針を示している。

7では，アジア太平洋地域の平和と安定のため両国が個別的におよび共同して努力をすることとし，特に中国との協力を進めること，ロシアの改革に協力すること，朝鮮半島の安定化のため韓国と協力することを確認し，また将来の地域的安全保障枠組確立のための作業を続ける方針も示した。

8では，両国がPKO活動や国際救援活動などで国連機関支援のための協

力を強化することで合意し，また軍備管理や軍縮について政策調整や協議を行うこと，国連やAPEC，北朝鮮問題，中東和平プロセス，旧ユーゴでの平和執行プロセスなどにおいて協力していくことで，日米が共有する利益や価値が確保される世界を目指すとの方針が示されている。

最後に9では，安全保障・政治・経済の全分野にわたる日米関係が「日米安保条約により体現された相互信頼」を基礎としているとの認識を打ち出し，将来にわたって両国の協力関係を維持していくとの決意で宣言を結んでいる。

以上のように，「日米安保共同宣言」の内容は，大半がそれまでに「EASR」や「07大綱」で打ち出された日米安保体制や日本の防衛政策についての基本方針を改めて確認するものであり，目新しいものは少ない。防衛政策に関する日米間の文書としては，安保条約および旧「ガイドライン」で用いられた「極東」という語句を用いず，「アジア太平洋地域」という表現を多用している点が目につく程度である。これは安保体制を，日本防衛を超えて活用しようという両国の意図を反映するものと考えられるが，こうした方針自体はすでに両国間では規定路線となっていたといってよく，この宣言によって新たに示されたものではない。この意味で，「共同宣言」の策定自体は，冷戦後日本の防衛政策決定と見るには値しないものといえる。

宣言の唯一といってもよい目新しさは，それまで政策課題として扱われてこなかった「ガイドライン」の改定を，両政府のトップが既定方針として打ち出したことである。先に見たとおり，これは日米間レヴェルで両国の官僚が提案し決定したものであった。日本の政党政治レヴェルの影響は，この決定を可能とする環境を作ったという副次的なものに過ぎない。この決定により，冷戦終結後に危機に陥った日米安保体制を再生・改変・強化するために日米間で進められた一連のプロセスがひとまず最終段階を迎えることとなった。「日米安保共同宣言」以降，日米の防衛政策当局は，困難を極める沖縄問題への対症療法的対応を進める一方で，「ガイドライン」改定，すなわち日米安保条約の有事運用という中心的問題への根本治療的作業を進めていくことになる。

第9章　防衛協力小委員会と新「日米防衛協力のための指針(ガイドライン)」

　1997年9月24日，日米両国の間で，新たな「日米防衛協力のための指針（ガイドライン）」が合意された。これにより，「樋口レポート」などを契機として，ナイ・イニシアティヴにより本格的に開始された，日米安保体制の実効性確保と強化を目指した90年代の「日米同盟深化」の2国間プロセスは一つの画期を迎えた。

　本章では，第1節で「日米安保共同宣言」からこの新「ガイドライン」締結に至るプロセスを概観したうえで，第2節ではそこで中心的役割を果たした防衛協力小委員会(Subcommittee for Defense Cooperation: SDC)という日米間の協議制度がもつ意味を示し，第3節では新「ガイドライン」が体現する政策アイディアとその含意を明らかにする。

　本章では，90年代日本の防衛政策策定が，「07大綱」において「日米同盟深化」路線が示されたことで確定し，その後はこの路線を実質化するための政策展開が行われたこと，およびそれを通してこの路線自体がさらに強化されていったことを明らかにする。ここでは，現場レヴェルの軍―軍関係が重要な役割を果たし，それが日本の防衛政策形成プロセスにさらなる変容をもたらすことになった。

第1節　経　　緯[84]

　「日米安保共同宣言」が発表された96年4月17日，日本政府はそのなか

で改定方針が示された「ガイドライン」につき，外務省および防衛庁限りの行政指針という従来の位置づけを改め，全省庁が参加する政府の「マスタープラン」へと格上げする方針を固めた。

ここから展開される新「ガイドライン」策定は，96年5月に実質的な作業が開始され，大まかに，同年9月の「進捗状況報告」，97年6月の「中間とりまとめ」を経て，9月に正式に成立するという3段階の経緯をたどった。このうち，第2段階の終盤までは，事務レヴェルが中心となって新「ガイドライン」の内容を詰める作業がプロセスの主要な要素であった。これに対し第2段階の終盤以降には，重要争点に関する政党政治レヴェルの議論が目立ってくる。以下では，このプロセスを詳しく見ていこう。

96年5月10日には日米が，「ガイドライン」見直しにつき，月内にも事務協議を開始する方針で一致した。同月28日と29日の両日，ハワイでミニSSCが開催され，「ガイドライン」改定作業が開始された。具体的な見直し作業は，防衛協力小委員会(SDC)を復活・改組したうえで行うこととされた。この方針は6月28日に開催されたSSCで確認され，あわせて7月中旬にもフランクリン・クレイマー国防次官補が来日のうえ，第1回のSDCを開催して，そこから本格的な見直し作業に着手する方針が立てられた。

この時点ですでに，見直しは「①平素から行う協力②日本に対する武力攻撃への対処行動等(日本有事対応)③日本周辺地域において発生しうる事態で日本の平和と安全に重大な影響を与える場合の協力」，の3本柱で進める方針が定まっていた(『毎日』1996/6/29, 2)。また同時に，9月下旬にはSCCに中間報告を提出するとのスケジュールも立てられた。

これ以降，SDCにおいて「ガイドライン」見直しの具体的作業が進められていく。7月18日にはSDCの初会合が開催され，6月のSSCで決定された内容を確認したうえで，①日米の権利・義務に影響を及ぼさない，②日米同盟関係の枠組を変更しない，③憲法の範囲内で見直しを行う，との作業条件を設定した。さらに実際の作業を進めるために，SDCの下部機関として実務者レヴェルの代理会合を設置することも決定された。SDC代理会合は，8月2日に第1回，9月13日に第2回が開催された。第2回会合では，

現場レヴェルや関係分野の専門家が改定のための具体的な検討を行う作業班，SDCワークショップの設置が決定された。9月18日には第2回SDCがワシントンで開催された。そこでは，日本周辺事態における対米後方支援についての検討を，日本が独自に検討していた緊急事態対応と関連づけて進めることや，日本の軍事的役割拡大に懸念を抱く周辺諸国に対し見直しの内容を説明していく必要があることなどで，日米が一致した。また，それまでに行われた協議の結果を19日に開催されるSSCに「進捗状況報告」として提出することとした。

以下，この「進捗状況報告」の内容を確認しておく。「報告」は，見直しを先に挙げた平素から行う協力・日本有事・周辺事態の3本柱で行うことのほか，97年秋までに作業を終了するとの方針を示し，さらに具体的な研究・協議事項を挙げている。

平素から行う協力については，①情報交換，②防衛政策及び軍事態勢，③共同研究，共同演習及び共同訓練，④国際社会の平和と安定のために日米両国が採る政策についての調整，⑤防衛・安全保障対話，の5点が挙げられている。

日本有事は，この「報告」でも指摘されているとおり，「51大綱」の策定（1976年）以降に日米間の協力が最も進んでいた分野であった。そのため「報告」は，これについては具体的な検討項目を挙げずに，冷戦後の環境適応のため「EASR」や「07大綱」に示された両国の政策に沿って検討を行うとするにとどめている。

周辺事態は，新「ガイドライン」策定において最大の争点となった分野である。これについて「報告」は，①米軍に対する後方支援，②人道的救援活動，③非戦闘員の退避活動，④米軍による施設使用，⑤自衛隊と米軍の運用，の5つの事項を検討対象としている。さらに「報告」には記載されていなかったものの，周辺事態に関しては，集団的自衛権行使に抵触しないよう後方地域に限って自衛隊による補給や修理などの対米支援措置を検討する，米軍による施設使用について緊急事態に際しては自衛隊基地のほか民間の空港・港湾などを提供する，などの課題を検討する方針がすでに決まっていた。

この「進捗状況報告」が96年9月19日のSCCにおいて了承されたことで、以降97年5月まで、SDCワークショップにおいてさらに具体的な検討作業が進められていくことになった。

　この作業がかなりの程度進展した97年4月7日、コーエン国防長官と久間防衛長官との会談が行われた。この会談で双方が、在日米軍の兵力水準および機能の維持と、在日米軍の軍事態勢に関する協議継続につき合意に至ったことは、沖縄問題に関連して前章で述べた。ここではその他にも、「ガイドライン」見直しにつき5月中旬以降のしかるべき時期に「中間とりまとめ」を発表するとの合意もなされた。これは、「ガイドライン」改定に対する反発の強い日本国内の政治状況に配慮し、プロセスの透明性を確保することで国内の懸念を払拭し、見直しに対する支持を調達しようとの意図のもと、日米が綿密に検討したスケジュールであった。前章で述べた駐留軍用地特別措置法の改正問題をめぐる政治的対立なども、こうした配慮の背景となっている。

　4月26日にワシントンで行われた日米首脳会談では、「ガイドライン」改定が最重要課題のひとつとなった。ここで両国は、改定を秋までに完了する、当面在日米軍の兵力削減は行わず、兵力構成については緊密な協議を進める、といった従来方針を確認した。

　5月15日、「ガイドライン」の見直し作業に関連して、アメリカ側が日本周辺事態への対応につき日本に要求している支援策が明らかになった。この支援要求は、具体的には朝鮮半島有事を想定しており、全部で1059項目に及ぶ詳細なものであった。このなかで米軍は、日本国内の主要な民間空港・港湾の具体名を挙げてその使用を求めるとともに、公海上での掃海活動や米軍と協力しての海上封鎖と不審船の臨検など、憲法で禁じられている集団的自衛権の行使にあたる恐れがあるとされる事項の要求も行っている。16日に明らかになった「中間とりまとめ」最終案は、約30項の中核項目からなっており、これらのなかには上述のアメリカ側の要求がほとんど盛り込まれていた。28日にはキャンベル国防次官補代理が毎日新聞との単独会見で、周辺事態に際しては自衛隊による公海上での監視・哨戒・臨検活動を可能に

することが,「ガイドライン」改定の最重要課題だと発言し,アメリカ側要求の重要性を強調した。

　6月5日には「中間とりまとめ」最終案の調整がほぼまとまり,翌日にはその全容が報道された。そこには,民間空港・港湾の使用や公海上での監視・哨戒・臨検・掃海活動,弾薬輸送など,ここまで述べてきたアメリカ側の要求および日米の合意事項がそのまま盛り込まれている。

　6月8日の第3回SDCでは,中間とりまとめが正式に承認・発表された。「とりまとめ」は焦点の日本周辺事態について,大項目として「人道的活動」「捜索・救難」「国際の平和と安定の維持を目的とする経済制裁の実効性を確保するための活動」「非戦闘員を退避させるための活動」「米軍の活動に対する日本の支援」の5点を挙げている。さらに,これらについては別表が付され,そのなかで国内民間施設の使用や機雷除去など,40項目の協力検討課題が示されている。そのうち米軍への支援および米軍と自衛隊の運用協力に関する事項は,実に30項目に上っている。この「中間とりまとめ」には,9月に正式決定される新「ガイドライン」の内容のほとんどが,すでに盛り込まれていた。

　このように,新「ガイドライン」の内容は,日米の軍事当局が,外交部門を交えつつ,SDCおよびその下部機関を中心とする事務レヴェルにおいて協議を重ねるなかで形成されていった。日米間の事務的な取極めという「ガイドライン」の性質からして,この時点まで政党政治レヴェルの関与が見られないのは,さほど不自然なことではない。政党政治レヴェルの関与は,「中間とりまとめ」の公表により新「ガイドライン」の全貌が明らかになったことで,活発化していく。

　新「ガイドライン」策定に関し,政党政治レヴェルにおいて最大の争点とされたのが,「周辺事態」にかかわる問題であった。「07大綱」において,日本周辺における有事に際しての日米協力の在り方が,「周辺事態対処」として取り上げられていたことはすでに見た。これと関連して,新「ガイドライン」策定プロセスでも,日米協力が行われる「周辺」の地理的範囲が問題となったのである。

これは「日米安保共同宣言」が発表された当初から重視されていた争点だった。96年4月18日，クリントン大統領は衆議院において，沖縄での暴行事件について謝罪するとともに，日米安保をアジア全体の安全保障の基盤として位置づける演説を行った。これに応えるように，21日には自民党の山崎政調会長が，NHKの討論番組において，日米安保条約に書かれている「極東」の範囲は，従来の政府解釈である「フィリピン以北」を超え，「アジア太平洋」へと拡大すべきとの見解を示している。しかし翌22日には橋本首相が，山崎発言に反発する村山社民党党首および武村正義さきがけ代表に，「極東」の範囲は変更しない旨を明言した。「周辺」概念への直接的言及はないものの，日米の軍事協力の地理的範囲が当初から重要な論点であったことが分かる。

　97年6月9日，自社さの与党3党は，「ガイドライン」見直しの「中間とりまとめ」発表を踏まえ，「与党ガイドライン問題協議会」[85]を設置し，また3党合同で訪米団を送り，国務長官や国防長官と協議することで合意した。これに先立つ8日，前年9月に村山に代わり社民党党首に就任していた土井たか子[86]は，「自民党の暴走を許さないため」「ガイドライン」見直し問題についても自社さの枠組を崩さずに対応する姿勢を示しており，当面は連立枠組が維持される見通しとなったことを受けての決定であった。

　6月10日には，衆議院安全保障委員会で，「中間とりまとめ」に関する集中審議が行われた。「とりまとめ」に示された40項目の検討課題と憲法の関係について，大森政輔内閣法制局長は「すべて検討しているわけではない。現時点で考えを確定的，網羅的に表明するのは差し控えたい」と，今後の検討に委ねられる余地が大きいことを示唆した（『毎日』1997/6/11, 2）。また新進党などから，後方支援が可能な「戦闘行為が行われている地域とは一線を画される」地域や「周辺事態」にいう「周辺」の範囲について，具体的な例を挙げて線引きを明確化させようとする質問が出されたのに対し，折田外務省北米局長や秋山防衛事務次官は，「ガイドライン」は大枠を示すもので特定の事態を想定していないとして，一概には答えられないとの抽象的答弁に終始し，概念の状況的・地理的な明確化を避けた。

このような事情により，結局「中間とりまとめ」発表は，そもそもの目的であったプロセスの透明性確保や国内の支持調達を十分に果たせず，「ガイドライン」見直しに対する不信感を払拭するどころか，見方によってはかえって疑念を深める結果となった。

なお，「周辺」の地理的範囲が問題となったのは，その概念的曖昧さが一般的な疑念を抱かせたということの他に，より具体的な背景が存在する。96年に発生した台湾海峡ミサイル危機である。

この年行われていた台湾総統選の選挙戦において，独立志向の強い李登輝国民党総統の優位が伝えられると，中国側はこれに警告を与えるべく軍事演習を行い，台湾海峡にミサイルを発射した。これに対しアメリカが，中国による台湾への軍事介入を牽制すべく，台湾海峡に2隻の空母を含む艦隊を派遣したことで，台湾海峡周辺の緊張が高まったのである。結局，この危機は沈静化したものの，台湾海峡が東アジア地域の不安定要因であることが強く意識されるようになった。したがって，「ガイドライン」改定における「周辺」の地理的範囲に関する問題では，それが台湾海峡を含むか否かが，具体的争点として意識されていたのである。

97年7月16日，加藤紘一自民党幹事長が北京で曽慶紅共産党中央弁公庁主任，唐家璇外務次官らと会談した。席上加藤幹事長は，日米の「ガイドライン」見直しに繰り返し懸念を表明していた中国側に対し，見直しは朝鮮半島有事を念頭において行われているものであり，中国を想定してはいないと発言した。また翌17日には高村正彦外務政務次官が銭其琛中国外相と会談し，「ガイドライン」見直しは台湾海峡を具体的対象としていないと発言した。22日，加藤幹事長が訪米しコーエン国防長官と会談した際には，長官も，見直しは朝鮮半島を想定したものとして，同様の見解を示した。さらにトーマス・ピカリング国務次官との会談では，見直しと台湾問題との関係を中国にどう説明するか，日米で調整することで両者が合意した。

こうした加藤幹事長の行動に対し，対中配慮に傾きすぎているとの批判が自民党内から上がった。7月25日には梶山静六官房長官が記者会見で，「ガイドライン」見直しが朝鮮半島を想定しているのは事実としつつも，「周辺

事態」の地域を限定すべきでないとして，台湾海峡が含まれないとはいえないとの見解を示し，28日にも同趣旨の発言をして，加藤の発言を批判した。また中曽根康弘元首相も，加藤の発言を，「日米安保条約の解釈の点で言っているとすれば間違い」(『毎日』1997/7/29, 2) と批判した。政府では，柳井俊二外務事務次官が28日，記者会見で「周辺事態」に台湾海峡が含まれるかについて，明確な返答を避けた。加藤幹事長は29日，党内の反発に対し，党総務会や役員会の席で「台湾海峡には言及していない」と繰り返し弁明に追われた。

　30日には与党ガイドライン問題協議会において，山崎拓座長が「周辺事態」の解釈につき，「"日本の平和と安全に重要な影響を与える周辺事態"であり，地理的な概念ではなく，あくまでも事態の性質に着目した概念である」[87]との見解文書を発表し，事態の鎮静化を図った。この発表前に行われた第5回SDC代理会合でも，「周辺事態」については地理的範囲を特定しない，との方針で合意がなされた。8月1日には防衛庁が，「周辺事態」について地理的見方とは別の視点から解釈基準を設定する方針を決定した。社民党はこうした対応に関し，「周辺事態」の範囲を安保条約の「極東」の範囲と一致させ，台湾海峡を除外すべきだとの見解を示した。

　ただし，こうした対立がありつつも，自民党と社民党は8月3日の幹事長会談で，「ガイドライン」改定について月末から本格的な政策協議を開始することでは一致した。席上伊藤茂社民党幹事長は，この問題についての党内調整の困難さにつき，党中央と地方組織の間の温度差が大きいと極めて率直に語っている。

　結果的には，こうした調整努力は実らず，この問題に関する与党3党の合意形成は失敗に終わる。まず8月26日の与党ガイドライン問題協議会において，周辺事態に際しての対米軍支援につき，与党内の一本化が断念された。これを受けて27日，与党政策責任者会議において，「ガイドライン」についての「基本認識」を確認するための協議が行われた。しかしここでも，「周辺事態」を地理的に明確化させない方針の自民・さきがけと，台湾海峡の除外を明確化させたい社会党との溝は埋まらず，結局9月7日，両論併記とい

う形でようやく一応の決着を見ることになった。

　さて，「ガイドライン」見直し協議を進める日米当局は，9月7日までに，自衛隊の活動につき，①臨検の実施は安保理決議を要件とする，②戦闘行動に向かう米軍機への燃料・整備・修理は提供しない，③偵察行動を伴う情報収集は行わない，との方針で合意，これらの方針は9日に開催された第6回SDC代理会合で確認された。

　23日には第5回SDCが開催され，新「ガイドライン」についての最終報告のとりまとめが行われた。97年9月24日，最終報告がSCCに提出され，これが承認されて，19年ぶりに「日米防衛協力のための指針（ガイドライン）」が改定・正式決定され，あわせて共同声明も発表された。

　これを受けて日本政府は29日，午前の内閣安全保障会議で新「ガイドライン」を承認，午後の臨時閣議において正式決定した。これと同時に，「指針の実効性を確保し，わが国の平和と安全を確保する体制の充実を図るため，法的側面を含め，政府全体として検討のうえ，必要な措置を適切に講じることとする」（『毎日』1997/9/29夕，1）ことも決定され，新「ガイドライン」の実効性確保のために官邸主導で有事法制整備を進める方針が示された。

　しかし，政府レヴェルでは決定がなされたにもかかわらず，連立与党は結局新「ガイドライン」について足並みを揃えることに失敗する。10月3日，与党ガイドライン問題協議会では，台湾を「周辺事態」に含むか否かで調整がつかず合意を断念，決裂を回避するためこれを有事法制整備とあわせて引き続き協議対象とすることにした。また新「ガイドライン」の扱いについても，これを国会承認の対象としないことでは一致したものの，社民党は国会への正式な報告を要求，これに反対した自・さとの溝が埋まらず，結局この問題は与党国会対策委員会での協議にもち込まれることになった。

　国会では，新「ガイドライン」について，これを国会承認の対象とするか否か，および「周辺事態」の認定を誰が行うのかが，大きな問題となった。野党側は，新「ガイドライン」の国会承認を求めるとともに，アメリカの「周辺事態」認定に日本が従属する危険を指摘し，政府の対応を批判していた。こうした批判に対し，橋本首相は10月7日の衆院予算委員会において，

「周辺事態」は日米それぞれが主体的に判断するものと答弁した。さらに13日には，新「ガイドライン」は国会承認の対象外と答弁した。

このように，政党政治レヴェルにおいて新「ガイドライン」をめぐる様々な対立が表面化していた頃，政府内では新「ガイドライン」を前提として，その実効性を確保するための政策形成が進められていた。新「ガイドライン」締結直後の9月25日には，早くも久間防衛長官とコーエン国防長官が，翌月中旬からSDC代理会合で共同作戦計画や相互協力計画などについての協議を開始することで合意した。田中外務省北米局審議官も，年内に新「ガイドライン」関連法の整理を行う意向を示した。10月17日には，このSDC代理会合が開催され，日米の防衛協力に関する協議を行う「包括的メカニズム」を翌11月下旬に発足させることで合意がなされた。11月14日には日本政府が，新「ガイドライン」にかかわる国内法整備の一環として，臨検を可能とする根拠法を制定するための検討を開始していることが判明した。

こうした動きは着々と進められ，日米間では防衛協力が著しく深化していった。こうした動きは，国内では99年の周辺事態法制定へとつながり，また日米間では，2001年の米国同時多発テロ事件を経て，今日まで続く安全保障分野における緊密な日米関係の土台を形成することとなった。

第2節　制　　度——防衛協力小委員会

本節では，まず，新「ガイドライン」策定において中心的な役割を果たした防衛協力小委員会(SDC)と，それに付随する下位の日米協議機関について概観し，その制度的特徴がこのプロセス，およびその後の「日米同盟深化」に対してもつ含意を明らかにする。次いで，このプロセスをめぐる政党政治レヴェルの動きを，与党ガイドライン問題協議会を中心に確認することで，その「ガイドライン」の内容に対する影響が限られたものだったことを確認する。

SDCは，1976年7月8日のSCCにおいて，旧「ガイドライン」の策定

作業を担当するSCCの下部機関として設置された。当時の参加者は，日本側が外務省北米局長，防衛庁防衛局長，統合幕僚会議代表であり，アメリカ側は在日米大使館公使，在日米軍参謀長であった。SDCは，この作業を終えた後には，引き続き旧「ガイドライン」に規定された研究事項につき検討作業を行った。しかしその終了後は休眠状態になり，長年にわたって実質的な活動は行われていなかった。

新「ガイドライン」の策定にあたり，日米はこのSDCを復活させ，さらにアメリカ側の参加者を国務次官補，国防次官補，在日米大使館代表，在日米軍代表，統合参謀本部代表などに格上げしたうえで，作業にあたらせることにしたのである。

SDCの下部には，実質的なとりまとめを行う実務レヴェルの代理会合と，具体的な諸課題につき現場レヴェルの官僚・制服組・専門家が検討を行うワークショップなど，複数の協議機関が付属しており，新「ガイドライン」の実質的策定作業はこれらの機関において行われた。

新「ガイドライン」策定は，96年5月に実質的な作業が開始され，大まかに，同年9月の「進捗状況報告」，97年6月の「中間とりまとめ」，9月の正式成立，という3つの段階を経た。このそれぞれの段階において，初期にSDCや代理会合が方向性を示し，これに沿ってワークショップが具体的な検討を行って細部を詰め，それをもとに代理会合がとりまとめを行って，SDCが確認する，という作業が繰り返されている。この間，SDCは5回，代理会合は7回の協議を重ねている。

このように，新「ガイドライン」は，SDCとその下部機関の枠組のなかで，日米防衛協力の運用に直接かかわる両国の軍事部門，すなわちアメリカの国防総省・軍と日本の防衛庁・自衛隊の現場レヴェルが，外交部門を交えつつ，直接協議を行って練り上げた文書である。そもそも「ガイドライン」が，防衛協力における両国の軍―軍関係を具体的に規定する文書であること，さらにこの改定が日米安保体制を運用レヴェルで実効性の高いものへと強化することを目的としていたことを考えるならば，両国軍事部門の現場レヴェルがその策定に深くかかわるのは，当然のことといえる。

次節で見るように，新「ガイドライン」は，その当初の目的にかなう内容を与えられ，「日米同盟深化」を一層推し進める役割を果たすことになる。しかしここで強調したいのは，その策定プロセス自体が文書の内容に劣らず重要な影響を，「日米同盟深化」の流れに与えたということだ。新「ガイドライン」の検討過程において，日米の軍―軍関係は，特に現場レヴェルにおける結びつきを深めたことで，さらに緊密になっていった。これにより，日米関係において安全保障部門を重視し防衛協力を進展させようとする，いわば日米の軍―軍政策アライアンスが形成され始めた。

ナイ・イニシアティヴ以降，アメリカの対日政策を主導するようになったのが国務省ではなく国防総省・軍であったことで，そのカウンター・パートである防衛庁・自衛隊の日本政府内における相対的影響力が拡大することになり，防衛政策形成プロセスにおける存在感は高まった。防衛庁・自衛隊にとって，軍―軍政策アライアンスを維持し防衛協力を推し進めることと，政府内での影響力拡大の間に，正のフィード・バック関係が成立する環境が出現した。新「ガイドライン」の策定は，このことを確認し，さらにこの関係を機能させる機会となった。

新「ガイドライン」の策定プロセスでは，SDCとその下位機関が中心的な役割を果たしたことで，防衛庁・自衛隊が米国防総省・軍との関係を密にするとともに，政策形成に深く関与することになった。その結果「日米同盟深化」は，防衛庁・自衛隊にとって極めて重要な政策領域として定着していく。この後防衛庁・自衛隊は，1999年の周辺事態法制定など，「日米同盟深化」路線をさらに推し進めていくことになる。

また，このような日米の軍―軍関係のなかでも，新「ガイドライン」策定に関して特に重要なのが，現場レヴェルの関係緊密化である。「ガイドライン」見直し作業，および新「ガイドライン」の規定の結果，自衛隊と米軍の関係や各自衛隊間の関係が格段に緊密化することになった。これに伴い，防衛庁・自衛隊内でもより機動的な部隊調整を可能とする必要が生じ，この課題への対応が急務となった。このため97年8月12日，防衛庁は平時の部隊調整権限を背広組から制服組トップである統合幕僚会議(統幕)と統幕議長へ

と移管する方針を固めた。これは，新「ガイドライン」によって防衛庁・自衛隊内における制服組自衛官の影響力が拡大したことを示す出来事といえる。

　こうした制服組の地位向上の流れを象徴する出来事が，1997年7月22日に防衛庁事務次官通達として決定された，「保安庁の長官官房および各局と幕僚幹部との事務調整に関する訓令（事務調整訓令）」の廃止である。[88] すでに見たように，この事務調整訓令は，名称にあるとおり保安庁時代の1952年に出されたもので，「各局（内局）は幕僚幹部が長官に提出する方針等の案を審議する」(3条の3)，「国会などとの連絡交渉は各局においてする」(8条)，「幕僚幹部に勤務する職員は，長官の承認を得た事務的または技術的な事項に関する場合を除いて，国会との連絡交渉は行わない」(14条)，などと規定している。つまり事務調整訓令は，内局の背広組が，制服組の役割を抑制し，管理するとの内容をもつ，文官優位制の象徴ともいうべき規定であった。この訓令が，新「ガイドライン」の策定作業が進むこの時期に廃止されたことは，新「ガイドライン」策定による制服組自衛官の影響力拡大の流れを反映する出来事といえる。

　以上に見たように，新「ガイドライン」策定にあたっては，事務レヴェルにおいて活発な活動が行われ，その結果として防衛庁・自衛隊内に見られた従来の特徴にも変化が及んだ。そして，新「ガイドライン」の内容のほとんどは，事務レヴェルにおいて練り上げられていった。これに対して政党政治レヴェルは，新「ガイドライン」の内容にほとんど直接的影響を与えなかった。

　連立与党内にとって，新「ガイドライン」策定は，調整が極めて困難で，深入りすれば連立枠組を崩しかねない問題であった。なかでも特に決定的な意味をもったのが，「周辺事態」をめぐる争点である。与党内の政策協議機関である与党ガイドライン問題協議会は，調整の努力を重ねたものの，結局これに失敗し，「周辺事態」の対米軍支援につき，与党内の一本化を断念せざるを得なかった。97年8月26日の協議会では，40項目の対米軍支援策を46の論点に整理し，42論点においては合意が形成されるに至った。しかし残る4項目，①民間施設の使用，②武器・弾薬の補給，③公海上での整備，

④海・空域調整については，肯定的な自民・さきがけと否定的な社民の見解の差を埋められなかった。

続く27日には与党政策責任者会議で，「ガイドライン」についての「基本認識」を確認するための協議が行われた。この協議は，自身も自社さ路線派である山崎与党ガイドライン問題協議会座長が，「ガイドライン」問題につき連立与党内の結束を示す意図のもとに開催したものとされる（『毎日』1997/8/28, 2）。しかしすでに見たように，ここでも自民・さきがけと社民との溝は埋まらず，結局一本化は失敗に終わった。このような状況下でも，政権枠組の維持が優先された結果，新「ガイドライン」策定においては，連立与党としての統一的な態度決定を諦めざるを得なくなった。以上の事情を踏まえるならば，政党政治レヴェルが新「ガイドライン」の内容に対して十分な影響力をもたなかったのは当然といえる。

こうした政党政治レヴェルの限界の第1の原因が，上述の連立与党内の不一致にあることは間違いない。ただこれに関しては，もうひとつ別の事情についても触れておくべきだろう。それは，当時与党自民党内，および最大野党新進党に存在した，保・保連合を目指す動きである。前章では，駐留軍用地特措法改正問題をめぐって，保・保連合の動きが生じた事情に触れた。措置法改正をめぐって，連立与党の一角である社民党の多くが反対に回ったのに対し，野党の新進党や民主党が政府案に賛成するという事態が生じた。これにより，自民党内では，保・保連合を評価し，新進党などとの連携を目指す動きが活発になっていた。上述の山崎ガイドライン問題協議会座長による連立枠組の結束アピールには，この保・保連合の動きを牽制する意図があった。

野党の側は，自民党内の保・保連合を求める動きを利用するため，西岡武夫新進党幹事長が新「ガイドライン」の国会承認を求めるなどした。「ガイドライン」の国会承認については，旧「ガイドライン」策定時に，これを批判・拒否するため旧社会党が政府に国会承認を要求し，これに対し政府は「ガイドライン」が日米政府間の行政取極めであるため，国会承認を必要としないとしてこの要求を拒否した経緯がある。今回は，同じ国会承認の要求

の裏に，与党内の不一致を突いて亀裂を拡大させ，保・保連合への道を開くべく利用しようとする動きが一部にあった。新「ガイドライン」の内容を民主的な検討に付すための国会承認が，政党間の連立をめぐる政略の道具として主張されたのである。これに対し首相は，「ガイドライン」の見直しは国会承認を条件としないとの従来見解を繰り返し，新進党の要求を拒否した。

結局，新「ガイドライン」策定のプロセスでは，与野党を通じて，その内容をあるべき防衛政策に照らして検討しようとする政党政治レヴェルの活動はほとんど影響力をもたなかった。新「ガイドライン」をめぐる論議は，政権枠組をめぐる政局的な意図によって利用されたことで，その内容についての十分な検討はなされずに終わったといえる。

第3節　アイディア——新「ガイドライン」

本節では，1997年9月24日に日米間で合意された，新たな「日米防衛協力のための指針（ガイドライン）」につき，96年9月の「進捗状況報告」，97年6月の「中間とりまとめ」といった策定プロセスの各段階の経緯を踏まえながら，その根本にある政策アイディアを抽出する。

新「ガイドライン」は，「日米同盟深化」の路線上にあり，日米防衛協力をその運用面から具体的に規定し直すことで強化する目的をもっていた。そもそも「ガイドライン」は，日米防衛協力における双方の軍―軍関係を具体的に規定する文書である。これを新たに策定しようとする背景には，「日米同盟深化」の大きな流れがある。より具体的には，朝鮮半島核危機などを通して認識されるようになった，有事における防衛協力の不機能という，日米安保体制の危機を解消しようとする目的があった。

新「ガイドライン」策定作業が始まって間もなくの96年7月の段階で，すでに「日本周辺地域」の表現を用いる方針が明確になっている。旧「ガイドライン」では，安保条約に沿って「極東における事態で日本に重要な影響を与える場合」（傍点筆者）が想定されていた。これに対して，新「ガイドラ

イン」にいう「日本周辺事態」とは、「07大綱」および「共同宣言」で用いられた概念で、主に朝鮮半島有事などを想定している。この変化には、現実に起こり得る事態の蓋然性の高さに則って、観念的であった旧「ガイドライン」の規定を、より実質的なものへと改めて行こうとする意図が読み取れる。

　続く「進捗状況報告」において、平素から行う協力について挙げられた5つの検討課題は、「07大綱」において、日米安保体制の信頼性向上と有効な機能を担保するために必要な措置として挙げられていた課題と、ほぼ重なる。またこの「報告」は、日本有事について、冷戦後の環境適応のため「EASR」や「07大綱」に示された両国の新たな政策に沿いつつ検討を行うとしている。以上から、新「ガイドライン」がナイ・イニシアティヴ以来の「日米同盟深化」の延長線上にあり、その具体化の手段と位置づけられることは明らかである。

　こうした事情は、「07大綱」の策定プロセスおよび規定に見られた、日米政策調整、日米同盟の役割、周辺事態という3つの重要論点が、新「ガイドライン」の規定に反映されていることからも確認できる。なお、新「ガイドライン」がこれら3つの論点について最終的にどのように規定しているかについては、資料編資料解説5において詳しく論じているので、以下では新「ガイドライン」の策定プロセスを中心に論じる。

　第1に、日米政策調整の重視についてである。96年6月の第1回SSCは、新「ガイドライン」策定を、平素・日本有事・周辺事態という、3本柱で行う方針を示した。このうち日本有事と周辺事態は、「51大綱」の主たる対象であった項目で、ここに「平素から行う協力」が新たに加えられており、これが新「ガイドライン」の重要課題のひとつであることが分かる。この「平素から行う協力」において中心的位置を占めているのが、日米の防衛政策調整である。「進捗状況報告」においては、平素から行う協力に関する5課題を挙げており、そのうち実に最初の4つ（①情報交換、②防衛政策及び軍事態勢、③共同研究、共同演習及び共同訓練、④国際社会の平和と安定のために日米両国が採る政策についての調整）が、この政策調整にかかわるものであった。上述の3本柱は、新「ガイドライン」にも継承され、さらに具体的

な規定がなされている。以上から新「ガイドライン」には，「日米同盟深化」の流れのなかで，特にナイ・イニシアティヴ以降重視されるようになった両国の政策協議・政策調整に，一層積極的に取り組もうとする姿勢が表れている。

　第2の論点は，日米同盟の役割を，日本の防衛のみに限定せず，地域的安全保障にまで広げるという方針である。従来日本政府は，このような日米同盟の役割を認めてこなかった。ところが「日米同盟深化」へと向かうプロセスのなかで，「樋口レポート」がこの方針を提案し，「07大綱」で初めて政府が公式方針として明示するに至っていた。新「ガイドライン」策定プロセスにおいてこの論点が取り上げられたこと自体が，「日米同盟深化」の結果といえる。96年7月の段階から，日米双方が「極東」に代えて「日本周辺地域」の概念を用いていることから，この地域的安全保障枠組としての日米同盟という位置づけは，この時すでに前提となっていたと考えられる。「進捗状況報告」においても，「④国際社会の平和と安定のために日米両国が採る政策についての調整」が課題とされていることからも，この新たな日米同盟の役割が重視されていたことは明らかである。この点も最終的に新「ガイドライン」に記載されている。以上のように，新「ガイドライン」には，「日米同盟深化」によって定着した，地域的安全保障枠組としての日米同盟，という位置づけが根づいている。

　第3に，「周辺事態」における日米協力という論点である。日本有事以外での日米軍事協力は，旧「ガイドライン」においても極東事態として規定されていた。しかしこれは，政府統一解釈においても違憲とされている集団的自衛権の行使にあたる恐れがあったため，実際には具体的取り組みはほとんど行われていなかった。そのためこの論点は，「日米同盟深化」の最重要課題となっていた。新「ガイドライン」は，この重要課題への具体的取り組みとしての側面をもっている。「進捗状況報告」では，これにつき，対米後方支援，施設使用，共同運用など，5つの事項を検討対象としていた。さらに「報告」には記載されていないものの，後方地域での米軍支援措置や，米軍による民間施設の使用などが，すでに検討対象となっていた。「中間とりま

とめ」には，これらの他，集団的自衛権の行使に該当する恐れが強いものも含め，すでに米軍から出されていた1000を超える支援要求項目のほとんどが盛り込まれた。新「ガイドライン」では，この論点に関して，日本有事ではない状況下での戦闘行動をとっている米軍への支援と，対米協力に際しての民間の施設や能力の活用という課題の実現を目指すという，踏み込んだ方針を明示している。このように，日米防衛協力を具体的に規定しようとする姿勢には，「日米同盟深化」の方針と運用レヴェルでの協力強化を，新「ガイドライン」に明確に反映するとともに，これらを実行しようとする，強い意識が表れている。

　以上に見たように，新「ガイドライン」は，日米防衛協力において従来行われていなかった内容の規定を置くなどして，「日米同盟深化」を継承・進展させるものである。ただし，様々な具体策は，単にこの「ガイドライン」に規定されるのみでは，直ちに実現に移されるわけではない。特に従来取り組まれていなかった事項を中心に，その実現のためには何らかの国内的な追加措置が必要となる場合がある。この点につき，旧「ガイドライン」では，規定に基づく研究・協議の結論は「両国政府の立法，予算ないし行政上の措置を義務付けるものではない」[89]とする前提条件が付されており，両国の合意事項であっても国内事情により実施されない可能性があった。極東事態における日米協力に関する研究は，この例といえる。

　他方，新「ガイドライン」策定のプロセスでは，日米双方は「中間とりまとめ」前に一旦，この前提条件を削除し，「ガイドライン」に規定された行動を国内法的に担保するよう義務づけること，具体的には日本側が有事法制の整備を行うことで合意した。しかし「中間とりまとめ」では，旧「ガイドライン」の前提条件をそのままの文言で残すことになった。ただし，続けて「日米両国政府が，各々の判断に従い，このような努力の結果を各々の具体的な政策や措置に適切な形で反映することが期待される」[90]との文言を付加して，国内的な努力を促している。新「ガイドライン」は，この「中間とりまとめ」をそのまま受け継ぎ，II-4で規定が日米両国にいかなる義務も課さないとしつつ，規定を担保するために双方の努力を要求している。以上

のプロセスを考えるなら，新「ガイドライン」の規定を実現するための国内法整備は，文言上は義務とはなっていないにせよ，そのための努力が事実上の義務とされていると見てよい。これに従い日本は，99年の周辺事態法，2004年の国民保護法などに至る，有事法制の整備を進めていくことになる。

以上に見てきたように，新「ガイドライン」は，従来日米安保体制において十分取り組まれてこなかった2つの課題，「日米防衛政策調整」と「日本周辺事態」の重要性を明示し，これらに関して具体的な規定を設けることで，以後の「日米同盟深化」への取り組みを導いた。「日米同盟深化」路線自体は，「07大綱」および「共同宣言」のプロセスにおいて，日米間および日本国内の政策路線として確定されたといってよく，新「ガイドライン」はこの路線自体に影響を与えるものではなかった。新「ガイドライン」は，あくまでも「日米同盟深化」を前提とし，これにかかわる具体的な諸課題に取り組んでいくことで，この路線の定着・強化に貢献したものといえる。

いい換えるなら，新「ガイドライン」は，理念的なレヴェルでは既定路線となっていた「日米同盟深化」を，実務レヴェルで実施すべき具体的な取り組みとして再規定したのである。特に重要なのは，「日本周辺事態」について，これへの対応が従来違憲である集団的自衛権の行使にあたる恐れがあるとして放置されてきた事情を踏まえて，憲法の枠内での活動という制限を設けたうえで，可能な活動を切り分けて具体的に規定しようとしたことである。この取り組みにより，日米同盟は，その理念のみならず具体的な運用のレヴェルで新局面を迎えることになる。

第4節　仮説の検証

新「ガイドライン」は，「樋口レポート」を契機として始まった，冷戦終結後の国際環境のなかで日米同盟を実質化・強化しようとする日米間の「日米同盟深化」のプロセスの成果である。この新「ガイドライン」により，冷戦終結後の日本の防衛政策は，改めて日米安保体制をその中心に据えそれを

強化する「日米同盟深化」路線を前提として，それにかかわる具体的な政策課題への取り組みとして展開されていくことになる。

　では，以上の本章の分析からは，政党政治仮説，官僚政治仮説，経路依存仮説，漸進的累積的変化仮説の妥当性を，どのように評価できるだろうか。

政党政治仮説

　この仮説は，政党政治レヴェルが「ガイドライン」改定において決定的な役割を果たしたと想定する。しかしすでに見てきたように，このような説明は本章の分析とは整合しない。

　前章で見たように，「ガイドライン」改定のアジェンダ化に，政党政治レヴェルが一定の影響を与えたことは事実である。しかしそれは，村山から橋本への首相交代が，官僚レヴェルにおいて議論されていたこの政策課題を政治日程に乗せる条件を整えた，という程度のものであって，政党政治レヴェルの指導力の発露とは言い難い。その後の自民党国防3部会における「ガイドライン」改定提言も，政党政治レヴェルの主導性を主張する根拠にはなり得ない。

　「ガイドライン」見直しが開始されて以降も，97年6月の「中間とりまとめ」公表までは，政党政治レヴェルは目立った関与を行っていない。

　「中間とりまとめ」公表以降に活発化した政党政治レヴェルの活動が，その実，政局をめぐる動機を中心に展開されており，政党政治レヴェルが新「ガイドライン」の内容に十分関与する場面がほとんどなかった事情は，第2節で確認した。

　防衛協力の運用面を具体化する政府内文書という「ガイドライン」の性格上，これはある程度やむを得ないことであったといえる。しかし，旧「ガイドライン」とは異なり，新「ガイドライン」には民間施設の使用等，国民生活に直接的な影響を及ぼす「周辺事態」条項が含まれており，実際この点は，メディアや国会審議においても，この文書に関する最重要問題として取り上げられていた。にもかかわらず連立与党は，新「ガイドライン」を従来どおり国会承認の対象外として，「国会の迂回」を継続した。

「07大綱」の策定プロセスで見られた,政権枠組維持を目的とする新たな政党政治レヴェルの消極的関与は,このプロセスにおいても継続していた。その結果,政党政治レヴェルが政策形成を主導しない,という状況も継続した。新「ガイドライン」策定に関する政党政治レヴェルの影響は,その最初期においてプロセス開始の条件を結果的に整えた,という程度のものであって,主導的役割どころか,「ガイドライン」の内容決定に対する積極的関与さえ見出すことは難しい。

官僚政治仮説

この仮説は,官僚レヴェルが新「ガイドライン」に決定的な影響を与えたと想定する。この想定は,すでに見た新「ガイドライン」策定プロセスとよく合致する。

このレヴェルでは,日本側は防衛庁・自衛隊および外務省が主たるアクターであり,アメリカ側では国防総省・米軍が主たるアクターであった。なかでも特に軍事専門的な分野について,両国の制服組が中心的な役割を果たした。これら諸アクターの間には目立った政策選好の相違は存在せず,既定の「日米同盟深化」路線に基づいて,協調して新「ガイドライン」策定作業が進められた。「日米同盟深化」の一方の柱である「日米防衛政策調整」については,「平素から行う協力」が規定され,もう一方の柱である安保の有事運用に関しては「日本周辺事態」への対応が盛り込まれた。このうち後者は特に日本国内での反発が強い項目であったが,これについても官僚政治レヴェルの諸アクターの政策選好は合致しており,揺らぐ様子はなかった。

このように,新「ガイドライン」の決定プロセスは,官僚政治仮説によって,有効に説明され得る。ただし,このプロセスに関しては,新「ガイドライン」の決定要因を明らかにすることよりも,官僚政治レヴェルの諸アクターの政策選好が一致していた事実を説明することに,より大きな意義があるといえる。この点については,政治的決定仮説以外の枠組が必要となる。

経路依存仮説

本仮説は，関連する各決定レヴェルにおいて従来の制度が継続したために，制度がもたらす影響も引き継がれた結果，従来政策が継続した，との説明を導く。新「ガイドライン」策定に関与したのは，主に政党政治レヴェルと日米間レヴェルである。

先行する「07大綱」策定プロセスでは，政党政治レヴェルについて，連立政権枠組維持のための消極的関与，という特徴が見出された。また日米間レヴェルでは，事務レヴェルにおける緊密な軍—軍関係，という新たな特徴が生じていた。これらの影響の結果，「07大綱」では，「日米同盟深化」路線が政策化された。

このように，冷戦期に見られた防衛政策プロセスの制度的特徴については，すでにこの段階までに一定の変化が観察されているため，冷戦期を起点とした場合，経路依存仮説の妥当性には疑問符がつく。

他方，「07大綱」の決定を起点として考えるならば，本仮説は新「ガイドライン」策定プロセスに対する，以下のような説明を与えよう。すなわち，政党政治レヴェルでは連立政権枠組維持のための消極的関与が，日米間レヴェルでは事務レヴェルの緊密な軍—軍関係が継続した。その結果，緊密な軍—軍関係に基づき，「日米同盟深化」路線を維持する新「ガイドライン」案が日米間レヴェルを含む官僚レヴェルによって策定され，消極的関与姿勢を取る政党政治レヴェルがその案を追認することになった。これにより，「日米同盟深化」に立脚しそれを促進する，新「ガイドライン」が正式決定された。

本章の新「ガイドライン」策定プロセスの分析では，政権枠組維持のための政党政治レヴェルの消極的関与という特徴は確認された。その影響も，「07大綱」策定プロセスと同様，政党政治レヴェルは官僚政治レヴェルで形成された政策をそのまま受容する，というものであった。また，日米間レヴェルにおける緊密な軍—軍関係も継続しており，その影響も以前と同様，この軍—軍関係が支持する「日米同盟深化」の継続を後押しするものだった。以上から，制度とその特徴の継続，という本仮説の前半は，本章の分析と概

ね適合的といえる。

　さらに，本仮説の説明の後半，政策路線をめぐる部分も，本章の分析とほぼ合致する。すなわち，官僚政治レヴェルによって策定された政策案が政党政治レヴェルに受容されて，「日米同盟深化」に立脚しそれを促進する新「ガイドライン」が正式決定されたのである。

　したがって，起点を「07大綱」策定プロセスに置くならば，経路依存仮説は新「ガイドライン」策定プロセスに概ね適合的であり，一定の妥当性をもつといえる。

　ただ，新「ガイドライン」の意義は，理念の具体化を実現したその規定内容のみにあるのではない。新「ガイドライン」策定プロセスは，その後の日米間および日本国内の防衛政策決定プロセスに影響を与えた可能性がある。この点を重視するならば，本仮説の有効性にはやはり一定の留保をつける必要が生じる。

　「日米同盟深化」に向けて安保条約の運用面を具体化する，という新「ガイドライン」の目的は，高度に軍事専門的な内容にかかわる政策課題であり，また従来本格的な取り組みがなかったために手続が十分に制度化されていない，新しい政策領域であった。この特徴が，政策プロセスに新たな制度的特徴をもたらした。すなわち，日米間レヴェルにおける制服間の軍─軍関係の緊密化と，省庁（防衛庁・自衛隊）内レヴェルにおける制服組の地位向上である。

　専門性の高い政策の形成プロセスでは，当然当該分野について豊富な知識をもつ専門家，すなわち軍事協力にかかわる「ガイドライン」改定の場合には制服組が，重要な役割を果たす。これにより，日米の軍─軍関係，それも主に制服組の関係が強化され，また日本側においては，特に制服組自衛官の政策プロセスにおける地位がかつてなく高まった。しかもこれは，新「ガイドライン」策定に伴う一時的な現象にはとどまらない。新「ガイドライン」の策定は，運用面における日米協力の強化の第一歩とでもいうべきもので，その後には実質的な協力強化の取り組みが続き，当然そこでも制服組が重要な役割を果たすことになる。

このように，経路依存仮説の説明は本章の分析とある程度整合性をもつものの，新「ガイドライン」が政策形成プロセスにかかわる制度に変化をもたらすという事情を捉えきれない可能性も残される。

漸進的累積的変化仮説

本仮説は，新「ガイドライン」策定プロセスを，以下のように説明する。プロセスにかかわる制度に，政策に一定方向のバイアスを与える比較的小さな変化が複数生じたため，結果的にその方向への政策変化が生じる。より具体的には，新「ガイドライン」策定にかかわる各制度に，「日米同盟深化」を維持・強化する小変化が起こったことで，この路線をさらに深化させる変化が生じていく。

すでに述べたとおり，本章の分析では，政党政治レヴェルにおける制度変化は見られなかったものの，日米間レヴェルおよび省庁内レヴェルにおいてはそれぞれ，現場レヴェルの軍―軍関係緊密化と制服組の地位向上という変化が生じつつあった。新「ガイドライン」策定という新たな政策領域に属する課題は，その専門性ゆえに日米の軍―軍関係を強化し，制服組自衛官の影響力を拡大した。

これらの制度変化は，いずれも「日米同盟深化」の実現を目指すプロセスのなかで発生したものであるがゆえに，やはり「日米同盟深化」に適合的なものであるといえる。そして，こうした制度変化の結果，日米間レヴェルおよび省庁内レヴェルの双方で，「日米同盟深化」に対する政策選好は強まり，「日米同盟深化」を推進する力もますます強まると考えられる。前述の，新「ガイドライン」策定プロセスにおける官僚政治レヴェルの諸アクターの選好一致は，こうしたメカニズムによってもたらされたものと説明することができよう。

このように，漸進的累積的変化仮説は，目立たない制度変化とその影響を説明のなかに取り込むことができる点で，本章の分析に適合的であり，妥当性の高い説明といえる。

同様に，漸進的累積的変化仮説は，新「ガイドライン」が，単に「07大

綱」で示された「日米同盟深化」を引き継ぐだけでなく，さらに「日米同盟深化」を促進した，という点にも有効な説明を与える。すなわち，新「ガイドライン」策定プロセスにおいて生じた制度変化が，現場レヴェルの影響力を拡大させたことで，「日米同盟深化」という大方針を具体的政策課題へと規定し直し，それらへの取り組みを推進した。これにより，「日米同盟深化」路線がさらに強化された。99年の周辺事態法成立は，その一例である。

　以上のように，漸進的累積的変化仮説は，本章で分析した新「ガイドライン」策定のプロセスを，それ以前のプロセスとの関係において整合的に説明し得る仮説であり，またこのプロセスがその後のプロセスに対してもつ影響を予測し得る点で，非常に高い有効性をもつ。もちろん，本仮説の妥当性を十分に検討するためには，より長期的なプロセスの視点に立った評価が必要である。これについては，次の結論において改めて論じる。

結　論

　冷戦の終結により，世界の安全保障環境は大きく変化した。これにより，多くの国々が従来の安全保障政策の見直しを余儀なくされた。日本もこの例外ではなく，90年代には，新たな国際環境に適合的な防衛政策の策定が，大きな政策課題となっていた。さらにこの時期の日本では，38年間にわたり継続してきた55年体制の崩壊という大きな政治変動が起こった。こうしたなかで日本は，上記の課題への解として，従来からの同盟国であるアメリカとの関係を緊密化する道を選んだ。このプロセスは当時，「日米安保再定義」と呼ばれ，のちの「日米同盟深化」へとつながる流れを作り出した。それはいい換えるなら，「日米同盟深化」の最初期の取り組みであった。今日に至るまで，日本は日米の防衛政策調整と安保の有事運用実質化を目指すこの「日米同盟深化」路線に沿って，防衛政策を展開し続けている。

　本書の主たる問いは，第1に，なぜ冷戦終結後に日本は「日米同盟深化」を進めたのかであり，第2に，この90年代の「日米同盟深化」プロセスはその後にいかなる影響をもつのか，である。

　これらの問いにアプローチするため，本書では，冷戦終結後日本の防衛政策形成プロセスにつき，4つの仮説を提示した。第1が，議会や政党によって構成される政党政治レヴェルに属するアクターの行動が，防衛政策の内容を決定する，と想定する政党政治仮説である。この仮説は，民主主義政治の規範に則った政策決定，あるいは55年体制の防衛政策をめぐる政治対立を想起させる。

　第2が，政府内の官僚組織によって構成される官僚レヴェルの諸アクター

が防衛政策に決定的な影響を与える，とする官僚政治仮説である。この仮説は，官僚組織による政策決定と政党政治の機能不全を想起させる。

第3が，従来の政策決定プロセスに存在した制度が継続することで，政策形成に現状維持的な圧力が加わった結果，従来政策が維持される，とする経路依存仮説である。

第4が，政策決定にかかわる制度に目立たない変化が複数発生し，しかもそれらの変化が政策に与える影響が特定方向に偏っているために，累積的効果によって政策がその方向に変化する，とする漸進的累積的変化仮説である。

これら4つの仮説の妥当性を検証するため，本書は対象となる政策プロセスを，「樋口レポート」，「EASR」，「07大綱」，新「ガイドライン」という重要文書によって4期に区分し，各期において諸アクターの行動，およびプロセスを特徴づける制度と政策内容を導くアイディアが，どのような相互作用をもったのかを検討した。

各期における決定プロセスは，政党政治レヴェル，省庁間レヴェル，省庁内レヴェル，日米間レヴェルの4レヴェルからなる。各レヴェルでは，様々なアクターが自らの選好を政策に反映させるために活動している。また各レヴェルには，政党政治レヴェルの消極的関与，防衛庁・自衛隊の限定的影響力，防衛庁・自衛隊の限定的政策展開能力，日米の軍―軍関係の凍結，といった制度的特徴が見られた。これらの特徴は，「日米同盟深化」アイディアと「多角的安全保障」アイディアの，いずれか一方を促進し，他方を抑制する影響をもった。これらの制度とアイディアの相互作用を明らかにすることで，問いへの答えが導かれる。以下では，本書の2つの問いに対する答えを順次検討していく。

なぜ冷戦終結後に日本は「日米同盟深化」を進めたのか？

第1の問いは，主として防衛懇の設置(第5章)から新「ガイドライン」策定(第9章)までの政策プロセスについて，そこで行われる政策決定に焦点をあてる問題である。なかでも特に重要となるのが，「07大綱」の決定(第7章)であった。

図1は，本書の分析をもとに，「樋口レポート」から新「ガイドライン」までの政策プロセスを，アイディアと制度の関係を中心に図示したものである。これをもとに，この間の事情について，分析において明らかになったことを確認しておく。

　本書の分析は，この間の事情を大略以下のように示した。冷戦終結後の防衛政策の中核アイディアとして，当初は「日米同盟深化」アイディアと「多角的安全保障」アイディアという2つの有力な政策アイディアが相互補完的に提起された。しかし，これら2つの関係はのちのプロセスにおいて相互排他的なものに読み替えられ，「07大綱」では「日米同盟深化」が中核的政策アイディアと位置づけられた。これにより冷戦後日本の防衛政策には，「日米同盟深化」路線が定着するとともに，「多角的安全保障」アイディアの影響はごく限定的なものにとどまった。さらに，「日米同盟深化」路線はその後も推進され，これに基づいて新「ガイドライン」が策定されるに至った。

　もう少し詳しく確認しておこう。まず第1期の防衛庁内の決定である。防衛懇は「樋口レポート」において，「多角的安全保障」と「日米同盟深化」という2つの政策アイディアを提示した。しかし前者については，防衛懇内部にも潜在的対立が存在し，防衛庁内にもこれを嫌う選好が存在した。従来政策の核をなした「安保重視」路線を引き継ぐ「日米同盟深化」アイディアは，防衛庁の選好に合致していたため，省内一体となってその推進に向け努力が行われた。他方，新たに導入された「多角的安全保障」アイディアは，防衛庁の選好に必ずしも合致するものではなかったため，その後のプロセスで十分な推進努力を受けられなかった。

　第2期の日米間レヴェルにおいては，アメリカ側で国防総省が中心となり，「日米防衛政策調整」アイディアを推進するナイ・イニシアティヴを展開した。この結果，日米間で従来はほとんど行われていなかった安全保障政策形成をめぐる協議が活発化し，両国の政策形成がプロセスを共有するという新たな事態が生じた。しかもこの協議のなかで，国防総省のカウンター・パートである防衛庁が重要な役割を果たすようになった結果，日米の軍―軍関係がかつてなく緊密化するとともに，日本国内の省庁間レヴェルにおいても防

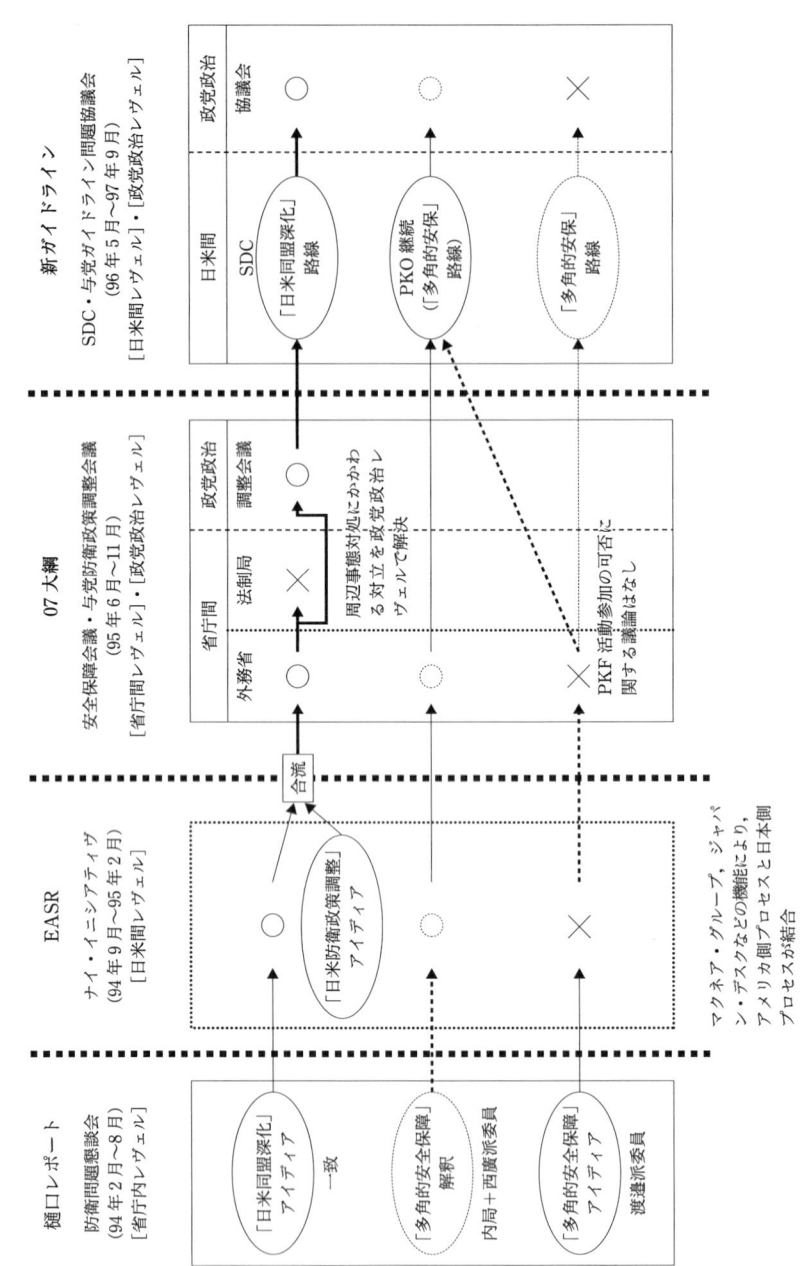

図1 各文書にかかわる決定レヴェル、制度、アイディア

衛庁の影響力が従来の枠を超え拡大していった。これらのプロセスを通して，「日米同盟深化」アイディアが強力に後押しされた。他方「多角的安全保障」アイディアは，アメリカ側アクターや外務省に忌避され，日米間レヴェルでは支持を得られなかった。

第3期の省庁間レヴェルにおいては，「多角的安全保障」アイディアをめぐる防衛庁と外務省の対立があった。防衛庁は，一度はこのアイディアに基づいて庁内の意思統一を図るも，外務省の反対を受け，結局はこの優先順位を低下させるという妥協を図った。その後は防衛庁・外務省は一致して「日米同盟深化」アイディアを支持し，「周辺事態対処」をめぐる内閣法制局の反対を乗り越えて行った。

政党政治レヴェルにおいては，「07大綱」の内容につき，十分な議論は行われなかった。「07大綱」は，国会での議決を必要としない政府内部文書として位置づけられ続けたため，その内容に対して野党が影響を与えるチャネルは閉ざされた。また連立与党は，連立枠組維持のため，激しい対立をもたらし，与党間調整を極めて困難にする可能性が高い「07大綱」の核心部分については，議論を深めることなく，この課題に取り組む姿勢をアピールできる象徴的争点についてのみ議論を重ねた。これは従来から見られた，防衛政策に対する政党政治レヴェルの関与の低さが継続した結果と見ることができる。

第4期においては，在沖縄米軍基地問題などにもかかわらず，「日米同盟深化」路線がすでに争われることのない与件として定着しており，その実践である新「ガイドライン」の策定では，日米間レヴェル，なかでも特に制服組を中心とする現場レヴェルの軍—軍関係が，重要な役割を果たした。この結果，日米の軍—軍関係が一層緊密化するとともに，防衛庁・自衛隊内においても制服組自衛官の影響力が拡大していった。

政党政治レヴェルは，ここでも第3期と同様のふるまいを見せた。新「ガイドライン」は国会承認の対象外とされ，連立与党内でも政権枠組維持のため，内容についての議論は深まらず，さらには与党内合意形成も失敗に終わった。当然，政党政治レヴェルが新「ガイドライン」の内容に影響を及ぼ

表3　各期における新たな特徴とアイディア

時期区分	第1期 樋口レポート	第2期 EASR	第3期 07大綱		第4期 新ガイドライン	
決定レヴェル	省庁内(防衛庁・自衛隊内)	日米間	省庁間	政党政治(連立与党内)	日米間	政党政治(連立与党内)
アクター	防衛官僚 外部有識者	防衛庁 外務省 米国防総省 外部有識者	防衛庁 外務省 内閣法制局	与党各党(自・社・さ)	防衛庁 自衛隊 国防総省 米軍	与党各党(自・社・さ)
制度	防衛問題懇談会	マクネア・グループ，ジャパン・デスクなど	安全保障会議	与党防衛政策調整会議	防衛協力小委員会	与党ガイドライン問題協議会
従来の特徴	限定的政策展開能力	軍－軍関係の凍結	防衛庁の限定的影響力	消極的関与	軍－軍関係の凍結	消極的関与
新たな特徴	防衛懇による大胆な政策提言	軍－軍関係の緊密化(事務レヴェル)	防衛庁の影響力向上	消極的関与の継続(目的変化)	軍－軍関係の緊密化(現場レヴェル)	消極的関与の継続(目的変化)
アイディア	「多角的安全保障」「日米同盟深化」	「日米防衛政策調整」	「日米同盟深化」	―	「日米同盟深化」	―

すことはなかった。防衛政策に対する政党政治レヴェルの関与は，政局的関心に従属し，政策の核心に触れない程度にとどまった。

　以上の，各期における主要なアクターと，制度およびアイディアの変化をまとめたものが表3である。

　以上をもとに，各仮説の妥当性を改めて検証しよう。第1に，政党政治仮説である。本書の分析に基づけば，議会や政党は，90年代半ばの防衛政策形成に十分な関与をできなかったといわざるを得ない。政党政治レヴェルがある程度政策形成に関与した第3期および第4期のいずれにおいても，政党政治レヴェルの消極的関与という特徴は，継続して確認された。防衛政策形成にかかわる政党政治レヴェルの振る舞いは，55年体制下と基本的に変わるところがない。消極的関与の背景にある動機づけは，かつての円滑な国会

運営から,連立政権枠組の維持へと変化を見せたものの,政党政治レヴェルはそれらの関心への配慮から,結局防衛政策の内容に十分な影響力を及ぼすことができなかった。この結果,国民の選好を政策内容に反映させるための民主主義的政策形成の基礎条件は十分に機能しなかった。

政党政治レヴェルは,大きく見積もっても,防衛懇の設置やガイドライン改定の決定に見られたように,政権交代により新たな政策形成を可能とする環境を作る,あるいは官僚レヴェルによる政策形成に大枠をはめる,といった間接的な影響を揮うにとどまった。ただ注意すべきは,これが必ずしも政党政治レヴェルがもち得る影響力の限界を示すわけではない,ということである。政党政治レヴェルの影響力の限界は,常にその意志(の欠如)によってもたらされているのであって,防衛政策形成を主導する強い意志に基づくならば,本書の分析に一貫して見られた限界は超えられ得る。第3期において,安保会議が省庁間レヴェルで調整のつかない対立を解決した事実は,政党政治レヴェルの潜在的影響力の高さを示す一例といえる。たとえば,細川首相が第1期の途中で辞任せず,その後のプロセスにおいて政治的指導力を発揮していたならば,「07大綱」の内容は異なったものになっていた可能性が少なくない。政党政治レヴェルの影響力にとって決定的に重要なのは,それを発揮する意志であるといえる。この事実は,その後の防衛政策形成にとっても重大な意味をもつ。この点については後述しよう。

第2に,官僚政治仮説は,相当妥当性の高い説明を導くことができる。第1期は,防衛庁内の省庁内レヴェルの政策決定プロセスであった。ここでは,「多角的安全保障」をめぐり,防衛懇内に,これを推進しようとするグループと,これに批判的なグループがおり,両者が潜在的対立を抱えていた。しかし,批判派が首相の政策選好に配慮した結果,この対立は顕在化することなく終わったと考えられる。この意味で,首相の政策選好は間接的に「多角的安全保障」推進派の影響力資源として機能したといえよう。その結果,「樋口レポート」においては,「多角的安全保障」と「日米安全保障協力」が,防衛政策の中核方針として並置されることになった。

第2期には,アメリカ側アクターが推進する「日米防衛政策調整」に関し,

日本側アクターである防衛庁が選好を共有し，両者がこの実現を目指して協調行動を取った。また，この政策選好に強く反対するアクターは存在しなかった。その結果，「日米同盟深化」の柱の一方を構成する，「日米防衛政策調整」が開始された。

　第3期の「07大綱」策定は，冷戦後日本の防衛政策の方向性を決定する最も重要な政策決定であった。ここでは，当初「多角的安全保障」をめぐり，「樋口レポート」に基づきこれを推す防衛庁と，対米関係への配慮からこれに反対する外務省の対立があった。しかしこの対立は，防衛庁内部の対立が顕在化したこと，外務省が相当の影響力をもっていたこと，アメリカ側もこれを不安視していたこと，などにより，外務省の選好に沿って決着した。これによって「07大綱」は，「多角的安全保障」を防衛政策の中核から排除することになった。

　この決着以降は，防衛庁と外務省が「日米同盟深化」の選好を共有し，「07大綱」策定に向け協調する。「周辺事態対処」をめぐっては，両者が共同で内閣法制局に対抗し，政党政治レヴェルの調整を利用しながら，これを「07大綱」に組み込むことに成功した。

　このように，「07大綱」の内容決定プロセスにおいては，官僚政治レヴェル，具体的には防衛庁および外務省の行動により，両者共通の選好であった「日米同盟深化」路線が確定された。以降のプロセスはこの路線を前提として進展していくことになる。その他，「日米安保共同宣言」における新「ガイドライン」策定方針や，新「ガイドライン」における「平素から行う協力」と「日本周辺事態」に関する規定も，やはり官僚政治レヴェルにおいて決定されていた。

　以上のように，官僚政治レヴェルにおける諸アクターの行動に着目する官僚政治仮説は，「07大綱」をはじめとして，分析対象となっている政策決定のほとんどに有効な説明を与え得る，非常に妥当性の高い仮説である。そもそも，行為論的な視角から決定自体を直接的に説明するこの仮説は，制度論的視点から間接的に決定を説明する他の仮説に比べ，決定自体に着目する本書第1の問いとの整合性が高い。したがって，この仮説の十分な妥当性が確

認された以上，他の仮説の妥当性を検討するまでもなく，以下のように結論することができよう。本書の分析対象である冷戦後日本の防衛政策の決定に関する限り，この，官僚政治レヴェルの影響を重視する官僚政治仮説が，最も高い妥当性を具えている。

ただし，行為論的仮説には限界も存在する。自らの選好を政策に反映させようとする諸アクターの行動の帰結は，各アクターが持つ影響力に強く規定されることになるが，この仮説は特定の影響力配置を前提として扱うのみで，影響力配置自体を説明する枠組をもたない。したがって，個々の政策決定においても，そこで前提とされる影響力配置をも説明の対象にしようとするならば，他の枠組が必要となる。また，先行する決定が続く決定の前提となる影響力配置を規定する場合のように，一連の政策決定が連続するプロセスを説明する際にも，別の枠組が必要となる。以下では，この点に関しての示唆を得るべく，残る仮説についても検討を加えておく。

まず，第3の経路依存仮説である。90年代の国際的・国内的変化にもかかわらず，各決定レヴェルにおける防衛政策決定にかかわる制度的特徴，すなわち，防衛庁・自衛隊内の限定的政策展開能力，省庁間関係における防衛庁の限定的影響力と外務省の優位，政党政治レヴェルにおける防衛政策形成への消極的関与，および日米間の軍―軍関係の凍結，の4つの継続により，経路依存効果が発揮され，「安保重視」路線が維持・拡大された。政策決定に関して経路依存仮説から引き出される説明は，以上のようなものである。

前章までの分析は，経路依存仮説が本書の事例に大枠において合致するものの，この仮説のみでは十分説明しきれない要因も存在することを示していた。第1に，「日米同盟深化」アイディアは，「日米防衛政策調整」と「安保の有事運用」という従来十分取り組まれてこなかった政策課題を重視し，これらへの取り組みを制度化した点で，単に従来の「安保重視」路線の維持にとどまらない新たな側面をもっていた。第2に，日米間レヴェルにおいては，軍―軍関係の凍結という従来の制度的特徴が明確に変化し，緊密な軍―軍関係のもと，両国が政策形成プロセスを共有するという全く新しい特徴が現れた。第3に，省庁間レヴェルにおいて，防衛庁の限定的影響力という従来か

らの制度的特徴に変化の兆しが見られる。第4に，省庁内レヴェルにおいても，従来の文官優位制という制度に変化が生じつつある。以上の諸要因を重視し説明に組み込もうとする場合，経路依存仮説は不十分といわざるを得ない。経路依存仮説の妥当性については，一定の留保をつける必要がある。

漸進的累積的変化仮説は，経路依存仮説では説明のつかない上記4つの要因を整合的に説明し得る仮説である。この仮説は，防衛政策形成にかかわる諸制度に小規模で目立たない変化が複数生じ，しかもその影響が政策に一定方向の変化圧力を与えた結果，政策形成プロセスは大枠で維持されていながら，その方向への政策変化が起こった，との説明を提示する。以下，4つの要因それぞれについて見ながら，それらが各段階における官僚政治レヴェルのアクターの影響力配置を説明する視点となり得ることを確認しよう。

第1点について，「日米同盟深化」という革新的なアイディアをもたらしたのは，防衛問題懇談会とナイ・イニシアティヴであった。防衛懇は，首相の主導により非常設の諮問機関として設置されたがゆえに，防衛庁の限定的政策展開能力という従来の制度的特徴に縛られず，時に防衛庁の反対をも乗り超えて，従来政策の枠内にとどまらない革新的な政策アイディアを提言することができた。それが「多角的安全保障」と「日米同盟深化」であった。

このような視点は，「樋口レポート」策定プロセスの影響力配置について一定の示唆を与え得る。すなわち，防衛懇に対する首相のイニシアティヴは，「多角的安全保障」をめぐって，防衛懇内部の潜在的対立が顕在化には至らなかったことに説明を与える。また，ここで防衛庁内部には限定的政策展開能力が残存したことは，のちに至るまで防衛庁内に「多角的安全保障」への潜在的反対が存在し続けたことの説明となる。

ナイ・イニシアティヴは，「日米防衛政策調整」アイディアに基づき，日米両国が政策形成プロセスを共有するという制度的特徴を生みだしたことで，「日米同盟深化」アイディアを強力に後押しした。

この，ナイ・イニシアティヴの影響は，第2の軍―軍関係の緊密化と密接に関係している。「日米防衛政策調整」は，その実践のために両国の政策協議の場を必要とした。従来存在しなかったそのような場が，当初マクネア・

グループのような1.5トラック・チャネルによってアド・ホックに提供され，その後徐々に制度化されていった。その際のアメリカ側の中心的アクターが国防総省であったことによって，日本側カウンター・パートである防衛庁との関係が重要になり，両国の軍—軍関係がかつてなく緊密化した。たとえば「EASR」策定のプロセスでは，緊密な政策調整の結果，アメリカは「日米同盟深化」アイディアを重視し，これを「日米防衛政策調整」アイディアによって強化するとともに，「多角的安全保障」アイディアを嫌う選好を，日本に有効に伝達し得た。

　このような視点は，「07大綱」策定プロセスにおける影響力配置に一定の示唆を与えるだろう。それは，「多角的安全保障」をめぐる防衛庁と外務省の対立が，外務省の選好を優先する形で決着したことについて，外務省が相対的優位という従来の知見に基づく説明とは異なる見方をもたらす。防衛庁は，「日米防衛政策調整」を通じて，アメリカと政策プロセスを共有するなかで，すでにアメリカ側と選好をすり合わせ始めていた。つまり防衛庁の譲歩は，単純に外務省の選好に従属した結果ではなく，自らとアメリカとの政策調整を重視した側面がある，との説明が与えられる。

　第3の，省庁間レヴェルにおける防衛庁の影響力拡大は，上述の「日米防衛政策調整」を実践するための軍—軍関係の緊密化によって生じた。これにより，防衛庁が政策形成において重要な役割を果たすようになったことで，その影響力はかつてなく高まった。もちろん外務省の影響力は依然として大きく，防衛庁との力関係は逆転には至っていない。しかしそれを考慮しても，両省庁の影響力関係には変化が生じたというべきである。この視点は上述の，防衛庁の譲歩が外務省に対してだけでなく，アメリカに対してのものとの側面があったという説明とも整合する。

　第4の，省庁内レヴェルにおける文官優位制の衰退と制服組自衛官の影響力拡大も，日米の軍—軍関係の緊密化の結果である。「日米同盟深化」に基づく軍事協力の実質化により，制服組を中心とする現場レヴェルの役割は増大し，軍—軍関係におけるその比重も増す傾向にある。この視点は，「07大綱」策定以降，「日米安保共同宣言」を経て「ガイドライン」改定に至るプ

ロセスにおける影響力配置を説明する。省庁間レヴェルにおける防衛庁，防衛庁内での制服組自衛官，これらそれぞれの影響力が拡大したことで，「日米同盟深化」の継続・強化が着実に進められていったといえる。

　冷戦後，日本は新たな防衛政策の中核方針として，「日米同盟深化」を選択した。本書の分析は，この選択が，冷戦の終焉という国際環境の変化や，55年体制の崩壊という国内の政治変動からの圧力によって，直接導かれたものでも，あるいは偶然にもたらされたものでもないことを，明らかにしている。

　この選択は，防衛懇の外部有識者，防衛庁・自衛隊，外務省，アメリカ国防総省といった官僚組織，およびそこに属する官僚個人などの，官僚政治レヴェルのアクターの行動によって強く規定された，一連の政策によって形成され定着した。

　この間，先行する決定が後続の決定にかかわる制度や環境に影響を与え，「日米同盟深化」は単に継続されるのみならず徐々に強化されていった。その結果，「日米同盟深化」路線は，その出発点にあった「安保重視」路線とは明らかに区別されるべき防衛政策をもたらすことになった。政策決定プロセスに存在する制度やそれがもたらす特徴に着目すると，このようなメカニズムも明らかになる。この点については次項で改めて確認する。

　これら一連の決定に関して，議会や政党など，政策決定に対する民主主義的統制を実現するはずの政党政治レヴェルは，一貫して十分な影響力を発揮することがなかった。政党政治レヴェルは，55年体制の崩壊とともに常態化する連立政権という新たな政権枠組の運営を重視し，政権内部の潜在的対立を顕在化させる防衛政策形成への関与を避け続けた。この結果，官僚政治レヴェルで形成された「日米同盟深化」を柱とする政策案は，政党政治レヴェルにおいて追認あるいは黙認を受け，冷戦後日本の防衛政策として成立・定着したのである。

90年代の「日米同盟深化」プロセスはその後にいかなる影響をもつのか？

では，この「日米同盟深化」に立脚する新たな防衛政策と，それをもたらしたプロセスは，その後の防衛政策にいかなる影響を与えるのだろうか？これが本書の第2の問いであった。

このプロセスに見られる制度変化が，それに続く政策決定において「日米同盟深化」に有利な環境をもたらしたことは前項で確認した。さらに，これらの制度変化は，政策決定のみならずその形成プロセスにも，「日米同盟深化」を推し進める方向のバイアスを与えており，それがまた同様の影響をもつさらなる制度変化を誘発しているようだ。以下に確認するとおり，こうした事情は，漸進的累積的変化仮説によって適合的に説明可能である。したがって，この問題に対する説明としては，漸進的累積的変化仮説が最も高い妥当性を有するといえる。

この問題に答えるうえで最も重要な要因が，日米間の軍—軍関係の緊密化である。ナイ・イニシアティヴによって導入された「日米防衛政策調整」は，防衛庁と米国防総省の間の事務レヴェルにおける軍—軍関係を緊密化させた。さらに，有事運用上の改善・強化を目指す新「ガイドライン」策定が，現場レヴェルでの協議を定着させたことで，自衛隊と米軍の間の現場レヴェルの軍—軍関係も緊密化していった。

この2つの軍—軍関係の緊密化のうちの前者，事務レヴェルの緊密化は，省庁間レヴェルにおける防衛庁の相対的影響力向上をもたらした。「日米防衛政策調整」においては，アメリカ側の中心的アクターが国防総省だったことで，そのカウンター・パートである防衛庁の政策形成への関与が高まった。この結果として，従来見られた防衛庁の限定的影響力と外務省の相対的優位という制度特徴が変化しつつある。

防衛庁は，このような自己の影響力拡大をもたらした「日米防衛政策調整」を支持し続ける可能性が高い。それは同時に「日米同盟深化」への支持を意味すると考えられる。「日米同盟深化」がさらに進展するなら，防衛庁の相対的影響力もさらに拡大する可能性は十分にある。

この点につき，外務省についても付言しておく。外務省は，当初より一貫して「日米同盟深化」を支持した。また，防衛庁の影響力拡大にも強い抵抗をしなかった。通常，すでに政策形成プロセスが十分に制度化された既存の政策領域にあっては，ある集団の影響力拡大は，他の集団の抵抗を招く可能性が高い。しかし「日米同盟深化」，あるいは「日米防衛政策調整」は，日米安保体制を重視する外務省自身の選好に大枠で合致しているため，これ自体への反対は生じづらい。さらに，「日米防衛政策調整」は，従来存在しなかった新たな政策領域を作り出した。「日米防衛政策調整」にあたって当初は1.5トラック・チャネルが利用されたこと，新「ガイドライン」策定にあたって休眠機関であったSDCが改組のうえ再生されたことは，その証左といえる。そのため防衛庁の影響力拡大に際しても，外務省は既得権限を失うことがなかった。外務省からの大きな抵抗が生じなかった一因は，ここにもあるといえよう。

　以上のように，防衛庁の影響力拡大という省庁間レヴェルの制度的特徴の変化は，「日米同盟深化」に対して，防衛庁の支持をさらに強化すると同時に，外務省の支持を少なくとも維持する結果をもたらした。この変化は，日本の防衛政策形成プロセスにおいて，「日米同盟深化」への支持を全体として強化する。

　さて，軍―軍関係緊密化のもう一方の側面，現場レヴェルにおける制服組関係の緊密化は，防衛庁・自衛隊内という省庁内レヴェルにおいて，制服組武官の地位向上と，政策形成への影響力拡大をもたらした。文官優位制の根拠たる事務調整訓令は廃止され，形式的にも実質的にも，この制度の影響は徐々にではあるが確実に薄れつつある。

　このように，現場レヴェルの活動が重要となる安保条約の有事運用というテーマを含む「日米同盟深化」は，省庁内における制服組自衛官の重要な影響力リソースとなると考えられ，これに対する自衛官の支持は強化されていく傾向にあろう。したがって，この制服組の地位向上という新たな傾向も，「日米同盟深化」への支持を強化する影響をもつと考えられる。

　以上のように，「日米同盟深化」と政策プロセスにおける制度変化は，一

方の進展が他方の進展をもたらす正のフィード・バック関係にあり，相互に強化しあって政策と制度の間にロック・イン効果をもたらしている。このような視点自体は，制度論的視点に基づく経路依存仮説と漸進的累積的変化仮説のいずれによっても提示され得る。両仮説の違いは，このような政策と制度の相互作用の結果が，あくまでも経路依存の範囲にとどまるのか，あるいはそれを超える質的な転換を伴うのかという点に見出される。

　この点について判断を下すには，本書の検討対象となった時期を超えてさらに続く「日米同盟深化」の長いプロセスを視野に収める必要があろう。以下では，ごく簡単にではあるが，この点について考察を加えておく。

　今日に至るまで「日米防衛政策調整」は続いており，防衛庁の政策展開能力と影響力も高まる傾向にある。また，安保条約の有事運用も，さらなる実質化を目指して展開されており，制服組自衛官の影響力も高まる傾向が見られる。「日米同盟深化」は継続され，そのなかでさらなる進展を見せている。これに伴い，「日米同盟深化」をめぐる制度と政策の相互強化的傾向も，継続していると見ることができる。

　新「ガイドライン」成立直後から，この実効性を確保するための日米協議が，防衛協力小委員会を中心として活発に展開され，この活動は2000年末まで続いた。こうした活動の結果，98年には，新「ガイドライン」で設定された課題に対応する国内法整備として，周辺事態法が制定された。これは，戦後長らく防衛政策上の重要課題とされながらも着手されなかった，有事法制の一環である。さらに，2003年には日本有事を対象とする武力攻撃事態3法が成立し，2004年には国民保護法など有事関連7法が成立に至った。これら有事法制が，日本有事に関する法整備からではなく，「周辺事態」に関する法整備から着手された事実は，日本の防衛政策が，「日米同盟深化」を中心に再編されつつあることを示すものと考えられる。

　日米間の「防衛政策調整」も活発に進められている。2005年に両国政府間で交わされた「日米同盟――未来のための変革と再編」をはじめとして，日米同盟の将来につき，NATO型の軍事同盟を目指す方向性が共有されるようになっており，このための取り組みが進んでいる。今や「日米同盟深

化」は,「日米防衛政策調整」や「有事運用」を前提としつつ,そこから大きく踏み込んで軍事的一体化を進め,軍事同盟としての日米関係を固めつつある。

このような現在の「日米同盟深化」の姿を,90年代に行われた決定の経路依存の結果と位置づけることが妥当だろうか。これを「安保重視」という当初政策の延長とは質的に異なるものと捉えるならば,経路依存仮説に対する漸進的累積的変化仮説の優位が主張されることになる。本書は,「日米同盟深化」のプロセスがその後に与える影響を考える際には,やはり漸進的累積的変化仮説が,より妥当性の高い仮説であると考える。[91]

最後に,以上の議論を参考に,日本の防衛政策と「日米同盟深化」の今後について触れておこう。「日米同盟深化」をめぐる制度と政策の相互強化的傾向は,今日も継続している。特に軍―軍関係を通じて自らの影響力を増大させた防衛庁・自衛隊が,日米同盟の重要性を低下させて,自主防衛,あるいはその他の政策選択肢に向かう可能性は低い。その基本的選好は,外務省のそれと一致する傾向が強まろう。相当のショックがない限り,官僚政治レヴェルにおいてこの戦略方針を見直す機運は生じそうにない。

今後,日本が重大な環境変化によらず自律的に「日米同盟深化」に反する政策変化を目指すことがあるならば,それはほぼ政党政治レヴェルのイニシアティヴによってのみ現実化し得ると考えられる。

55年体制の崩壊が,防衛政策について変化の可能性を大幅に高めたことは間違いない。しかし,政党政治レヴェルにおいては消極的関与という制度的特徴が残存している。わずかな例外を除いて,議会制民主主義が防衛政策の内容に具体的な影響を与える機会は実質的に放棄されている。それが,政党政治レヴェルの消極的関与の継続が示す現実である。冷戦後日本の防衛政策の中核的方針として,「日米同盟深化」路線が選択された。しかし,選択したのは誰なのか。政党政治レヴェルの消極的関与が,その答えを曖昧にしている。有権者がその選択を求められる機会は,ほぼなかったといってよい。国民が防衛政策に関するコンセンサスをいまだもち得ていない理由の一端はここにあるといえよう。

細川首相が防衛政策の見直しを目指して防衛懇設置を主導したことは，この特徴の継続を疑わせる事実であった．しかし本書の分析に基づくならば，この例は重要ではあるが特殊な例外といわざるを得ない．全体として，政党政治レヴェルの消極的関与は，90年代においても制度的特徴として継続していた．ナイ・イニシアティヴ以降のプロセスにおいて，政党政治レヴェルは主導的な役割を果たせず，「07大綱」および新「ガイドライン」の内容にも，十分な影響を与えることができなかった．ただし，この消極的関与を生み出す論理が従来とは変化していることには注意を要する．55年体制期，従来与野党間の対立を避けスムーズな政権運営を行うための戦略として制度化されていた消極的関与は，その後の，内部に防衛政策をめぐる調整困難な対立を抱える連立政権期においては，連立与党枠組の維持へと目的を変えた．

　55年体制の崩壊は，単に自民党政権の終焉と中道左派政権の樹立をもたらしたにとどまらず，政治プロセスにおける防衛政策の位置づけをも変えた．政権入りした社会党が「現実路線」をとり始めたことにより，防衛政策はかつてのイデオロギー争点としての色彩を薄めた．また国会の勢力配置においては，左派がその勢力を弱め中道勢力が躍進した．したがって，政権運営のために防衛政策への関与を避けるというインセンティヴは弱まっており，連立政権の運営がこれに代わるインセンティヴとなった．この結果が，消極的関与の目的変化と，この制度的特徴の継続である．

　この目的の変化は，今後政党政治レヴェルが防衛政策形成にどう関与していくのかを考えるうえで，重要な意味をもつ．現在では，政党政治レヴェル，特に政府与党が防衛政策形成に積極的に関与するようになるか否かは，防衛政策への関心の強さと，政権基盤の安定性にかかっているといってよい．したがって，たとえば単独政権が成立する，あるいは防衛政策に関する対立を解消して連立政権の基盤が安定するといった場合には，政党政治レヴェルが防衛政策形成に積極的に関与する可能性が高まると考えられる．

　ただ，その場合にも，政策変化の方向性はやはり「日米同盟深化」を促進するものとなる可能性が高い．55年体制の崩壊によって進展した政党政治における左派勢力の後退と中道勢力の伸長，および防衛政策をめぐる"現実

化"の傾向は，現状維持的な政策選好の優位をもたらしつつある。そして，そこでの現状とは，すなわち「日米同盟深化」に他ならない。日本の防衛政策体系の中で「日米同盟深化」路線はすでに前提となっており，その進行を遅らせる政策選好が政治日程に上る可能性はあっても，この路線自体を拒否する政策選好が真剣に検討される可能性は小さい。

2010年に起こった，鳩山政権による普天間飛行場移設問題の争点化は，まさにこのような予測に合致する展開を見せたといえよう。鳩山政権は，単独政権ではなく，また防衛政策に関する連立与党内合意も潜在的には対立要因を抱えていた。しかし政権発足当初は，普天間基地の国外・県外移設につき，一応の連立与党内合意が存在した。さらに，自民党政権時代とは異なる新しい政治，対等な日米関係，沖縄の負担軽減，といった目標の実現に向け，連立政権には普天間飛行場移設を争点化する強い政治的意思が存在した。その結果，政党政治レヴェルによる防衛政策形成への積極的関与が行われたといえる。

しかしこの試みも，結局は失敗に終わった。その最大の理由は，首相および政権の能力不足に求められよう。また，連立与党内の政策選好に対立が存在したこと，政治主導の名のもとに政策専門家たる官僚たちの関与を排除したことなど，複数の原因を指摘することができる。この失敗のプロセスでは，本書が検討した日米間レヴェルおよび官僚レヴェルの「日米同盟深化」のプロセスの影響を指摘する以前に，政党政治レヴェルに存在したごく基礎的な問題が，政策形成の帰趨を決してしまった。

しかし，仮に政党政治レヴェルにこうした問題が存在しなかったとしても，代替計画を立案し実行することは，極めて困難だったと考えられる。冷戦後に進展した「日米同盟深化」により，日米の防衛政策当局は一体化を進め，互いの間に働く遠心力に強く抵抗する選好を共有している。たとえ政党政治レヴェルが遠心的な政策の実施を強く指導しても，官僚レヴェルに存在するこの抵抗を排除し，政策の実施に向かわせることは，およそ容易ではなかろう。

90年代以降の政治的変化および防衛政策変化によって，さらなる防衛政

策変化の可能性は，政党政治レヴェルにおいても官僚政治レヴェルにおいても拡大した。ただし，その可能性は，日米同盟のさらなる深化に向かう方向に限られ，この戦略方針に反する変化は逆に疎外される可能性が高い。そして現状では，こうした傾向が将来に向けさらに強まっていくと考えられる。

21世紀に入ってからの防衛政策をめぐる諸情勢も，これらの予測とその根拠の正しさを示しているように思われる。普天間問題によって一度は遠心力の働いた日米同盟が，今後どのような展開を見せるのか。現在進行中の状況も，本書の分析の妥当性を検証する材料となろう。この意味でも本書は，いまだ完結していない「日米同盟深化」の長いプロセスの，最初期の一部分を対象とした，冷戦後日本の防衛政策プロセス分析の第一歩である。

資料編

資料解説　防衛政策の変遷

　資料解説では，冷戦終結後日本の防衛政策の変遷を確認する。このため，前章までの分析枠組を離れ，これまで扱ってこなかった論点も含め，政策変化の全容を示す。1では，前提として冷戦期の防衛政策を示すため，旧「防衛計画の大綱」(51大綱)の内容を確認する。続く2では「樋口レポート」の内容を，3では新「防衛計画の大綱」(07大綱)の内容を，それぞれ明らかにする。4では，ここまでの内容確認をもとに，各文書を比較しながら，この間の防衛政策の変遷を示す。5では，新「日米防衛協力のための指針(ガイドライン)」の内容を明らかにして，それまでに生じた政策変化がここに反映されていることを示す。

1　旧「防衛計画の大綱」(51大綱)

　以下では,まず1976年(昭和51年)に成立した旧「防衛計画の大綱」(51大綱)の概要を確認し,次いで主たる論点について検討し,「51大綱」の特徴を明らかにする。[92]「51大綱」原文については,資料全文Ⅰに示したので,適宜参照されたい。

概　要
　「一、目的及び趣旨」では,まず防衛力を保持する目的が以下のように示される。すなわち,防衛力の保持は「国民の平和と独立を守る気概の具体的な表明」であり,その目的は「日米安全保障体制と相まって,わが国に対する侵略を未然に防止し万一,侵略が行われた場合にはこれを排除する」ことにある。また,「そのような態勢を堅持していることが,わが国周辺の国際政治の安定の維持に貢献する」ことも指摘される。そのうえで,現在の国際・国内情勢が維持されることを前提に,「限定的かつ小規模な侵略までの事態に有効に対処し得る」程度の防衛力を保持すべきとしている。
　「二、国際情勢」では,現下の世界情勢が,国際関係の多元化,ナショナリズムの活発化,国際的相互依存の深化といった特徴をもつと分析する。日本周辺の地域については,「米・ソ・中三国間に一種の均衡が成立している」一方で,「朝鮮半島の緊張が持続」しており,軍拡傾向も引き続いているとしている。以上から,世界的に見て「東西間の全面的軍事衝突又はこれを引き起こすおそれのある大規模な武力紛争が生起する可能性は少ない」情勢にあり,他方日本周辺では「限定的な武力紛争が生起する可能性は否定するこ

とはできない」ものの,「大国間の均衡的関係及び日米安全保障体制の存在が国際関係の安定維持及びわが国に対する本格的侵略の防止に大きな役割を果たし続ける」と結論づける。

「三、防衛の構想」では,防衛政策の根幹をなす方針が示される。まず「三-1. 侵略の未然防止」で,適切な防衛力の保持と日米安保体制の信頼性向上・運用整備により,侵略を未然に防止するという方針を示す。また,「核の脅威に対しては,米国の核抑止力に依存する」とする。「三-2. 侵略対処」では,間接侵略および直接侵略に対して即応し早期にこれを排除するとの方針が示される。さらに,直接侵略については「限定的かつ小規模な侵略については,原則として独力で排除」するものの,「独力での排除が困難な場合にも,あらゆる方法により強じんな抵抗を継続し,米国からの協力をまってこれを排除する」と,詳細な方針を示している。これが,所謂「限定小規模侵略独力排除方針」と呼ばれるものである。

「四、防衛の態勢」には,前項の構想を実現するために必要な防衛態勢が,6項目にわたって示されている。まず防衛態勢は,単に構想の実現を可能とするのみならず,「情勢に重要な変化が生じ,新たな防衛力の態勢が必要とされるに至ったときには,円滑にこれを移行しうるよう配意された基盤的なもの」でなければならないとして,いわゆる「基盤的防衛力構想」に基づいた防衛力を要求する。そのうえで,「我が国の領域及びその周辺海空域の警戒監視並びに必要な情報収集」(1.),間接侵略等への即応(2.),直接侵略への即応及び限定小規模侵略独力排除(3.),「指揮通信,輸送,救難,補給,保守整備等」の機能(4.),「防衛力の人的基盤のかん養」のための教育訓練(5.),「災害救援等の行動」(6.)を可能とする態勢を求める。

「五、陸上,海上及び航空自衛隊の体制」では,まず「各自衛隊の有機的協力体制の促進及び統合運用効果の発揮」への配慮を促したうえで,各自衛隊に要求される体制を示している。それに基づく自衛官定数,基幹部隊の種別や規模,主要装備の内容や規模は,別表として「51大綱」の末尾に付されている。

「六、防衛力整備実施上の方針及び留意事項」では,まず「質的な充実向

上に配意しつつこれらを維持することを基本」としている。これは，この時点で日本の防衛力がすでに「基盤的防衛力」の水準をほぼ満たしているとの認識[93]に基づき，以降の防衛力整備に規模的な拡大は不要であるとの方針を示したものである。また，防衛力整備は，「そのときどきにおける経済財政事情等を勘案し，国の他の政策との調和を図りつつ」実施されなければならない，とする。

最後の別表は，この「大綱」において整備すべき防衛力を，各自衛隊の部隊数や主要装備数などによって具体的に示したものである。ここでは陸上自衛隊の編成定数を18万人としている。海上自衛隊では，主要装備として対潜水上艦艇を約60隻，潜水艦を16隻，作戦用航空機を約220機としており，航空自衛隊では主要装備を作戦用航空機430機としている。

前提としてのデタント

以上に見た「51大綱」の内容から，特に着目すべき点を抽出しまとめておこう。まず，国際情勢認識につき，デタント状況を前提としている点が挙げられる。今日の目から見れば，「51大綱」が決定された76年は，60年代末より見られた東西の緊張緩和状況がすでにその末期に差し掛かっていた時期といえるが，ともかくも，「51大綱」はデタントによる国際環境の安定という条件をその構想の基盤に据えていた。

防衛政策路線

次いで，「安保中心」「自主防衛」「国連中心」という3つの防衛政策路線に関係する諸点についてまとめておこう。一見して明らかなのは，日米安保体制を防衛方針の基盤に据える姿勢が随所に見られることである。たとえば，日本周辺の国際環境の安定や侵略の防止の大きな部分を日米安保体制に依存すること（二、），独力での対処が困難な直接侵略に対しては米国の来援を待つこと（一、；三-2.；四-3.），核の脅威に対しては米国の核の傘に依存すること（三-1.）など，日米安保体制が「51大綱」の防衛方針の中核に存在しており，日米安保なしには「51大綱」の防衛態勢が成立しないことは，明らか

といってよい。

　これに対して，「自主防衛」の重要性は相対的に小さいものといってよかろう。日本独自の防衛力によって対処する事態は，間接侵略や軍事力をもってする不法行為，災害救援，「限定的かつ小規模」な直接侵略とされており，直接侵略事態のうち大規模なものや核の脅威への独力対処は，「51大綱」の防衛態勢では放棄されている（三、; 四-2.; 四-3.）。これは，国際環境や国内の政治・経済情勢など，当時の日本を取り巻く現実を考えれば，合理的な判断であったといえよう。

　そんななかで，日本が独力で対処すべき直接侵略を明示する「限定小規模侵略独力排除」という規定の存在は，注目に値する。原文では三-2.の「侵略対処」で「限定的かつ小規模な侵略については，原則として独力で排除する」と記述されている部分である。ここでいう限定小規模侵略とは，3～4個師団規模の陸上兵力が1～2カ所に上陸し侵略を企てる事態を指す。これを超える規模の侵略に対しては，「独力での排除が困難な場合にも，あらゆる方法による強じんな抵抗を継続し，米国からの協力をまってこれを排除する」として，日米安全保障体制に依存する方針を示している。この側面から見れば，「限定小規模侵略独力排除」の方針は，国土防衛のかなりの部分をアメリカに依存する状況にあって，「自主防衛」の困難という現実を見据えつつも，自らの力によって「国民の平和と独立を守る気概の具体的な表明」（一、）に他ならない。それは，政策的な実現の道を失った「自主防衛」路線の最後の砦ともいえる方針だったといえよう。他方，独力で排除すべき事態の上限を明示するということは，いい換えればそれを実現できる程度の規模の防衛力を整備目標として明示するに等しい。この意味で，「限定小規模侵略独力排除方針」は，後に触れる「基盤的防衛力整備構想」と並んで[94]，「51大綱」下での防衛力整備を理念的に上限づける要因であった。国土防衛の基本方針であり，防衛力整備の目標（であり上限）であるという意味で，この方針は防衛政策の重要な根幹であった。[95]

　第3の「国連中心」路線については，「51大綱」からはその片鱗さえも読み取ることができない。国連による集合的安全保障体制が実現していない以

上，それによる防衛という方針が示されないのは当然として，将来における
その実現を目指す努力，さらにはその期待さえもが示されていないことから，
これが政策路線として「51大綱」に全く影響を与えていないことは明らか
である。さらに，世界情勢および周辺地域の情勢がほぼ与件として示されて
おり，日本がこれに影響を及ぼすという視点が薄弱な点にも留意したい。防
衛「態勢を堅持していることが，わが国周辺の国際政治の安定の維持に貢献
する」(一、)，あるいは日米安保体制が「国際関係の安定維持」に「大きな役
割を果た」す(二、)との記述はあるものの，その影響は現状維持的で，日本
から国際環境に対して積極的な働き掛けを行うことは想定されていない。以
上から「51大綱」では，「国連中心」路線のみならず，いかなる多国間アプ
ローチにも，日本が主体的にコミットすることは想定されていなかったとい
える。

防衛力整備

　最後に防衛力整備にかかわる点についてまとめておく。デタント状況を前
提としていた「51大綱」において想定された整備すべき防衛力は，あり得
る脅威への対抗に必要な「所要防衛力」ではなく，侵略を誘発する軍事的空
白を生じさせず緊迫した状況下にあっては所要防衛力の水準にまで迅速に増
強可能な，いわゆる「基盤的防衛力」(四、)である。この「基盤的防衛力」は，
平時において日本が保持すべき防衛力の水準を示したものといえる(五、;別
表)。戦後日本は，再軍備以降4次にわたる「防衛力整備計画」の実施に
よって，相当程度の防衛力を備えるに至っており，その結果「51大綱」の
策定時点で，この「基盤的防衛力」の水準をほぼ満たすだけの防衛力規模を
保持していた。したがって，「51大綱」に示された防衛力整備の方針は，も
はや規模的な拡大は不要で，「質的な充実向上」を目指す(六、)，というもの
であった。つまり，「51大綱」によって日本の防衛力整備は，防衛力の規模
拡大を目指した時期を脱し，新たな局面へと踏み出したのである。また，
「51大綱」は「経済財政事情等を勘案し，国の他の諸施策の調和を図りつ
つ」(六、)防衛力整備を行うよう求めている。こうした経済財政事情への配慮

は、戦後日本の防衛予算決定に常に影響を与えていた制約要因であり、その限りではさほど目新しいものではない。ただ、「51大綱」の決定とほぼ同時に、防衛費を国民総生産の1％以内とするという基準、いわゆる「GNP1％枠」が閣議決定されており、「51大綱」の記述はこれを意識したものといえる。以上から「51大綱」は、「基盤的防衛力構想」により防衛力規模に上限を設け、「GNP1％枠」によって防衛費に上限を設けることで、防衛にかかわる諸資源の抑制を行うものであったことが分かる。これは、「51大綱」の前提にあるデタント状況の認識に照らして、整合的な方針であった。

2 「樋口レポート」

　以下では，1994年に提出された「日本の安全保障と防衛力のあり方——21世紀へ向けての展望(樋口レポート)」の概要を示した後，その特色を明らかにする。[96] なお，「樋口レポート」の原文は，資料全文Ⅱに示したので，必要に応じて参照されたい。

概　要
　まず，「まえがき」において，第2次大戦後日本が，国連憲章に謳われた集合的安全保障を理想としつつも，冷戦の展開によりその実現が困難な現実を前に，日米安全保障条約に基づくアメリカとの関係を安全保障政策の基礎としてきたことを確認した後，こうした選択を「全体として間違っていなかった」と評価する。そのうえで，懇談会の目的を「これまでの防衛力のあり方の指針となってきた「防衛計画の大綱」を見直し，それに代わる指針の骨格となるような考え方を提示すること」とする。
　第1章は「冷戦後の世界とアジア・太平洋」と題され，世界的および地域的な安全保障環境の変化と，それへの対応について論じている。「樋口レポート」は，冷戦の終結により「はっきりと目に見える形の脅威が消滅」した反面，「分散的で特定し難いさまざまな性質の危険」(1.)が予測困難な形で存在するようになってきており，今後はこうした事態を新しい安全保障問題として捉え対処する必要があるとする。そのための安全保障環境を形作る要因として，「軍事力の態様」と「国際的な諸制度」の2つを挙げたうえで，前者についてはアメリカの軍事的優位が，後者についてはアメリカを中心と

する同盟ネットワーク（ここには当然日米安保体制も含まれている）が重要であり，これらは今後とも持続していくとする。ただしそこでは「米国がその卓越した軍事力を背後に持ちながら，多角的協力のなかでリーダーシップを発揮できるかどうか」(2.)が問題であるとして，同盟国に対するアメリカのコミットメントの重要性を指摘している。今後予想される安全保障上の危険としては，地域紛争の多発と複雑化，兵器・軍事技術の拡散，貧困と無能力国家の出現が挙げられ，こうした事態への効果的対処のためには，安保理の協調とそれに基づく国連の役割が重要であるとする。また，アジア・太平洋地域については，米・中・露が交錯する地政学的に重要な地域であるが，冷戦終結による安全保障環境上の変化は小さく，今後地域的な経済成長を背景として軍拡競争の危険もあることを指摘し，地域的な信頼醸成の努力が必要であるとする。

　第2章「日本の安全保障政策と防衛力についての基本的考え方」では，まず日本が秩序形成者としての役割を積極的に果たしていくべきとしたうえで，その安全保障政策の3つの核を以下のように提示する。「第一は世界的ならびに地域的な規模での多角的安全保障協力の促進，第二は日米安全保障関係の機能充実，第三は一段と強化された情報能力，機敏な危機対応能力を基礎とする信頼性の高い効率的な防衛力の保持である」(1.)。第1の多角的安全保障協力で主に想定されているのは，国連による集合的安全保障体制である。「樋口レポート」は，これを日本の安全保障政策の究極目標として掲げ，冷戦の終結によりその最低条件は整いつつあるとするものの，実現までには長い時間がかかるから，平和維持活動(PKO)を中心とする国連の諸活動に積極的に参加してそれを促進することこそが，日本の国益にかなうと主張する。また，大量破壊兵器の拡散などを防ぐため，国際的軍備管理の強化に向けての努力も，日本にとって重要な課題であるとする。第2の日米安全保障協力については，日本の防衛のためだけでなく，アジア地域へのアメリカのコミットメントを確保することが地域的安定の維持につながることからも，「日米両国がその安全保障関係を引き続き維持するという決意を新たにすることの意義は大きい」(3.)との指摘がなされる。そのため，安保条約の「存

続をよりいっそう確実なものとし，そのよりいっそう円滑な運用をはかるため，さまざまな政策的配慮と制度的な改善がなされなければならない」と結論づける。第3の防衛力については，「51大綱」で打ち出された「基盤的防衛力構想」を引き継ぎつつも，新たな状況や任務に対応するため，「自衛隊は情報能力，危険予知能力を向上し，確実に危機対応ができるような態勢を備え，また，そのように行動できるような政策決定の仕組みをつくりあげておく必要がある」(4.)としている。

「新たな時代における防衛力のあり方」と題された第3章では，まず「冷戦的防衛」から「多角的安全保障」への基本戦略の転換が謳われ(第1節)，日米安保関係をどう充実させていくか(第2節)，そのためにいかなる防衛力を保持すべきか(第3節)，が論じられている。防衛力については，日本の安全保障政策の柱として「国際平和のための国連の機能強化への積極的寄与」を改めて強調し，これに向け，PKO活動を自衛隊の本務とするため自衛隊法をはじめとする諸制度を整備すること，この範囲内での武器使用が当然認められるべきこと，こうした活動を有効に実施するために自衛隊の組織・制度・装備を改善すること，国際平和協力法の国連平和維持軍(PKF)参加凍結を早期に解除するための議論を始めること，国際的軍備管理に積極的に取り組みここに自衛隊を有効に活用すること，アジア・太平洋地域で安全保障対話を通して信頼醸成を目指すこと，などの課題を提起する。日米安保については，これを2国間関係にとどまらずアジア・太平洋地域の安全保障にかかわる枠組と見るべきとしたうえで，「平和のための同盟」としての重要性を強調している。そして，「作戦運用，情報・指揮通信，後方支援，装備調達などの広範な分野にわたる相互運用性(インターオペラビリティ)の確立」(第2節)に向け，両国間の政策協議や情報交流を促進すること，部隊運用計画の共同立案・共同研究・共同訓練を充実させること，「調達及び物品役務相互融通協定(ACSA)」を早期に締結すること，装備の共用化を進めること，駐留米軍への支援体制を改善すること，という課題を挙げている。さらに防衛力整備の方針について，軍事技術の発展や若年人口の減少，財政的制約などの状況を前提としたうえで細かな検討を加え，C^3Iシステムの充実，統合

運用の強化，機動力と即応力の向上，人的資源の節約という基本方針を示している(第3節-(4))。これに基づいて，陸上自衛隊を中心として，現行27万4000人から24万人程度へ定員を削減することを中心として[97]，自衛隊全体および海上・航空各自衛隊についても規模縮小の方針を具体的に示し，また加えて弾道ミサイル対処システムについても，アメリカとの連携を進めその保有を目指すべきとしている(第3節-(4))。その他，国内防衛産業の保護育成の重要性や，政府による技術開発，国家レヴェルでの危機管理体制や情報一元化の必要など，防衛政策の範囲を超えて，より広範な対応を必要とする課題についても指摘・検討がなされている(第4節)。

最後に「おわりに」において，これまでの議論の骨格を概観して，「樋口レポート」は結ばれている。

冷戦後の世界認識

以上をもとに，「樋口レポート」について着目すべき点を挙げていこう。まず国際情勢認識においては，冷戦終結後の新たな世界を明確に意識し，この状況を，今後の防衛政策を組み立てるうえでの前提とする考えが明示されている(第1章)。ここで示される，冷戦の終結は単に対立の緩和や脅威の縮小をもたらすものではなく，脅威の質的転換を生起させているとの認識から，防衛政策もこの新たな脅威に対応すべく質的転換を図らねばならない，との問題意識が導かれる。デタント期の緊張緩和状況を前提とした「51大綱」と比較すると，「はっきりと目に見える形の脅威」が大きくないという状況は共通するものの，「分散的で特定しがたいさまざまな性質の脅威」の出現は冷戦終結後に特有のものであるから，もはや「51大綱」の枠組だけでは不十分で，これに対応するための新たな防衛政策が必要となる，との論理は明快である。ただ，「樋口レポート」が新たな防衛政策の形成を目指す理由は，これに限られるものではない。より重要な理由は，次に見る，今後日本が取るべき防衛政策の根本に関する議論のなかにある。

防衛政策の基本方針

　「樋口レポート」の第2章では，まず1. で冷戦後の情勢認識を確認し，それに基づいて日本は積極的な安全保障政策をとるべきとの提言が導かれる。そのための具体策を続く2.～4. で示すなかで，3つの政策方針が提示されている。2. は，国連等による集合的安全保障体制実現を日本の安全保障政策の究極目標として掲げ，日本はその実現を促進するためPKO活動等の国連の諸活動に積極的に参加すべき，としている。この政策方針が，「多角的安全保障」である。「多角的安全保障」は，「国連中心」路線の後継と見ることができる。しかし，いまだ現実のものとなっていない集合的安全保障体制を希求するのみで現実的な政策を導く力をもち得なかった「国連中心」路線とは明確に異なり，その実現に向け日本が具体的活動を通して積極的に国際的秩序の維持・形成にコミットしていくという方向性をもつ。これにより，PKO活動や国際的軍備管理への参加といった具体的な政策が，防衛政策の根幹をなす一部として提示されることになった。

　3. では，日米安保体制の重要性を強調している。これは日米安保体制を防衛の中核に据えたかつての「安保重視」路線と同様といえる。しかし，「樋口レポート」はこれにとどまらず，アメリカのコミットメントが日本周辺の地域的な安定にとって重要だとして，日米安保体制をこの側面からも役割づけている。つまり「樋口レポート」は日米安保体制に，日本の防衛のための枠組としてのみならず，地域的な国際秩序の維持・形成としての，従来以上に広く深い役割を与えている。この点で，「樋口レポート」に示される方針は，かつての「安保重視」路線とは区別されるべきである。これが「日米同盟深化」方針を導いていく。

　4. は，安全保障の究極的基盤が「国民の自らを守る決意とそのための適切な手段」を保持することにあり，また上記2つの政策方針を実現するためにも「日本自身の防衛態勢がしっかりしていなければならない」として，日本独自の防衛努力の重要性を示す。ただ，「樋口レポート」の記述からは，自国の防衛を独力で行おうとするかつての「自主防衛」路線のような主張は読み取れない。「樋口レポート」が提示する新たな防衛態勢は，以下のよう

なものである。「基盤的防衛力の概念を生かしながらも，新しい安全保障環境の必要に応じて，また資金的ならびに人的資源の適正配分をも考慮して，強化・充実すべき機能と縮小・整理すべき機能とを区分し，組織の合理化をはかることが肝要である。」つまり「樋口レポート」は，「自主防衛」路線をほぼ放棄し，防衛力規模の抑制を図った「基盤的防衛力構想」を重視し，経済・財政的な考慮も重要な防衛政策決定要因とする点で，新たな時代背景の中で「51大綱」の抑制基調を受け継いでいるといえる。したがって「樋口レポート」が示す新たな防衛体制のヴィジョンは，従来の態勢を，ここまでに示された「多角的安全保障」と「日米同盟深化」という2つの方針に適合するように調整し，しかも全体の規模としては縮小すべきというものである。

　このように，「樋口レポート」には，「多角的安全保障」と「日米同盟深化」という2つの新たな方針が示されていた。これらはいずれも，かつての防衛政策路線を引き継ぎつつも，さらにそれを冷戦後の世界に適合するよう発展させたものであるといえる。冷戦期には，「安保重視」路線と「自主防衛」路線が日本の防衛政策の根幹をめぐる争点を形成した。冷戦後には「樋口レポート」が，防衛政策の根幹をなすものとして，「多角的安全保障」方針と「日米同盟深化」方針の2つを示した。ただし冷戦期とは異なり，これら2つの方針は，理論上相互補完的な関係にあると捉えられており，競合的な関係にある政策路線として構想されたわけではない。

　冷戦終結後の世界という新たな国際環境のなかにあって，従来の防衛政策が状況への不適合を起こしつつあるなか，部分的調整を超えて新時代に適合的な防衛政策を新たに作り上げる。「樋口レポート」の防衛政策構想は，そのようにして練り上げられた。それは，「多角的安全保障」方針と「日米同盟深化」方針という，2つの新たな防衛方針に基づく防衛政策構想だった。

3 新「防衛計画の大綱」(07大綱)

　1995年(平成7年)11月28日，19年ぶりに改定された新たな「防衛計画の大綱」(07大綱)は，「51大綱」と比較して，多くの要素を引き継いではいるものの，記述の分量が大幅に増大し，また新たな時代に対応すべく内容的にも重要な変更がいくつか加えられている。以下，「07大綱」の重要性に鑑み，その概要を比較的詳しく確認する。「07大綱」の原文は資料全文Ⅲに示したので，必要に応じて参照されたい。なお，原文の末尾には閣議決定時に発表された内閣官房長官談話も示した。

　これをもとに，次の資料解説4において「51大綱」および「樋口レポート」と「07大綱」との比較を行うことで，この間の政策の展開および「07大綱」の性格を明らかにする。[98]

概　要

　以下，「07大綱」の内容をまとめておこう。まず，Ⅰの「策定の趣旨」では，これまでの防衛政策を簡単にまとめ，それが日本の防衛のみならず周辺地域の安定に貢献してきたと評価する(1; 2)。そしてこの「07大綱」策定の目的が，冷戦後の国際環境に適応するためであることを示し(3)，憲法の規定のもと，日米安保体制を強化して，日本を防衛するとともに周辺地域の安定に貢献することを謳う(4)。

　続くⅡの「国際情勢」は3つの部分からなり，それぞれ冷戦後の世界の脅威，国際的安定化要因，日本周辺の情勢についての認識が示されている。まず，冷戦の終結により世界規模での武力紛争の可能性は大幅に減少したもの

の，民族問題や宗教問題の噴出，大量破壊兵器やミサイル等の拡散といった問題などがあり，国際情勢は一概に平和に向かっているとはいえず，対応が困難な「不透明・不確実」な脅威が存在する状況にあるとする(1)。そうした中でも，グローバリゼーションにより経済的相互依存関係が進展し，また各地で2国間や多国間の対話や安全保障枠組が発展してきており，国際情勢の安定化要因となっている。また，主要国は新時代に適合的な軍事力の再編・合理化を進めており，国連などの諸活動やアメリカの努力なども，世界の平和と安定に貢献しているとする(2)。しかしながら日本周辺では，各国が経済成長を背景として軍事力を拡大する傾向にあり，また朝鮮半島問題などの地域的問題もあって，依然不安定な情勢が継続している。そうしたなかで，日米安全保障体制は日本の平和のみならず地域の安定のためにも重要であると評価する(3)。

Ⅲの「我が国の安全保障と防衛力の役割」は，まず安全保障と防衛の基本方針について「日本国憲法の下，外交努力の推進及び内政の安定による安全保障基盤の確立を図りつつ，専守防衛に徹し，他国に脅威を与えるような軍事大国とならないとの基本理念に従い，日米安全保障体制を堅持し，文民統制を確保し，非核三原則を守りつつ，節度ある防衛力を自主的に整備してきた」と，これまでの実績を総括している。そのうえで，「かかる我が国の基本方針は，引き続きこれを堅持する」と基本方針の継続を明言する(1)。防衛力の在り方についても，「我が国に対する軍事的脅威に直接対抗するよりも，自らが力の空白となって我が国周辺海域における不安定要因とならないよう，独立国としての必要最小限度の基盤的な防衛力を保有するという「基盤的防衛力構想」を」「基本的に踏襲していく」として，「51大綱」以来の基本原則たる「基盤的防衛力構想」の継続方針を示す。また他方で，「安全保障上考慮すべき事態」の「多様化」や，「社会の高度化や多様化の中で大きな影響をもたらし得る大規模な災害等の各種の事態に」対応するため，「近年における科学技術の進歩，若年人口の減少傾向，格段に厳しさを増している経済財政事情等に配意」しつつ，自衛隊の「合理化・効率化・コンパクト化を一層進めるとともに，必要な機能の充実と防衛力の質的な向上を図

る」として，新たな時代への対応を図っている(2)。

　Ⅲ-3において，これらと並んで防衛政策に不可欠の要素として挙げられているのが，日米安全保障体制である。日米安保体制は，「我が国の安全の確保にとって必要不可欠なものであり，また，我が国周辺地域における平和と安定を確保し，より安定した安全保障体制を構築するためにも，引き続き重要な役割を果たしていく」として，この機能を日本のみならず地域レヴェルに及ぶものとする。さらに，その信頼性を向上させ有効に機能させるための課題として，「①情報交換，政策協議等の充実，②共同研究並びに共同演習・共同訓練及びこれらに関する相互協力の充実等を含む運用面における効果的な協力態勢の構築，③装備・技術面での幅広い相互交流の充実並びに④在日米軍の中流を円滑かつ効果的にするための各種施策の実施等」を列挙し，これらに取り組んでいく姿勢を見せている。

　Ⅲ-4では防衛力が果たすべき役割について，日本の防衛，大規模災害等への対処，安定的な安全保障環境の構築の3つに分けて示している。まず(1)の防衛については，「我が国の防衛意思を明示することにより，日米安全保障体制と相まって，我が国に対する侵略の未然防止に努める」として，その抑止的な役割に言及する。また日本が独力ではもち得ない核抑止力については，「核兵器のない世界を目指した現実的かつ着実な核軍縮の国際的努力の中で積極的な役割を果たしつつ，米国の核抑止力に依存する」としている。抑止が破れ直接又は間接の侵略事態，あるいはその恐れがある事態が生起した場合には，「即応して行動し」早期に事態を収拾し又は侵略を排除するとしている。特に「直接侵略事態」には「米国との適切な協力の下，防衛力の総合的・有機的な運用を図ることによって」上記の目的を達するとして，日米安保体制に基づくアメリカとの協働を重視している。ここには，前「大綱」に見られた「限定小規模侵略独力排除方針」に相当する内容は示されていない。

　次のⅢ-4-(2)「大規模災害等各種の事態への対応」は，「07大綱」において最も争いの大きかった部分である。ここではまず，アとして「大規模な自然災害，テロリズムにより引き起こされた特殊な災害」などへの対応につい

て,「関係機関から自衛隊による対応が要請された場合などに,関係機関との緊密な協力の下,適時適切に災害救援等の所要の行動を実施する」としている。この点について補足しておこう。自衛隊法では自衛隊の任務を,侵略への対抗および必要に応じての公共の秩序維持と定めている(第3条,第76条,第78条)。この後者は治安出動と呼ばれる。治安出動については,1950年代から60年代の学生運動や労働争議をめぐって何度か実施が検討されたことがあるものの,左派勢力をはじめとしてこれに強く反対する意見が相当数存在したため,実際に発令されたことは一度もない。国内の治安維持を主管する警察庁は,伝統的に自衛隊が国内治安の維持にかかわる活動に携わることに強い警戒を示してきた。「51大綱」改定論議の際に警察庁が問題としたのは,大規模災害のうちテロリズムに起因するものに対する自衛隊の活動である。日本はこの95年3月に,「地下鉄サリン事件」という,未曾有のテロリズムを体験した。これを契機に,国内での大規模テロに対する対応策の構築が,課題として広く認知されるようになった。防衛庁は,こうした問題についても自衛隊を活用すべきと考えていたが,警察庁はこれに強硬に反対した。結果的に,この問題については警察庁の主張に沿う形で調整が行われたものの,自衛隊の出動条件を「自衛隊による対応が要請された場合など・・に」(傍点筆者)とすることで,解釈の余地が残された。[99]

これに次いでイとして示されるのが,いわゆる「周辺事態」に関する部分である。これは,政府内においても治安出動以上に大きな問題とされた争点であり,「07大綱」決定以降にも政治問題化した,まさに「07大綱」最大の論点である。「我が国周辺地域において我が国の平和と安全に重要な影響を与えるような事態が発生した場合には,憲法及び関係法令に従い,必要に応じ国際連合の活動を適切に支持しつつ,日米安全保障体制の円滑かつ効果的な運用を図ること等により適切に対応する」。ここで日米安保体制の対象範囲が「我が国周辺地域」とされていることが,策定前には政府内では集団的自衛権との関係で問題となったし,策定後には特に中国・台湾との関係から政治問題として取り上げられた。

Ⅲ-4-(3)では,安定した安全保障環境の構築への貢献が謳われており,ア

として近年実現し徐々に実績を積んでいた国際平和協力業務の重要性が主張されている他，国際緊急救助活動による国際協力推進にも言及している。イでは，これも冷戦終結以降，中国・韓国・ロシアなど各国との間で進められ実績を上げている安全保障対話や防衛交流を，さらに推進していく方針を示す。ウでは，大量破壊兵器やミサイルの拡散防止等，軍備管理・軍縮分野における国際機関などの活動への協力も進めるとしている。

Ⅳの「我が国が保有すべき防衛力の内容」では，Ⅲで示された防衛力の役割を全うするために今後必要となる，各自衛隊の在り方などの各種態勢について述べられている。Ⅳ-1の「陸上，海上及び航空自衛隊の体制」は，内容が部隊編成等の比較的軍事専門的な詳細に踏み込むため，ここでは詳しく紹介しないが，各自衛隊について，それぞれ4項目の組織編制の方針が示されている。Ⅳ-2の「各種の態勢」では，まず「自衛隊の任務を迅速かつ効果的に遂行するため，統合幕僚会議の機能の充実等による各自衛隊の統合的かつ有機的な運用及び関係各機関との間の有機的協力関係の推進に特に配意する」との大方針を立てている。続いて，これを実現するため，(1)侵略事態等に対応する態勢，(2)災害救援等の態勢，(3)国際平和協力業務等の実施の態勢，(4)警戒，情報及び指揮通信の態勢，(5)後方支援の態勢，(6)人事・教育訓練の態勢，という6項目を挙げ詳しく論じている。このなかで特に注目すべきは，(1)について，最初に「日米両国間における各種の研究，共同演習・共同訓練等を通じ，日米安全保障体制の信頼性の維持向上に努める」(ア)としている点で，ここからは日米安保体制の重要性を特に強調する姿勢が読み取れる。Ⅳ-3の「防衛力の弾力性の確保」では，即応性の高い予備自衛官を確保する必要を挙げ，防衛力のコンパクト化と即応能力の維持を両立させるとの方針を打ち出している。

Ⅴの「防衛力の整備，維持及び運用における留意事項」では，1-(1)で「経済財政事情等を勘案し，国の他の諸施策との調和を図りつつ，防衛力の整備，維持及び運用を行う」と述べているように，防衛政策を国が行う政策の1分野として，特別視せず経済情勢と整合的な政策展開を目指す方針を強調している。

別表では，陸上自衛隊の編成定数を16万人とし，うち常備自衛官定数を14万5000人，残りの1万5000人を即応予備自衛官という新たな枠組によってまかなう方針が示されている。海上自衛隊では，主要装備として護衛艦を約50隻，潜水艦を16隻，作戦用航空機を約170機としており，航空自衛隊では主要装備を作戦用航空機400機，うち戦闘機を300機としている。

　なお，この「07大綱」の決定に際しては，同日，内閣官房長官と防衛庁長官がそれぞれ談話を発表し，内容についての解説及び付加を行っている。官房長官談話では，「07大綱」で新たに付加された内容と，これまでの防衛政策との関係につき，その整合性が強調されている。たとえば憲法との関係では，「日本国憲法の下にこれまで我が国がとってきた防衛の基本方針については，引き続き堅持する」とし，さらに「我が国の憲法上許されないとされている事項について，従来の政府見解に何ら変更がない」と継続性が強調されている。また，日米安保体制と「周辺事態」についての記述の関係についても，「周辺事態対処」は広義の日米関係にかかわるもので，必ずしも軍事的協力関係に絞ったものではなく，これによる政策変更はないとして，やはり継続性を強調している。

4 「51大綱」から「07大綱」に至る政策変化

　以下では,「51大綱」および「07大綱」の内容を比較対照する。またその際に「樋口レポート」についても適宜触れる。これにより,「51大綱」から「07大綱」に至るまでの政策変化,およびそれに特徴づけられる「07大綱」の性格を明らかにする。

情勢認識

　まず,各文書策定の背景としての国際情勢認識および国内情勢認識について見ておこう。「51大綱」は,冷戦下の東西対立を前提としつつも,1970年代前半に進展したデタントによりその対立がやや緩和されたとの国際情勢認識に基づいていた。他方国内においては,それまでの高度経済成長によって経済的・社会的・政治的基盤が安定し,またオイル・ショックなどを契機に経済成長率が落ち着いたという状況があった。以上の情勢に鑑み,安定した国際環境のもとで着実な経済成長と防衛力整備を両立させるとの目標を実現するために打ち出されたのが,「基盤的防衛力整備構想」であった。この方針は,急速な軍備拡張や防衛費拡大による経済への悪影響を嫌った世論にも受け入れられやすいものであり,これにより社会的・政治的な安定をも損なうことなく防衛力整備を進めることが可能となったといえる。[100]

　他方「07大綱」は,冷戦終結後の世界情勢を前提に構築されており,この点で国際情勢認識における「51大綱」との差異は明白である。両「大綱」の前提となる国際情勢認識は,デタントおよび冷戦終結が大規模な脅威を減少させたという点で共通しているものの,これに加えて後者では「不透明・

不確実」な脅威の登場が強調されている。これは，「樋口レポート」が示した冷戦後の新たな状況に関する認識を引き継ぐものである。さらに国内情勢認識においても，「07大綱」は新たな状況への対応策としての性格を明示している。その新状況とは，第1にバブル経済の崩壊に始まりのちに「失われた10年」と呼ばれることになる深刻な経済不況であり，第2に少子高齢化問題の一側面としての若年人口の減少であり，最後に情報技術を中心とする諸技術革新に基づきアメリカで展開されていた軍事技術革命（RMA）の波及である。これらの国内情勢認識にかかわる諸点も，「樋口レポート」にすでに示されていた。以上のように，「07大綱」の国際および国内情勢認識は，「樋口レポート」をほぼそのまま引き継いだものといえる。

防衛政策の方針

では，「07大綱」はどのような防衛方針に基づいて，こうした新たな情勢に対処しようとしているのか。先に見たように，「51大綱」は「安保重視」路線と「自主防衛」路線のせめぎ合いのなかで，前者をその防衛方針の根幹に置いており，後者は象徴的に示されるにとどまっていた。

これに対し「樋口レポート」は，「多角的安全保障」と「日米同盟深化」という2つの政策方針を相互補完的なものとして位置づけ，これら2つの総合によって日本の防衛を実現するのみならず国際環境の安定に貢献するという，新たな安全保障政策を構想した。しかしながら，「樋口レポート」の構想が政治的対立に取り込まれ，2つの政策方針が相互排他的なものとして再定義され争点化されてしまった結果，「日米同盟深化」路線が「多角的安全保障」路線を駆逐して新たな防衛政策の中核を担うに至った。

こうした展開の結果，「07大綱」は「日米同盟深化」路線を体現するものとなった。「07大綱」の防衛構想を示すⅢ「我が国の安全保障と防衛力の役割」に3として，「51大綱」には存在しなかった日米安全保障体制に関する項目が設けられ，しかもそれが4の防衛力の役割の前に置かれたことは象徴的である。これに対して，のちに見るように，「多角的安全保障」方針は後景に退き，「自主防衛」に至ってはその姿を見出すことさえ困難である。

資料解説 4 「51 大綱」から「07 大綱」に至る政策変化　241

　まず,「自主防衛」について見ていこう。「51 大綱」に見られた「自主防衛」路線の象徴ともいえる規定が，小規模な直接侵略に対しては日本が独力で対処するという「限定小規模侵略独力排除方針」であった。「樋口レポート」は,「51 大綱」に基づく防衛政策の説明のなかでこの方針に言及するのみで，新たな防衛政策の方針を提言する部分ではこれに触れていない。「樋口レポート」が直接侵略の可能性や自主防衛路線を否定的に評価していたことを考えるなら，その構想のなかで「独力排除方針」への言及がないことは,「樋口レポート」がこの方針を新たな防衛政策のなかに取り込まないとの判断を下した結果と見るのが妥当だろう。「07 大綱」においても，直接侵略への対処は,「これに即応して行動しつつ，米国との適切な協力のもと，防衛力の総合的・有機的な運用を図ることによって，極力早期にこれを排除する」と記述されているのみで,「限定小規模侵略独力排除方針」は削除されている。

　秋山は，この変更を日米安全保障体制下で実際に行われるオペレーションの検討を踏まえた結果と説明する。[101] なぜなら,「どんな小規模の水準でも，現実に外国からの武力侵攻があれば，日米軍事同盟に基づき，しかも日本に相当規模の米軍が駐留していることを考慮すれば，米軍が直ちに前線で戦うかどうかは別として，ほとんど当初から日米は協力して対処すること必至である」ためだ (秋山 2002, 104)。この前提にあるのは，日米安全保障条約に規定されている日本有事への対応である。安保条約第 5 条は,「各締約国は，日本国の施政下にある領域における，いずれか一方に対する武力攻撃が，自国の平和及び安全を危うくするものであることを認め，自国の憲法上の規定及び手続に従って共通の危険に対処するように行動することを宣言する」として，アメリカに対し日本を共同防衛する義務を課している。これに基づけば「限定小規模侵略独力排除」という方針は現実的ではないから,「07 大綱」では削除した。これが秋山の説明の意味するところである。

　しかしながらこの事情は,「51 大綱」下においても概ね同様だったはずである。とすればこの変更から読み取れることは,「51 大綱」策定から「07 大綱」策定までの 19 年間に，日本の防衛政策の根幹として，日米安全保障体

制の重みがさらに増し，他方「自主防衛」路線はほとんど顧慮すべきものとは見なされなくなったということだ。

さて，「限定小規模侵略独力排除方針」には，「自主防衛」路線の象徴というだけでなく，もうひとつ重要な役割があった。独力で対処すべき事態の上限を定めることで整備すべき防衛力の上限を示す，防衛力整備における抑制要因としての役割である。これと「基盤的防衛力構想」により，「51大綱」は防衛力の過拡大を防ぎ，経済・財政状態と調和した防衛力整備を実現し得た。その具体的な手段として，「51大綱」と併せて策定された，防衛費のいわゆる「GNP1％枠」は，この「51大綱」の抑制路線を体現したものであった。

抑制路線の片輪であった「独力排除方針」の削除は，同時にもう片輪である「基盤的防衛力構想」の意義低下をも示唆していよう。「独力排除方針」の削除により，対処すべき事態の規模が明示されなくなった「07大綱」における「基盤的防衛力」は，いかにして具体化され得るのか。[102]「07大綱」は，この疑問に対する答えを示していない。

しかしながら，「07大綱」においても「基盤的防衛力構想」自体は引き続き有効とされた。大規模な軍事的脅威の可能性は大きく減じ，また深刻な経済的停滞状況にあっては，防衛力整備もこれに配慮したものでなければならない。以上は，「51大綱」の情勢認識のうち「基盤的防衛力構想」の根拠となった部分である。このような認識は，時代の違いこそあれ，「樋口レポート」，そしてそれに基づく「07大綱」の情勢認識にも共通して見出される。この限りで，諸情勢の変化は，大枠となる「基盤的防衛力構想」自体の転換を迫るようなものではなく，むしろ90年代における構想の必要性を，さらに高めたとさえいえる。

防衛力規模

「07大綱」策定にあたっては，前項で見たような事情から，防衛力規模の拡大は最早不要であり，むしろこれを削減すべしとの方向性が強まった。さらに，陸上自衛隊を中心に，兵力の定数と実数との乖離が深刻となり，これ

によって部隊編成に問題が生じ，訓練等の諸活動に支障を来すという事態も起こっていた。若年人口が減少していけば，この問題がさらに深刻化することは容易に想像し得る。となれば，「基盤的防衛力」の性格上，現有の防衛力規模を大幅に削減することは困難であるにしても，一定の削減はやはり必要であるとの結論は避けられない。ただし，日本周辺には不透明な脅威が存在しているから，こうしたものに対処する能力は維持・向上させねばならない。そのためには防衛力整備において新たな技術革新の成果を利用すべきである。こうした論理により，「07 大綱」では，「基盤的防衛力整備構想」を「基本的に踏襲」しつつ防衛力の「合理化・効率化・コンパクト化」を進める，という方針が示された。以上の議論も，基本的に「樋口レポート」の提言どおりの内容となっている。

　2 つの「大綱」間の防衛力規模の変化は，両「大綱」に防衛力整備目標として付された別表を比較することによって明らかになる。両別表に共通する全 19 項目に加え，秋山(2002, 143)が示している「51 大綱」の下位項目 3 つ[103]を合わせて比較してみると，「07 大綱」で増加した項目はなく，変化なしの項目が 9，減少した項目が 13 で，全体に削減が行われていることが明らかである。以下に削減された項目のみを示す(表 4)。

　「07 大綱」別表の防衛力削減は，「樋口レポート」に示された削減提案を忠実に実現したものといえる。以下，「樋口レポート」の記述を参照しながら確認していこう。まず，陸上自衛隊の定数削減についてである。「樋口レポート」では，自衛隊全体で定数を「現行の 27 万 4 千人を 24 万人程度を目途として縮小する」(第 3 章第 3 節-(4)-(iv))としており，陸上自衛隊定員については数字を挙げていない。しかし実際には，当時から陸上自衛隊の定員を 18 万人から 16 万人へと削減することが明確に意図されていた。これをあえて陸上自衛隊定数ではなく総定数で記述したのは，陸自の反発を抑えるための便法であったという(秋山 2002, 64)。また「07 大綱」で新たに導入された即応予備自衛官制度も，「樋口レポート」が「危急の際に迅速に対応できるようにするためには，新たな予備自衛官制度を導入することを検討すべき」として提案していたものである。

表4　51・07「大綱」別表の防衛力整備目標比較（削減項目のみ）

区分			「51大綱」	「07大綱」
陸上自衛隊		編成定数	18万人	16万人
	基幹部隊	平時地域配備する部隊	12個師団*	8個師団*
			2個旅団*	6個旅団*
	主要装備	戦車	約1200両	約900両
		主要特科装備	約1000門/両	約900門/両
海上自衛隊	基幹部隊	護衛艦部隊(地方隊)	10個隊	7個隊
		掃海部隊	2個掃海群	1個掃海群
		陸上哨戒部隊	16個隊	13個隊
	主要装備	護衛艦	約60隻	約50隻
		作戦用航空機	約220機	約170機
航空自衛隊	基幹部隊	航空警戒管制部隊	28個警戒群	8個警戒群 20個警戒隊
		要撃戦闘機部隊	10個飛行隊	9個飛行隊
	主要装備	作戦用航空機 うち戦闘機	約430機 約350機	約400機 約300機

*師団は6000〜9000人規模の部隊であり，旅団は2000〜4000人規模の部隊。
(「51大綱」別表，「07大綱」別表，秋山(2002, 143)をもとに著者作成)

　陸自部隊の再編については，「樋口レポート」が「多様な任務に柔軟に対応し得ることに重点を置いて，多機能的な部隊に再編成する」，あるいは「部隊の規模を縮小し，内容的に充実したものに再編成する」(第3章第3節-(4)-(v))としており，基幹部隊や主要装備面での削減は，この方針に沿って行われたものといえる。次いで海上自衛隊については，「樋口レポート」は「対潜水艦戦や対機雷戦のための艦艇や航空機の数を削減すべき」(第3章第3節-(4)-(vi))としており，これも「07大綱」での削減方針と合致している。「樋口レポート」は，航空自衛隊関連では，「レーダー・サイト等の航空警戒管制組織については，効率化の見地も含め，大幅な見直しがなされるべき」としたほか，「戦闘機部隊または戦闘機の数を削減すべき」(第3章第3節-(4)-(vii))としている。「樋口レポート」によるこれらの提案は，いずれも「07大綱」で忠実に実現されている。

周辺事態対処

「07大綱」には,「51大綱」に規定がなかった新たな要素がいくつか存在しており,そのうち特に重要なものが2つ挙げられる。第1に日本周辺地域で発生した事態への対処方針であり,第2に国際平和協力業務を中心とする国際的平和環境構築への取り組みである。以下,これらについて詳しく見ていく。

まず,第1の「周辺事態」への対処についてである。これは,「07大綱」策定にあたって最大の問題となった争点である。この規定は,Ⅲ-4-(2)「大規模災害等各種の事態への対応」の下に置かれている。この部分の最初の項目であるアは,自然災害やテロリズムなどの事態への対応を示す,「大規模災害等各種の事態への対応」という題目どおりの規定である。「周辺事態」への対処に関する規定は,これに続くイとして置かれている。内容的に見て違和感を免れないこのような位置に置かれざるを得なかったこと自体が,本項のはらむ問題を象徴しているともいえる。[104]「我が国周辺地域において我が国の平和と安全に重要な影響を与えるような事態が発生した場合には,憲法及び関係法令に従い,必要に応じ国際連合の活動を適切に支持しつつ,日米安全保障体制の円滑かつ効果的な運用を図ること等により適切に対応する」。ここでは,日米安保体制の対象範囲が「日本周辺地域」,すなわち日本の領域外をも含むものとされており,しかも日米がそこで協調して活動する可能性が示唆されている。

この規定に関し,政府内事務レヴェルにおいては,内閣法制局が反対を唱えた。日本の周辺地域において自衛隊と米軍が協力して活動することは,政府統一解釈で憲法9条が禁じるとしてきた集団的自衛権の行使にあたる可能性があるためだ。日米安保体制の根幹である日米安全保障条約は,第6条において「日本国の安全に寄与し,並びに極東における国際の平和及び安全の維持に寄与するため,アメリカ合衆国は,その陸軍,空軍及び海軍が日本国において施設及び区域を使用することを許される」として,在日米軍施設の設置目的を極東地域の安全保障と規定している。[105] また,自衛隊の行動の地理的範囲に関する政府統一解釈は,自衛権の及ぶ範囲は必ずしも日本の領

土，領空，領海に限られず，他国の領域外の日本周辺の公海や公空をも含むとしている。[106] したがって，日本の領域外であっても，周辺の公海や公空において自衛隊や米軍が個別に活動する限り，憲法上の問題は何ら生じない。しかし，日本の自衛権が及ぶ周辺の公海・公空であっても，自衛隊と米軍が共同で武力を行使することはもちろん，米軍の武力行使を自衛隊が支援することも，集団的自衛権の行使に当たるため許されない。[107]「07大綱」の「周辺事態対処」の規定は，必ずしも集団的自衛権の行使にあたるとはいえないものの，集団的自衛権にあたる活動の可能性が排除されてはいなかった。そのため，上記のような政府統一解釈を擁護する内閣法制局の立場からすれば，この規定に賛成することができなかったのである。この「周辺事態対処」をめぐる政府内事務レヴェルの対立は，結局内部での調整がつけられず，最終的には政党政治レヴェルでの調整に委ねられることになった。この事情は第7章ですでに見た。

政府内の政党政治レヴェルでは，村山首相および社会党が「周辺事態対処」は日米安保条約の対象範囲を，条約に示された「極東」から実質的に拡大するものではないかとの懸念を示した。これに対しては，日米安保条約とそれに基づく日米の安全保障分野における協調関係としての日米安保体制とを区別し，「周辺事態対処」は必ずしも軍事的活動を意味せず，むしろそれ以外の分野での活動が大半を占めること，したがってこれが日米安保条約における「極東」の範囲に関する政府統一解釈を変更するものではないことが確認され，以上を「07大綱」と同時に発表される内閣官房長官談話にて明確化する，という政治決着が図られた。談話の5で言及される，「「我が国周辺地域における平和と安定を確保し」との表現により，日米安全保障条約にいう「極東」の範囲の解釈に関する政府統一見解を変更するようなものではありません」という部分が，これにあたる。

この談話によっても，日本の領域外における自衛隊と米軍の共同活動が禁止されたわけではないことには注意を要する。自衛隊と米軍が，いかなる地域でいかなる活動を協力してなし得るのか，あるいはなし得ないのかについては，依然明確化されていない。その意味で，内閣法制局の反対の原因で

あった，集団的自衛権の行使にあたる活動の可能性も，依然として排除されてはおらず，また社会党が懸念した日米安保条約の対象の実質的拡大も，結局のところ否定されたわけではない。

　この「周辺事態対処」の規定は，「51大綱」はもちろん，「樋口レポート」にも見られなかった，「07大綱」独自の規定といえる。「樋口レポート」は日米安保体制の機能充実を要求し(第2章-2.)，そのための具体策として，第3章第2節「日米安全保障協力関係の充実」で，(1)政策協議と情報交流の充実，(2)運用面における協力体制の推進，(3)後方支援における相互協力体制の整備，(4)装備面での相互協力の促進，(5)駐留米軍に対する支援体制の改善，という5つの項目を挙げている。しかしこのいずれにも，日本周辺地域での日米協力については触れられていない。「周辺事態対処」は，「樋口レポート」の方針を踏まえつつも，その後の情勢なども考慮して，「07大綱」において具体化された規定といえよう。このような項目が閣議決定文書に記載されたことは，55年体制下からの大きな変化といえる。

　この「周辺事態対処」の規定は，先に見た「限定小規模侵略独力排除方針」の削除と同様，日米安全保障体制の強化にかかわる項目である。ここからは，「樋口レポート」で示され，その後のプロセスのなかで強力に推進された「日米同盟深化」への動きが「07大綱」へと結実した流れを，はっきりと読み取ることができる。なお，日米安保体制の拡充に関しては，前述のとおりこれを実現するために必要な事項が4つ列挙されており(Ⅲ-3)，この最後に「④在日米軍の駐留を円滑かつ効果的にするための各種施策の実施等」という項目が掲げられている。この点については，「樋口レポート」では在日米軍に対する思いやり予算(HNS)の拡大といった「支援体制の改善」のみが問題とされていたのみで，「07大綱」の記述とは開きがある。これは，本項目が防衛政策論議のなかから出てきたというよりも，95年9月4日に発生した沖縄駐留米兵による女児暴行事件を受けて挿入されたものであるためだ。事件後，沖縄では米軍基地撤廃の県民世論が沸騰し，日米安保体制にとって極めて重大な問題となった。[108]「07大綱」における上記の項目は，この大問題に積極的に取り組むという姿勢を示すために記載されたものといえ

よう。

国際的平和環境構築

「07大綱」における新要素の2つ目，国際的平和環境構築について見ておこう。「樋口レポート」は，日米安保体制の拡充と並ぶ防衛政策の中核として，「多角的安全保障」方針の重要性を強調していた。しかしこの方針は，「07大綱」において日米安保体制に比べてはるかに小さな扱いをされているに過ぎない。「多角的安全保障」の方針は，Ⅲ-4-(3)「より安定した安全保障環境の構築への貢献」として「07大綱」に反映されはしたものの，防衛力整備(Ⅲ-1; Ⅲ-2)や日米安保体制(Ⅲ-1; Ⅲ-3)といった中核的部分とは異なり，Ⅲ-1では言及されず，Ⅲのなかの大項目として独立に扱われることもなかった。さらにⅢ-4「防衛力の役割」においても，日米安保体制と密接に関係する(1)「我が国の防衛」，および(2)「大規模災害等各種の事態への対応」より後に置かれている。このような記載のされ方が，「多角的安全保障」に対する軽視を明白に物語っている。

さらに以下で見るように，その記述は既存方針の確認にとどまり，当時新たに問題となっていた争点についての判断は何ら示されていない。Ⅲ-4-(3)-アにおいては，「国際平和協力業務の実施を通じ，国際平和のための努力に寄与する」として，1992年に成立したPKO法に基づく国連の平和維持活動(PKO)への参加推進が謳われている。これは92年のカンボディア派遣以来，93年のモザンビーク派遣，94年のルワンダ難民救援と，徐々に実績を上げつつあったPKOについて，それまで単に「国際貢献」として語られていたところを，安定的な国際環境構築のための活動と位置づけ直し，今後とも推進していくという方針を示したもといえる。現実にも，「07大綱」決定後の95年12月には，ゴラン高原への派遣が決定するなど，この方針に沿った政策展開がなされている。

しかし上述の規定内容は，「樋口レポート」に示された方針を部分的に踏襲したに過ぎない。当時PKOへの参加に関して最も大きな争点となっていたのは，これ自体を継続するか否かといったことではなかった。自衛隊の

PKO参加が開始された当初は，政界のみならず世論やメディアにおいても，その是非につき大きな意見の対立が見られたが，95年1月の阪神淡路大震災をひとつの契機として，自衛隊の活動が広く国民に受け入れられるようになるに従い，PKO参加についても肯定的な意見が広がり始めていた。何よりも政府内には，PKO参加継続の方針につき反対を明示している勢力は皆無であった。PKO法には牛歩戦術まで用いて反対した社会党も，党内に反対勢力を抱えつつも，村山の首相就任によりトップ・ダウン的に政策転換を果たしていた。「07大綱」に示された方針に何ら目新しいところはない。

当時PKO活動をめぐる争点として最も重要だったのは，PKO活動のなかでも特に軍事的要素が強く，軍事力行使の可能性を前提としているPKFへの参加の是非であった。PKFへの参加は，PKO法附則第2条において「別に法律で定める日までの間は，これを実施しない」として，凍結されていた。この点について「樋口レポート」は，「いわゆる平和維持隊(PKF)本体業務の凍結規定を出来るだけ早く解除する方向で，議論を煮詰めることが望ましい」(第3章-第1節-1-(3))として，PKF参加の凍結を解除すべきとの方針を打ち出していた。しかしながらこれについては，さすがに社会党内部に不満が強く，また同時期にルワンダ難民救援のためのPKO派遣や国連常任理事国入りといった関連問題についての是非が議論されていたという事情もあり，政府は踏み込んだ対応ができず，むしろ消極的な態度を示している。「樋口レポート」提出後の94年9月にPKF凍結解除問題が国会で取り上げられた際には，玉澤防衛長官は「PKFにつきましては十分経験を積みまして，それらを解除するということにつきましてはもう少し時間が必要なんじゃないか，まだ経験が不足である」と答弁している。[109] この結果，PKF凍結解除問題は，「07大綱」策定過程において十分議論されることはなく，結局「07大綱」も何らかの方針を示すどころか，この問題に言及さえしていない。

以上からも，「07大綱」において「日米同盟深化」が重視されており，それに比べて「多角的安全保障」が軽視されていた状況がわかる。「07大綱」は，多くの部分で「樋口レポート」の理念を引き継いでおり，その提言に

沿って形成されたものといえるが，最も中核的な防衛方針については，「樋口レポート」が軽視され，日米の政策当局間の合意が直接的に「07大綱」に反映されたといえる。

5 新「ガイドライン」[110]

　本章では，1997年9月24日に日米間で合意された，新たな「日米防衛協力のための指針(新ガイドライン)」について，まずその概要を示し，次いでその内容を，必要に応じて旧「ガイドライン」や策定プロセスで作成された「中間とりまとめ」と比較しながら確認していく。新「ガイドライン」の原文は資料全文Ⅳに示したので，必要に応じて参照されたい。

概　要
　「ガイドライン」は，日米安全保障条約に基づく日米の協力，特に自衛隊と米軍の協力の運用面を包括的に規定する行政文書であり，当然ながらその内容は軍事専門的な事柄を含む。したがって以下では，その細部に踏み込むことはせず，安保条約の運用の根幹にかかわる中核的な部分のみを見るにとどめる。
　Ⅰでは，新「ガイドライン」の目的を，「平素から並びに日本に対する武力攻撃及び周辺事態に際して」日米協力の「堅固な基礎を構築」し，「日米両国の役割並びに協力及び調整の在り方について，一般的な大枠及び方向性を示す」こと，としている。ここでは，新「ガイドライン」が平素・日本有事・周辺事態のそれぞれにおける日米協力という3本柱をもつことが端的に示されている。旧「ガイドライン」には存在しなかった「周辺事態」についての言及が見られる点は，特に重要である。
　Ⅱでは，2で新「ガイドライン」の規定が「日本の憲法上の制約の範囲内」に収まるものであるとする。また4においては，新「ガイドライン」が

日米両国に「立法上，予算上又は行政上の」いかなる措置も義務付けるものではないとしつつも，「各々の具体的な政策や措置に適切な形で反映することが期待される」としている。ここで新「ガイドライン」は，日米両国に，これに対応するための行動を強制しないとの体裁を取っている。しかし，国際約束としてこれを取り結んだ以上，その実現のために必要な措置を取ることが強く求められていることは，この部分を読むまでもなく明らかだろう。

協力計画の策定

Ⅲの「平素から行う協力」は，旧「ガイドライン」には規定がなかった項目である。ここでは，まず日米それぞれが必要な防衛力を整備するとの前提を示す。そして「日本の防衛及びより安定した国際的な安全保障環境の構築のため，平素から密接な協力を維持する」とし，その具体例として，物品役務相互提供協定（ACSA）や日米相互防衛援助協力協定[111]を挙げる。Ⅲ-1では，情報および政策の面で，日米が緊密な協議に基づき協調を図る方針が示される。2では，日米協力が国際的な安全保障環境の安定に寄与するとする。最後の3では，日米が日本有事に対する共同作戦計画と周辺事態に対する相互協力計画をもつとし，そのための民間機関を含む共同訓練の実施や平素からの日米間調整メカニズムの構築を規定している。

このうち日本有事の際の共同作戦については，旧「ガイドライン」において，侵略の未然防止態勢を示した第Ⅰ項，および日本武力攻撃への対処行動を示した第Ⅱ項に基づく研究事項として規定されていた。その後この研究が実際に進められ，また日米合同演習等も行われるようになったことで，すでに相当程度内容が固まっていた。これに対し，旧「ガイドライン」において極東事態への対応を定めた第Ⅲ項に基づく研究事項とされていた相互協力計画は，極東事態下での対米軍便宜供与が集団的自衛権行使に該当する可能性があるとの理由から研究が進められず，ほとんど手付かずで放置されていたテーマであった。これら，日本有事に対する共同作戦計画と周辺事態に対する相互協力計画という2つの計画を策定する方針を明示したことは，新「ガイドライン」の大きな特色といえる。

日本有事

Ⅳに規定される日本有事は，旧「ガイドライン」の中核部分にあたる規定で，新「ガイドライン」でも「引き続き日米防衛協力の中核的要素」であるとされている。ただしその内容は，旧「ガイドライン」策定以後の研究の進展といった変化を反映して，新たに規定し直されている。1の「攻撃が差し迫っている場合」では，まず日米間の「情報交換及び政策協議」の強化を規定するとともに，「日米間の調整メカニズムの運用を早期に開始する」ことを課題として挙げる。次いで日本が米軍の来援基盤を構築・維持するよう規定し，さらに両国は「事態の拡大を抑制するため，外交上のものを含むあらゆる努力を払う」としている。このような外交的手段への言及は，旧「ガイドライン」には見られなかったもので，新「ガイドライン」までに日本有事へのより包括的かつ実質的な対応策が形成されていることが読み取れる。また周辺事態においても，日本有事に発展する可能性を考慮して，同様の行動の準備を念頭に置くよう注意を促している。ここであえて周辺事態について言及していることからも，これを新「ガイドライン」にとって重要なテーマと考える両国の姿勢がうかがえる。

2の「武力攻撃がなされた場合」では，まず(イ)において日本が事態に「即応して主体的に行動し，極力早期にこれを排除する」とし，米軍には「日本に対して適切に協力する」補助的な役割を与えることで，日本の自主的な防衛努力を規定する。これは，「07大綱」が「限定小規模侵略独力排除規定」を削除したことに対し，国内で自主防衛努力の放棄であるとの批判がなされたことを踏まえ，日本の自主防衛方針を改めて規定したものである。とはいえ，そもそも日米間の軍事協力を規定するこの新「ガイドライン」において言及された自主防衛方針に，実質的な意味があるのかは疑問である。この規定は，日本の防衛政策に自主防衛方針を改めて立てるものというより，批判に応えて自主防衛に対する気概を象徴的に示したものと解するのが妥当だろう。(ロ)では，自衛隊と米軍の共同作戦について，「各々の陸・海・空部隊の効果的な統合運用を行う」とし，また自衛隊は「防勢作戦」を，米軍は自衛

隊の支援と「能力を補完」する作戦を実施すると規定し，旧「ガイドライン」で示された両者の〈盾〉と〈矛〉の役割分担を維持している。

　(2)および(3)には軍事専門的な規定が置かれており，内容的に旧「ガイドライン」とかなりの部分が共通している。その中にあって新たに加えられた規定としては，以下に挙げる諸点がある。まず(2)-㈡「その他の脅威への対応」では，「ゲリラ・コマンドウ等」による「不正規型の攻撃」や弾道ミサイル攻撃への対処を挙げる。これらは，オウム真理教によるテロ事件や北朝鮮のノドン・ミサイル実験などを契機に組み込まれた規定である。また，(3)-㈸「通信電子活動」は，90年代に進展したIT技術革新とそれに基づくRMAへの適応を意図したものといえよう。(3)-㈻「後方支援活動」では，地方自治体や民間の能力活用が新たに規定された。これは，次に見る「周辺事態」における対米支援の規定との整合性を意識したものといえる。また，96年のACSA締結の影響で，㈻-(v)の「衛生」分野の協力も新たに規定された。

周辺事態

　Ⅴの「周辺事態」も，旧「ガイドライン」にはなかった新設項目である。新「ガイドライン」において最も関心を集めた部分といえ，政党政治レヴェルのみならずメディアにも広く取り上げられ，国民世論を巻き込んでの論議の的となった。その一端は，「ガイドライン」見直しの経緯を追った際に触れたとおりである。まず，「周辺事態は，日本の平和と安全に重要な影響を与える事態」であり，この概念は，「地理的なものではなく，事態の性質に着目したもの」と定義する。「1　周辺事態が予想される場合」の対処方針は，米軍の来援支援に触れていない以外は，日本への武力攻撃が差し迫った事態に関するⅣ-1の規定とほぼ同様で，まず日米の「情報交換及び政策協議」の強化，ついで事態の拡大抑制のため「外交上のもの含むあらゆる努力」を挙げ，さらに「日米共同調整所の活用を含め，日米間の調整メカニズムの運用を早期に開始する」ことを課題として掲げる。そして，「整合のとれた対応を確保するために必要な準備を行」い，「情勢に対応するための即応態勢

を強化する」としている。「2　周辺事態への対応」では、(1)において両国が「各々主体的に行う活動」として4点を挙げている。このうち目を引くのは、(ｲ)「非戦闘員を退避させる活動」で、両国民の非戦闘員の退避は、両国政府「各々が適切であると判断する場合には、各々の有する能力を相互補完的に使用しつつ、」「計画に際して調整し、また、実施に際して協力する」としていることである。新「ガイドライン」策定プロセスにおいて、日本側が日本人の退避活動への協力をアメリカ側に求めていたのに対し、アメリカ側は日本に協力の約束をすると世界中で同様の約束を迫られると考え、当初協力には否定的であった。そのため「中間とりまとめ」では単に「情報を交換する」とのみ記されていた。しかし最終的には、日本側の強い要望により、何とか「協力する」との文言が加えられた(秋山 2002, 263-264)。この項目の分かりにくい記述は、両国の妥協の結果といえる。また、(ニ)の「経済制裁の実効性を確保するための活動」では、まず日米両国が「各々の基準に従って貢献する」としたうえで、「各々の能力を勘案しつつ適切に協力する」として、その対象を「情報交換、及び国際連合安全保障理事会決議に基づく船舶の検査」と規定している。これも分かりにくい記述だ。海上封鎖に伴う臨検活動について、憲法上の制約などから日本が十分な活動をできない状況が予測された。このため「中間とりまとめ」には、船舶検査への言及はない。しかし、朝鮮半島核危機などの経験から、この課題の重要性は双方に認識されていた。このため、その後の協議の結果、上記のような迂遠な表現を取りつつも、船舶検査が新「ガイドライン」に規定された。

周辺事態における対米支援

Ⅴ-2-(2)の「米軍の活動に対する日本の支援」は、新「ガイドライン」最大の論点であった。まず(ｲ)「施設の使用」では、「日本は、必要に応じ、新たな施設・区域の提供を適時かつ適切に行うとともに、米軍による自衛隊施設及び民間空港・港湾の一時的使用を確保する」として、日本国内の民間施設の使用を明確に打ち出した。(ﾛ)「後方地域支援」の前半では、この活動は「主として日本の領域において行われるが、戦闘行動が行われている地域と

は一線を画される日本の周囲の公海及びその上空において行われることもある」と規定している。日本有事ではない状態のもとで，戦闘行動をとっている米軍への支援を行うことは，集団的自衛権の行使に該当する可能性があり，憲法上の疑義を生じる。本規定は「戦闘行動が行われている地域とは一線を画される」地域，いわゆる「非戦闘地域」に活動範囲を限定し，さらに支援内容を補給・輸送・整備・衛生・警備・通信などに限定し，日本側が戦闘を行うことがないようにすることで，違憲性を回避しようとしている。しかしながら，そのような「非戦闘地域」を実際に設定することが可能か，また可能であったとして「非戦闘地域」での支援なら本当に集団的自衛権の行使にあたらないのかなど，多くの疑問も提起され，論議の的となった。

㈡の後半では，「中央政府及び地方公共団体が有する権限及び能力並びに民間が有する能力を適切に活用する」としている。これは，周辺事態に対応するため政府が民間の資源を利用する可能性を示す，国民生活に直接的な影響を与える規定である。そのため，いかなる協力が求められるのか，協力にはどのような準備が必要となるのかといった疑問から，アメリカから協力を強要されるのではないかといった不安までが生じ，地方自治体や国民の強い関心を呼び起こし，様々な議論が行われた。新「ガイドライン」は，協力内容についての疑問に答えるため，「周辺事態における協力の対象となる機能及び分野並びに協力項目例」と題される別表を付し，40項目にわたる例を示している。

日米共同のメカニズム

Ⅵでは，防衛協力のために必要となる日米共同の取り組みについて，平素から日米安全保障協議委員会（SCC）や日米安全保障高級事務レヴェル協議（SSC）など，「あらゆる機会をとらえて情報交換及び政策協議を充実」させるとしたうえで，さらに「計画についての検討を行うとともに共通の基準及び実施要領を確立するため」（傍点筆者）に関係機関を巻き込んだ「包括的なメカニズム」を構築すること，および「緊急事態において各々の活動に関する調整を行うため」に両国の関係機関を含む「調整メカニズム」を構築する

こと，の2点を規定している。

「包括的なメカニズム」の役割は，この後に細かく規定される。1ではまず，「包括的なメカニズム」はSCCとSDCに検討結果を報告するものとして，その組織的位置づけを示す。さらに1-(1)では，上述の「計画」が，日本有事の「共同作戦計画」と周辺事態の「相互協力計画」を意味することが示され，これらの立案を行うことが「包括的なメカニズム」の役割のひとつとされる。(2)では「共同作戦計画」と「相互協力計画」実施のための準備を日米が一致して行えるようにするため，「情報活動，部隊の活動，移動，後方支援その他の事項」について，両国が合意のうえ「共通の準備段階」を「選択」できるような「基準」を設定する役割が規定される。(3)では，「自衛隊及び米軍が日本の防衛のための整合のとれた作戦を円滑かつ効果的に実施できるよう」指揮・通信・情報・後方支援などにつき「共通の実施要領等をあらかじめ準備」するとともに，相互運用性にも留意する，という役割が示される。つまり「包括的なメカニズム」とは，日米の軍事協力の詳細を立案する，軍事協力の運用に向けての要となる機関といえる。

2は，日米両国が平素から「調整メカニズム」を整備する，と規定する。ただ，そこでは極めて広範な「調整」が必要となると予測されるため，その「要領は，調整すべき事項及び関与する関係機関に応じて異なる」として，詳しい規定は控えている。その例外が自衛隊および米軍についてで，「調整メカニズムの一環として，双方の活動について調整するため，必要なハードウェア及びソフトウェアを備えた日米共同調整所を平素から準備しておく」としている。

Ⅶは，「日米安全保障関係に関連する諸情勢」の変化に応じて「ガイドライン」も「適時かつ適切な形で」見直されると規定して，全体を結んでいる。

根本方針としての日米同盟深化

以上の新「ガイドライン」の内容から読み取れるのは，「樋口レポート」が提示し，ナイ・イニシアティヴが着手し，「07大綱」で日本の防衛政策の中核として具体化した「日米同盟深化」路線が，その後も忠実に実施され，

日米安全保障協力が一層深まったこと，さらにこの方向性が新「ガイドライン」においても確認され，以降もさらに推進されていくであろうことだ。新「ガイドライン」が日米の防衛協力の運用に関する取極めである以上，そこに「日米同盟深化」の方向性が見出されるのは当然といえ，そのことのみから，日本の防衛政策の中核がこの方向性をもつと結論づけることはできない。しかし，新「ガイドライン」の規定，特に旧「ガイドライン」には見られなかった新たな規定の内容は，この間の日米同盟にかかわる変化を明らかにするものといえ，「日米同盟深化」路線の定着・進展を示す十分な材料といえる。

　新「ガイドライン」で新たに加わった規定のなかで特に目立つ論点は，日米の政策協議の重要性と，日本周辺事態への対応の重要性の2つである。政策協議については，新設されたⅢ「平素から行う協力」の1のほか，Ⅳ-1，Ⅴ-1，Ⅵと，内容の中心にかかわる部分で繰り返し言及されており，その対象は可能な限り広範なレヴェル・分野に及ぶものとされ，さらに可能な限り頻繁に行われることが望ましいとされている。そもそもこうした日米の安保政策協議は，冷戦下あるいは冷戦終結直後にはほとんど行われていなかった。これを日米同盟にとっての最重要テーマのひとつと位置づけ，その活性化の方針を打ち出す「日米防衛政策調整」アイディアを実現したのは，ナイ・イニシアティヴであった。このアイディアは，ナイ・レポートおよび「07大綱」の策定プロセスで実行され，これらの文書の内容に反映されたことによって，日米同盟の運用にかかわる主要な方針として具現化された。これが新「ガイドライン」においても強調されていることは，ナイ・イニシアティヴによって進められ「07大綱」で確立された「日米同盟深化」路線が，大きな変更を蒙ることなく継続していたことの傍証である。さらに，新「ガイドライン」は，新たな「計画」や「調整」を規定することで，この「日米防衛政策調整」，ひいては「日米同盟深化」を一層推し進める役割をも果たしている。

　周辺事態への対応は，Ⅳ-1で言及されるとともに，Ⅴとして独立の項目が立てられており，Ⅲ「平素から行う協力」，Ⅳ「日本に対する武力攻撃に

際しての対処行動等」と並んで，新「ガイドライン」の3本柱の一角をなしている。また，これに関して想定される民間の協力の対象が別表として付されていることからも，周辺事態対処が新「ガイドライン」において非常に重視されている部分であることは明白である。くり返しになるが，改めて確認しておこう。日米同盟関係にとってこの「周辺事態対処」が重要なテーマと認識されるようになった直接の契機は，朝鮮半島核危機であった。このときアメリカが北朝鮮との開戦をも視野に入れていたことで，日本は日米同盟の枠内で可能な対米協力の検討を行った。その結果，日本に可能な協力は，日本への武力攻撃がない限り極めて限られている実態が明らかになった。また同時に，日米同盟の運用面にも解決されていない課題が多くあることも判明した。これらの問題が日米同盟の実効性を阻害し，有事の発生は同盟の危機に直結する，との認識が日米の防衛当局者に共有された。これが，「日米同盟深化」が進められるひとつの契機となった。つまり「周辺事態対処」は，その当初から，新「ガイドライン」に結実する「日米同盟深化」という潮流の中心に位置するテーマであった。その意味で，「周辺事態対処」が新「ガイドライン」の柱となるのは当然であり，その当然の結果が実現したという事実は，「日米同盟深化」の流れが，その当初から新「ガイドライン」に至るまで，主たる部分においては淀みなく進んだことを改めて認識させる。

附　資料全文

Ⅰ　旧「防衛計画の大綱」(51大綱)
Ⅱ　「樋口レポート」
Ⅲ　新「防衛計画の大綱」(07大綱)
Ⅳ　新「ガイドライン」

I 旧「防衛計画の大綱」(51大綱)

「昭和52年度以降に係る防衛計画の大綱」(51大綱)の全文は以下のとおりである。[112]

防衛計画の大綱

一、目的及び趣旨

わが国が憲法上許される範囲内で防衛力を保有することは、一つには国民の平和と独立を守る気概の具体的な表明であるとともに、直接的には、日米安全保障体制と相まって、わが国に対する侵略を未然に防止し万一、侵略が行われた場合にはこれを排除することを目的とするものであるが、一方、わが国がそのような態勢を堅持していることが、わが国周辺の国際政治の安定の維持に貢献することともなっているものである。

かかる意味においてわが国が保有すべき防衛力としては、安定化のための努力が続けられている国際情勢及びわが国周辺の国際政治構造並びに国内諸情勢が、当分の間、大きく変化しないという前提にたてば、防衛上必要な各種の機能を備え、後方支援体制を含めてその組織及び配備において均衡のとれた態勢を保有することを主眼とし、これをもって平時において十分な警戒態勢をとり得るとともに、限定的かつ小規模な侵略までの事態に有効に対処し得るものを目標とすることが最も適当であり、同時に、その防衛力をもって災害救援等を通じて国内の民生安定に寄与し得るよう配慮すべきものであると考えられる。

わが国は、従来、四次にわたる防衛力整備計画の策定、実施により、防衛力の漸進的な整備を行って来たところであるが、前記のような構想にたって防衛力の現状を見ると、規模的には、その構想において目標とするところとほぼ同水準にあると判断される。

この大綱は、以上のような観点にたった上で、今後のわが国の防衛のあり方についての指針を示すものであり、具体的な防衛力の整備、維持及び運用に当たっては、以下に示す諸項目に準拠しつつ、防衛力の質的な維持向上を図り、もってわが国の防衛の目的を全うし得るよう努めるものとする。

二、国際情勢

　この大綱の策定に当たって考慮した国際情勢のすう勢は，概略次のとおりである。

　最近の国際社会においては，国際関係の多元化の傾向が一層顕著になるとともに，諸国のナショナリズムに根ざす動きがますます活発化しており，他方，国際的相互依存関係が著しく深まりつつある。

　このような状況の下で，特に軍事面で依然圧倒的比重を維持している米ソ両国の関係を中心に，東西間では，核戦争を回避し相互関係の改善を図るための対話が種々の曲折を経ながらも継続されており，また，各地域において，紛争を防止し国際関係の安定化を図るための各般の努力がなされている。

　しかしながら，米ソ両国を中心とする東西関係においては，各種の対立要因が根強く存在しており，また，各地域においては，情勢の流動的な局面も多く，様々な不安定要因が見られる。

　わが国周辺地域においては，米・ソ・中三国間に一種の均衡が成立しているが，他方，朝鮮半島の緊張が持続し，また，わが国近隣諸国の軍事力の増強も引き続き行われている。

　このような情勢にあって，核相互抑止を含む軍事均衡や各般の国際関係安定化の努力により，東西間の全面的軍事衝突又はこれを引き起こすおそれのある大規模な武力紛争が生起する可能性は少ない。

　また，わが国周辺においては，限定的な武力紛争が生起する可能性を否定することはできないが，大国間の均衡的関係及び日米安全保障体制の存在が国際関係の安定維持及びわが国に対する本格的侵略の防止に大きな役割を果たし続けるものと考えられる。

三、防衛の構想

1. 侵略の未然防止

　わが国の防衛は，わが国自ら適切な規模の防衛力を保有し，これを最も効率的に運用し得る態勢を築くとともに，米国との安全保障体制の信頼性の維持及び円滑な運用態勢の整備を図ることにより，いかなる態様の侵略にも対応し得る防衛体制を構成し，これによって侵略を未然に防止することを基本とする。

　また，核の脅威に対しては，米国の核抑止力に依存するものとする。

2. 侵略対処

　間接侵略事態又は侵略につながるおそれのある軍事力をもってする不法行為が発生した場合には、これに即応して行動し、早期に事態を収拾することとする。

　直接侵略事態が発生した場合には、これに即応して行動し、防衛力の総合的、有機的な運用を図ることによって、極力早期にこれを排除することとする。この場合において、限定的かつ小規模な侵略については、原則として独力で排除することとし、侵略の規模、態様等により、独力での排除が困難な場合にも、あらゆる方法による強じんな抵抗を継続し、米国からの協力をまってこれを排除することとする。

四、防衛の態勢

前記三の防衛の構想の下に、以下に掲げる態勢及び次の五に掲げる体制を備えた防衛力を保有しておくものとする。その防衛力は、前記一においてわが国が保有すべき防衛力について示した機能及び態勢を有するものであり、かつ、情勢に重要な変化が生じ、新たな防衛力の態勢が必要とされるに至ったときには、円滑にこれに移行し得るよう配意された基盤的なものとする。

1. 警戒のための態勢

　　わが国の領域及びその周辺海空域の警戒監視並びに必要な情報収集を常続的に実施し得ること。

2. 間接侵略、軍事力をもってする不法行為等に対処する態勢

　　(1) 国外からの支援に基づく騒じょうの激化、国外からの人員、武器の組織的な潜搬入等の事態が生起し、又はわが国周辺海空域において非公然武力行使が発生した場合には、これに即応して行動し、適切な措置を講じ得ること。

　　(2) わが国の領空に侵入した航空機又は侵入するおそれのある航空機に対し、即時適切な措置を講じ得ること。

3. 直接侵略事態に対処する態勢

　　直接侵略事態が発生した場合には、その侵略の態様に応じて即応して行動し、限定的かつ小規模な侵略については、原則として独力でこれを排除し、また、

独力での排除が困難な場合にも有効な抵抗を継続して米国からの協力をまってこれを排除し得ること。

4. 指揮通信及び後方支援の態勢

　迅速かつ有効適切な行動を実施するため，指揮通信，輸送，救難，補給，保守整備等の各分野において必要な機能を発揮し得ること。

5. 教育訓練の態勢

　防衛力の人的基盤のかん養に資するため，周到な教育訓練を実施し得ること。

6. 災害救援等の態勢

　国内のどの地域においても，必要に応じて災害救援等の行動を実施し得ること。

五、陸上，海上及び航空自衛隊の体制

前記四の防衛の態勢を保有するための基幹として，陸上，海上及び航空自衛隊において，それぞれ次のような体制を維持するものとする。

このほか，各自衛隊の有機的協力体制の促進及び統合運用効果の発揮につき特に配意するものとする。

1. 陸上自衛隊
   (1) わが国の領域のどの方面においても，侵略の当初から組織的な防衛行動を迅速かつ効果的に実施し得るよう，わが国の地理的特性等に従って均衡をとって配置された師団等を有していること。
   (2) 主として機動的に運用する各種の部隊を少なくとも1個戦術単位有していること。
   (3) 重要地域の低空域防空に当たり得る地対空誘導弾部隊を有していること。

2. 海上自衛隊
   (1) 海上における侵略等の事態に対応し得るよう機動的に運用する艦艇部隊として，常時少なくとも1個護衛隊群を即応の態勢で維持し得る1個護衛艦隊を有していること。

(2)　沿岸海域の警戒及び防備を目的とする艦艇部隊として，所定の海域ごとに，常時少なくとも１個隊を可動の態勢で維持し得る対潜水上艦艇部隊を有していること。
　　(3)　必要とする場合に，重要港湾，主要海峡等の警戒，防備及び掃海を実施し得るよう，潜水艦部隊，回転翼対潜機部隊及び掃海部隊を有していること。
　　(4)　周辺海域の監視哨戒及び海上護衛等の任務に当たり得る固定翼対潜機部隊を有していること。

　３．航空自衛隊
　　(1)　わが国周辺のほぼ全空域を常続的に警戒監視できる航空警戒管制部隊を有していること。
　　(2)　領空侵犯及び航空侵攻に対して即時適切な措置を講じ得る態勢を常続的に維持し得るよう，戦闘機部隊及び高空域防空用地対空誘導弾部隊を有していること。
　　(3)　必要とする場合に，着上陸侵攻阻止及び対地支援，航空偵察，低空侵入に対する早期警戒監視並びに航空輸送の任務にそれぞれ当たり得る部隊を有していること。

　以上に基づく編成，主要装備等の具体的規模は，別表のとおりとする。

六、防衛力整備実施上の方針及び留意事項

　防衛力の整備に当たっては，前記四及び五に掲げる態勢等を整備し，諸外国の技術的水準の動向に対応し得るよう，質的な充実向上に配意しつつこれらを維持することを基本とし，その具体的実施に際しては，そのときどきにおける経済財政事情等を勘案し，国の他の諸施策との調和を図りつつ，次の諸点に留意してこれを行うものとする。

　なお，各年度の防衛力の具体的整備内容のうち，主要な事項の決定に当たっては国防会議にはかるものとし，当該主要な事項の範囲は，別に国防会議にはかった上閣議で決定するものとする。

　１．隊員の充足についての合理的な基準を設定するとともに，良質の隊員の確

保と士気高揚を図るための施策につき配慮すること。

2. 防衛施設の有効な維持及び整備を図るとともに、騒音対策等環境保全に配意し、周辺との調和に努めること。

3. 装備品等の整備に当たっては、その適切な国産化につき配意しつつ、緊急時の急速取得、教育訓練の容易性、費用対効果等についての総合的な判断の下に効率的な実施を図ること。

4. 防衛力の質的水準の維持向上に資するため、技術研究開発態勢の充実に努めること。

別表

	自衛官定数		180,000人
陸上自衛隊	基幹部隊	平時地域配備する部隊	12個師団 2個混成団
		機動運用部隊	1個機甲師団 1個特科団 1個空挺団 1個教導団 1個ヘリコプター団
		低空域防空用地対空誘導弾部隊	8個高射特科群
海上自衛隊	基幹部隊	対潜水上艦艇部隊（機動運用） 対潜水上艦艇部隊（地方隊） 潜水艦部隊 掃海部隊 陸上対潜機部隊	4個護衛隊群 10個隊 6個隊 2個掃海隊群 16個隊
	主要装備	対潜水上艦艇 潜水艦 作戦用航空機	約60隻 16隻 約220機
航空自衛隊	基幹部隊	航空警戒管制部隊 要撃戦闘機部隊 支援戦闘機部隊 航空偵察部隊 航空輸送部隊 警戒飛行部隊 高空域防空用地対空誘導弾部隊	28個警戒群 10個飛行隊 3個飛行隊 1個飛行隊 3個飛行隊 1個飛行隊 6個高射群
	主要装備	作戦用航空機	約430機

（注） この表は、この大綱策定時において現有し、または取得を予定している装備体系を前提とするものである。

II 「樋口レポート」

　以下では「日本の安全保障と防衛力のあり方——21世紀へ向けての展望」，通称「樋口レポート」の全文を，目次を含めて示す。[113]

日本の安全保障と防衛力のあり方——21世紀へ向けての展望

防衛問題懇談会

目　次

まえがき

第1章　冷戦後の世界とアジア・太平洋
　　1.　冷戦の終結と安全保障環境の質的変化
　　2.　米国を中心とする多角的協力
　　3.　協力的安全保障の機構としての国連などの役割
　　4.　今後に予想される4つのタイプの危険
　　5.　アジア・太平洋地域の安全保障環境の特徴

第2章　日本の安全保障政策と防衛力についての基本的考え方
　　1.　能動的・建設的な安全保障政策
　　2.　多角的安全保障協力
　　3.　日米安全保障協力関係の機能充実
　　4.　信頼性の高い効率的な防衛力の維持および運用

第3章　新たな時代における防衛力のあり方
　　冷戦的防衛戦略から多角的安全保障戦略へ
　　第1節　多角的安全保障協力のための防衛力の役割

1. 国連平和維持活動の強化と自衛隊の役割
     (1) 自衛隊の任務と平和維持活動
     (2) 自衛隊の組織上の改善
     (3) 国際平和協力法の改正点
   2. その他の安全保障上の国際協力
     (1) 軍備管理のための国際的協力
     (2) 安全保障対話の促進
  第2節　日米安全保障協力関係の充実
     (1) 政策協議と情報交流の充実
     (2) 運用面における協力体制の推進
     (3) 後方支援における相互協力体制の整備
     (4) 装備面での相互協力の促進
     (5) 駐留米軍に対する支援体制の改善
  第3節　自衛能力の維持と質的改善
     (1) 予想される軍事的危険
     (2) 防衛力整備に当たって考慮すべき要因
     (3) 新しい防衛力についての基本的考え方
     (4) 改革の具体策
  第4節　防衛に関連するその他の事項
     (1) 安全保障に関する研究と教育の充実
     (2) 防衛産業
     (3) 技術基盤
     (4) 今後の防衛力整備計画のあり方
     (5) 危機管理体制の確立と情報の一元化
お わ り に

ま え が き
　日本国民が，第二次大戦のもたらした物的・精神的荒廃のなかから立ち直り，深い反省を心に秘めつつ，新しい日本を作り上げるための歩みを始めてから，やがて半世紀が過ぎようとしている。ときあたかも，世界の諸国民は，永きにわ

たった冷戦の試練を乗り越えて，半ば希望と半ば不安とを抱きながら，新しい時代を切り開こうと模索を始めている。日本もまた，21世紀を展望しつつ，国の今後の進路について，改めて考え直すべきことを迫られている。安全保障と国の防衛力のあり方も，このような立場から，根本に立ち返って，検討しなければならない時期を迎えている。

戦後日本の再出発に当たって，われわれは，外には国際連合憲章，内には憲法によって，新しい国家の基本方針の枠組みを与えられた。しかし，創立なお日の浅い国連の掲げる集団安全保障の理念は，冷厳な国際政治の現実にさらされて，その実現の基礎を急速に失っていった。諸国民は，国の安全の最も確かなよりどころが自衛力であることを改めて認識した。そして，米国とソ連という二つの超大国を中心として世界の主要国が相対する状況のもとでは，基本的な利益と価値観を同じくする諸国との同盟を基軸として自国の安全をはかる他ないことを知った。こうして，日米安全保障条約が，戦後日本の安全保障政策の現実的な基礎として選択されたのである。

1952年4月，サンフランシスコ講和条約の発効によって，戦後の国際社会への復帰を果たした日本は，真剣な議論の末に，上記の選択を行った。以来，日本は，国際秩序維持の責任の最も大きな部分を背負ってきた米国と協力しつつ，自国の経済的復興を成し遂げ，また半世紀前には戦乱と貧困にさいなまれたアジア・太平洋地域が平和と繁栄の地域へと変貌することに貢献してきた。このような戦後日本の歩みを振り返ってみれば，その選択は，全体として間違っていなかったと言えるであろう。

冷戦が終結した今，新しい世界のあり方を諸国民が模索している。そのようななかで，日本でも，安全保障と防衛力のあり方を，国の政治の中心的な問題として正面から取り上げて考え直してみようとする機運が生まれている。冷戦下での「不安定な平和」のもとで過ごしてきた日本国民は，いま新しい気持で，もう一度出発点に立ち戻って，将来の世界の平和と日本の安全保障の問題について，真剣に取り組み始めたのである。

この懇談会は，内閣総理大臣の私的諮問機関として，これまでの防衛力のあり方の指針となってきた「防衛計画の大綱」を見直し，それに代わる指針の骨格となるような考え方を提示することを目的に，5か月余にわたって，議論を重ねてきた。冷戦後の国際環境の変化と，日本社会自身が直面しつつあるさまざまな変化を考慮しながら，新時代に即した安全保障政策の方向を示し，それに基づいて防衛力の新しいあり方について提言することが，本懇談会の課題である。

第1章　冷戦後の世界とアジア・太平洋

1. 冷戦の終結と安全保障環境の質的変化

　第二次世界大戦後，半世紀近くの間，国際政治の基本的な枠組みとなっていた東西対立の構図は，「ベルリンの壁」とともに崩れ去った。米国を中心とする西側諸国が自由と民主主義を堅持し，着実な経済発展を遂げてきたので，ソ連をはじめとする社会主義諸国は，経済と技術の競争において明らかな劣勢に陥った。退勢を挽回し，強国としての再建をめざして着手されたソ連の改革は，東欧諸国の社会主義体制の相つぐ崩壊と，最後にはソ連そのものの解体という，意図せざる結果をもたらした。東側諸国で構成されていたワルシャワ条約機構（WPO）の消滅が，最も端的に冷戦の終結を物語っている。

　冷戦時代に，地球上のすべての地域，すべての諸国民が，同じように，米ソ対立の影響を経験してきたわけではない。また，冷戦終結は，それぞれの地域，それぞれの国々で，さまざまな影響を及ぼしている。しかし，安全保障問題のあり方に関する限り，冷戦の影響が地球の隅々にまで及んでいたことは否定できない。そして，米ソの対決が終わったいま，安全保障環境がこれまでのものと大きく変化したことも，また否定し難い。その変化をひとことで言えば，はっきりと目に見える形の脅威が消滅し，米露及び欧州を中心に軍備管理・軍縮の動きも進展している一方，不透明で不確実な状況がわれわれを不安に陥れている。言い換えれば，分散的で特定し難いさまざまな性質の危険が存在していて，それがどのような形をとってわれわれの安全を脅かすようになるのかを，予め知ることが難しくなったのである。いつ破綻するかも知れない「恐怖の均衡」から解放されたという意味では，安心感は増大したが，予想し難い危険に備え，時期を失わずに敏速に対応する姿勢を保持しなければならないという意味では，より難しい安全保障環境にわれわれは直面しつつあるとも言えるのである。冷戦の終結とともに生じつつある新しい安全保障問題の出現に鈍感であることは，許されない。

2. 米国を中心とする多角的協力

　安全保障環境の現実的基礎となるのは，軍事力の態様と平和維持のための国際的な諸制度のふたつである。軍事力における米国の優位は，ソ連の崩壊によってさらに堅固なものとなった。冷戦時代に米国を中心として作りあげられた同盟のネットワークは，今後も国際関係の安定的要因として，持続されるであろう。そ

のなかでも，日米安全保障条約と北大西洋条約機構(NATO)とが，最も代表的なものである。米国の軍事力に正面から挑戦する意図と能力をもった大国が近い将来に登場する可能性はない。

しかしながら，総合的な国力において，米国はかつてのような圧倒的優位はもはやもっていない。とくに経済力の分野で，米国とその他の先進国，さらには，新興工業国との間の競争が激化する傾向が見られる。その結果，経済の争点をめぐっては，競合的な関係が，今後，強まる可能性がある。しかし，それが引き金となって，古典的な意味での軍事力拡大の競争が始まるとは思えない。むしろ，関係諸国は，いずれも，そのような事態に陥ることを避けたいと考えているので，ある程度の経済的利害の衝突の発生にもかかわらず，軍事と安全保障の面では，米国を中心とした協力的関係が続くと予想される。

問題はむしろ，米国がその卓越した軍事力を背後に持ちながら，多角的協力のなかでリーダーシップを発揮できるかどうかである。それはある程度までは，米国と協力すべき立場にある諸国の側の行動次第で，きまってくるであろう。安全保障問題を国際的な協力によって解決するための仕組みは，まだまだ不完全ではあるが，国連のレベルでも，地域的なレベルでも，少しずつ，その発展の兆しが見えてきている。

3. 協力的安全保障の機構としての国連などの役割

米国を中心とした多角的協力が保たれることが，国連の安全保障の仕組みが機能するための不可欠の要件である。きびしい米ソ対決のもとでは十分に機能することのできなかった国連は，ここ数年，平和維持活動を活発に展開し，その活動範囲を，地理的にも内容的にも拡大しつつある。今後も引き続き国連のこうした活動が可能であるかどうかは，安全保障理事会の常任理事国である5大国や，財政的に大きな寄与をしている日本，ドイツなどを含めたG7等主要国の間で，どのように協調が保たれるかに，大きくかかっている。

大国間の全面的な武力対決の可能性が低下する一方，世界のさまざまな地域や国々，とくに国としてのまとまりを欠いた社会基盤の脆弱なところで，あるいは国境を越えて，あるいは国境の内部で，諸勢力間の紛争が激化し，武力衝突にまで発展するケースが多くなってきた。このような比較的規模の小さいいわゆる地域紛争への効果的対処が，国際的平和のための主要な課題となっている。

一方，経済発展の成果が，少数の先進国の範囲を越えてより多くの国々や地域に拡がり始めたために，経済的利害の調整がこれまでよりも複雑になってきた。いまのところ，このような経済問題が軍事的衝突に発展する徴候は見られないが，

処理を誤れば，地域的な，ひいては地球全体の安全保障を脅かす新しい問題に発展しかねない危険をはらんでいる。国家建設がようやく軌道に乗り始め，ダイナミックな経済発展を遂げつつある諸国を多く抱えているアジア・太平洋では，とくに，この種の危険に対して細心の注意を払う必要がある。せっかくの経済発展の成果が，それをめぐる利害の食い違いから政治的不信の高まりを引き起こす原因とならないように，地域的な規模での政治的信頼関係を築きあげる努力が，安全保障の観点からも重要視されなければならない。

4. 今後に予想される4つのタイプの危険

このような特徴をもった安全保障環境において，今後，生じやすい危険とはどのようなタイプのものであろうか。

第一には，かつての米ソ間にあったような主要国間の直接的な軍事的対立は，さし当たり考えられない。したがって，世界的な規模での武力紛争の可能性は，ゼロとは言わないまでも，大幅に低下した。世界の大国はいずれも，ここ当分の間，国内の経済・社会問題に意を注ぐであろう。社会主義体制からの困難な転換の過程を経験しつつあるロシアや市場経済化に取り組みつつある中国も，その例外ではない。問題はこの両国を含む国連安全保障理事会の5つの常任理事国が，今後，その責任に応えて，国際社会で建設的な役割を果たす意思と能力を持ち続けるか否かである。米国を中心とする大国間の協調が失なわれるならば，世界全体の安全保障環境が一挙に悪化する危険がある。

第二に，局地的な規模の武力衝突が多発し，その性質が複雑化すると予想される。このような「地域紛争」は，冷戦期にも，数多く発生していた。その意味では，なんら新しい現象ではないが，これまでのように，直接二大陣営間の緊張に連動する危険が遠のいたという意味で，新しい。大国の利害にかかわりが少ないということは，国際社会による地域紛争への対応を容易にする面もみられるが，逆に冷戦期に比べ大国の調整力が働きにくくなり，有効な解決策が施されないままに事態が悪化するおそれも生じてきた。

第三に，局地的な武力衝突の原因ともなりその結果でもある武器や軍事関連技術の拡散の危険が高まっている。在来型の兵器もさることながら，とくに，核および化学・生物兵器とミサイル技術の拡散が放置されるならば，国際社会全体の安全が脅かされるであろう。とりわけ，旧ソ連から核技術や核物質が流出し，国際的規則に遵わないものの手に渡る危険は深刻である。

第四に，上に述べたような局地的武力衝突の誘因となるのは，経済的貧困や社会的不満であり，それと関連した国家の統治能力の喪失である。たとえば，最貧

国を多くもつ地域や，資源は豊かだが地域的安定度が極めて低い地域などは，注意が必要である。この点に着目すれば，安全保障問題の解決には，単に軍事的手段による対応だけではなく，経済・技術援助を含めた多元的な手段を駆使して，総合的に取り組むことがますます必要になってくると思われる。

5. アジア・太平洋地域の安全保障環境の特徴

国際社会の安全をおびやかす大規模な危険は，今のところ遠のいている。しかし，現代社会の経済的・技術的な条件からいって，地球はますます相互依存的になっているので，局地的な紛争であっても，国際社会全体に波及しやすい構造となっている。とりわけ，日本の経済は，中東の石油への高い依存をはじめ，世界各地との深い関係を基礎として成り立っているので，その安全保障上の関心は全世界に及んでいる。

にもかかわらず，日本がアジア・太平洋地域の安全保障に特別の関心をもたざるを得ないことも，たしかである。冷戦後の世界における安全保障問題の質的変化に関してこれまで述べてきたことは，アジア・太平洋についても，あてはまる。と同時に，すでに触れたように，ダイナミックな変化の過程にあるこの地域には，安全保障上，特別に注意を払わなければならないいくつかの特徴がある。

第一に，ソ連の強大な軍事的脅威に備えるために永年にわたって高度の防衛態勢を築いてきたヨーロッパ諸国の場合と異なって，アジア・太平洋ではソ連の崩壊は，安全保障環境の劇的な変化を意味しなかった。これによって，軍事的緊張のレベルが急激に低下したという事実はない。むしろ，この地域の諸国は，概して，これまでよりも，安全保障問題により大きな関心を払い，国の資源のかなりの部分を軍事力の向上に向けるようになっている。

第二次大戦後の半世紀は，大多数のアジア諸国民にとっては，みずからの国家を建設し，国際社会において主権的存在としての自己主張をし始めた創造の時代であった。国家建設・国民統合の営みは，冷戦期のアジアの歴史の一大特徴であり，この地域の諸国民に社会建設のエネルギーが溢れていたことが，アジアが東西両陣営の体制選択をかけた激しい主導権争いのための恰好の舞台となったひとつの理由でもある。

冷戦が終わり，かつての両超大国の影響力が相対的に後退するにつれて，若々しい活力に満ちたアジア諸国がより自主的な安全保障政策を追求し始めたとしても，不思議ではない。アジア諸国がこれまでよりも真剣に安全保障問題に取り組むようになった背景には，冷戦の終結にともなって，アジアでの力関係が流動化しつつあるという状況がある。いずれにせよ，このように中国を含む多くのアジ

ア諸国が，軍事力の向上をめざす政治的動機と経済的基盤を持つようになったことが，この地域の安全保障環境の第一の特徴となっている。

　第二に，アジア・太平洋地域の安全保障システムは，未成熟な形成途上の段階にとどまっている。朝鮮半島における休戦ラインをはさんだ緊張関係は，核兵器拡散の危険をはらんだまま，持続している。南北分断が解消し，持続性のある政治的和解が成立するのは，容易ならざる道筋である。民族統一の時期，態様，その後の統一国家の性格や対外政策の方向づけなどは，今のところ，予測が困難である。

　中国は，最近の歴史に例を見ないほど安定した国際環境に恵まれて，近代化に最大のエネルギーを注いでいるが，台湾海峡をはさむ諸問題や，香港の地位，内陸部と沿岸部との経済格差拡大など，未解決の問題を残している。インドシナ半島では，ようやくカンボディアの戦火がおさまり，ヴェトナムをはじめとする諸国家は経済建設の時期に入ろうとしているが，まだカンボディアでは，武力衝突再燃の危険が完全に去ったとは言えない。中国大陸の沿岸に散在する島嶼の領有権をめぐる利害関係国の間の紛争が，軍事衝突に発展する危険もまた軽視はできない。これらはすべて，政治的・軍事的に十分に安定した状況が，まだ，この地域には存在しないことを物語っている。

　第三に，アジア・太平洋，とくに北東アジアと北西太平洋地域は，米国，ロシア，中国という，世界でも有数の軍事大国の利害が集中しているという地政学的事実が重要である。ロシアと中国は伝統的にはユーラシア大陸に基盤をもつ大陸国家であるが，その経済活動が拡大するにつれて，太平洋に目を向けた海洋国家的な性格を持ちはじめている。また，この3国はいずれも核武装をしている。とくに，ロシアの場合は，北極圏をはさんで，米国と相対する核兵器保有国として，強い関心を北西太平洋にもっている。米国は，安全保障上の観点に加えて，ますます増大する通商上の利益からいっても，今後，この地域に対する関心を持ち続けるであろう。日本は，このような世界的な軍事大国の利害の交錯を特徴とする北東アジア・北西太平洋に位置している国として，安全保障問題に敏感たらざるを得ない。

　これらすべての特徴――アジア諸国の持つダイナミズムとエネルギー，地域的安全保障協力システムの未成熟，主要な軍事大国の利害の交錯――からいって，アジア・太平洋の安全保障環境には，プラスとマイナスの両方の可能性が潜んでいる。アジアが大国の利害追求のための受け身の舞台にすぎなかった時代は，すでに終わった。20世紀後半にみずからの国家をもつようになったアジア諸国が，21世紀にかけて，かつてヨーロッパ諸国が狭い大陸のなかで競い合いながら国

家形成に没頭した諸世紀に経験したのと同様，絶え間ない戦争の歴史を繰り返すとは思えない。地政学的な条件はもとより，時代環境も大きく異なるからである。いずれにせよ，アジア・太平洋が豊かな機会に満ち，そして主要大国が深いかかわりをもつ地域であるだけに，今後のアジアの動向が世界の安全保障の将来をきめるひとつの重要な要因であることは，間違いがないであろう。日本をはじめとする関係諸国の責任は大きい。

第2章　日本の安全保障政策と防衛力についての基本的考え方

1. 能動的・建設的な安全保障政策

前章で述べてきたように，国際的安全保障問題は，冷戦時代には，米ソ間の2極的緊張の推移に焦点を合わせて論じられてきた。今日の安全保障は，そのような焦点が失われ，分散的で予測困難な危険が存在する不透明な国際秩序そのものが，われわれの不安感の原因となっている。しかし一方，国連など国際的な諸制度のもとで米国を中心として主要国が協力することにより，集団的な紛争処理能力が発展していく兆しが現われはじめているので，ひとつの新しい方向は示唆されている。今日の安全保障環境には種々の危険が存在しているが，国際社会が協力して紛争の発生を未然に防ぎ，発生した紛争の拡大を押しとどめ，さらには進んで紛争発生の原因を除去することができるであろう。このように，世界の諸国民が協力の精神に基づいて，持続的な「平和の構造」を創りあげるために能動的・建設的に行動するならば，今までよりも安全な世界を作り出す好機も，また，生じているのである。もっとも現状では，各国は，各自の防衛力を保有するとともに，自国だけでは防衛を全うできないことから，同盟国との絆を保つことによって安全を確保していることも忘れてはならない。

日本は，これまでのどちらかと言えば受動的な安全保障上の役割から脱して，今後は，能動的な秩序形成者として行動すべきである。また，そうしなければならない責任を背負っている。国際紛争解決のための手段として武力行使を禁止するのが国連憲章の意図するところである。そのような姿に国際社会がなることは，地球的な規模で経済活動に携わり，しかも軍事的大国化の道をとるべきでないと決意している日本にとって，国益上，きわめて望ましいことである。したがって，能動的・建設的な安全保障政策を追求し，そのために努力することは，日本の国際社会に対する貢献であるばかりでなく，何よりも，現在および将来の日本国民に対する責任でもある。

そのような責任を果たすために，日本は，外交，経済，防衛などすべての政策手段を駆使して，これに取り組まなければならない。すなわち，整合性のある総合的な安全保障政策の構築が必要とされる。第一は世界的ならびに地域的な規模での多角的安全保障協力の促進，第二は日米安全保障関係の機能充実，第三は一段と強化された情報能力，機敏な危機対処能力を基礎とする信頼性の高い効率的な防衛力の保持である。

2. 多角的安全保障協力

集団安全保障の機構として50年前に創設された国際連合は，いま，ようやくその本来の機能に目覚めつつある。

そもそも，国連憲章第2条第4項で禁ずる「武力による威嚇又は武力の行使」とは，国際紛争解決の手段として個々の国家が独自にとる行動をさしている。その点は，国連憲章のみなもとである1928年のパリ条約（戦争放棄に関する条約）においても，同様である。言いかえれば，国連憲章の前文で述べられているとおり，いかなる国家といえども，国際社会の「共同の利益の場合を除いて」，武力を行使すべきでないというのが，その本来の趣旨である。

実際，国連憲章は，その第2条第3項において，「国際紛争を平和的手段によって」解決するよう加盟国に求め，さらにその第4項は，「すべての加盟国は，その国際関係において，武力による威嚇又は武力の行使を，いかなる国の領土保全又は政治的独立に対するものも，また，国際連合の目的と両立しない他のいかなる方法によるものも慎まなければならない」と，規定している。このように，国連加盟国のすべてが，「武力による威嚇又は武力の行使」を慎むことを，国際社会全体に対して誓約しているのであり，日本国憲法第9条の規定も，その精神においてこれと合致している。

しかし，仮に，国連の平和活動を支える上で特別の責任を負っているはずの大国自身が紛争当事者となった場合には，国連のこの機能が事実上失われるのは，避けられない。そのことが示すように，国連の集団安全保障機構が本来の機能を発揮するためには，国際的環境の安定が必要である。冷戦が終わって，主要国の間に深刻な軍事的対立がない現在は，そのような条件が，最低限，満たされている。この好機を利用して，諸国民がどれだけ協力的安全保障の実績をあげ，その習慣を身につけることができるかどうかが，21世紀の国連の運命を占う決め手となるであろう。平和国家日本は，だれのためよりも，まず自国の国益の見地から，この歴史的な機会を積極的に利用しなくてはならない。

もっとも，国連の集団安全保障機構が，完成したかたちででき上がるのは，ま

だ遠い先のことのように見える。むしろ今の段階で国連に求められているのは，憲章第7章による正規の国連軍による武力衝突への対処というよりも，統治能力の主体がはっきりしない不安定な諸国の内部で発生する武力紛争の予防とその拡大防止，さらには紛争停止後の秩序再建に対する支援など危機の態様に応じ，国連の平和維持活動がますます多様化しつつある。日本は，これらの平和維持活動にできる限り積極的に参加することが必要であり，そのための制度や能力の整備に力を入れるべきである。

なお，平和維持活動の民生部門や，紛争収拾後の平和建設が，安全保障のための国際協力の重要な分野であることを，ここで，強調しておきたい。この分野では，日本がとくに有意義な貢献をすることができるはずである。政府レベルでは，たとえば，開発援助（ODA）政策をこのために積極的に利用すべきである。また，民間の自発的な参加が，この点では，とくに有意義であるので，非政府団体（NGO）の活動が活発になるように，社会全体が真剣に取り組むべきである。

他方，国家間の利害の衝突が武力紛争に発展する危険も，もとより，なくなったわけではない。各国が自衛力を最後の備えとして持つことは，それが自衛権の行使の範囲にとどまるものである限りは，容認される。しかし，それらの諸国が極端な相互不信を抱いたままの状態で軍事力の増強に走るならば，武力紛争の危険は高まるであろう。したがって，相互不信のレベルを低下させ，逆に安心感を高め，少しでも相互信頼の状態へ近づけていくことが，まず必要である。そのためには，世界的・地域的な規模での軍備管理の制度を効果あるものにしていく努力が必要である。日本の提案で国連に設立された通常兵器移転登録制度はすでに実施に移されている。また，核・生物・化学兵器やミサイル技術などの大量破壊兵器とその関連技術の拡散を防止することは，人類共通の重大な関心事であり，そのための国際的管理・監視の体制の強化に，日本は今まで以上の努力を注ぐべきである。

協力的安全保障政策は，国連においてだけでなく，地域的なレベルにおいても，進められなければならない。すでに，ASEAN地域フォーラム（ARF）の場で，参加国の間の安全保障対話が始まっている。日本は，このフォーラムの設置に当初から積極的に関与してきたが，今後もその発展に意を注ぐ必要がある。たとえば，武器移転と取得，軍事力の配置，軍事演習などに関する情報を相互に公開してその透明性を高めるための地域的制度を設けるとか，海難防止，海上交通の安全，平和維持活動に関する協力の仕組みをつくるなどといった問題が，そこで取りあげられるべきであろう。政府レベルの地域的対話を補完するものとして，民間レベルのアジア・太平洋安全保障協力会議（CSCAP）が最近発足した。このよ

うな場を通じて，中国，ロシア，そしてゆくゆくはインドシナ諸国や朝鮮民主主義人民共和国など，軍事政策に関する情報が得にくい国々との対話が進むならば，アジア・太平洋の安全保障環境の透明度が増し，それによって，地域諸国の間の安心感が高まるであろう。

　北東アジア・北西太平洋地域の多角的安全保障対話は，準民間レベルでの日米中韓露の5か国のフォーラムの試みなど，いくらかその兆しが見え始めているが，朝鮮民主主義人民共和国の参加は，まだ実現していない。政府レベルでは，さしあたり，韓国，中国，ロシアなど各国別に2国間の軍事交流を促進することで，相互に透明度を高める努力をすべきであろう。

　アジア・太平洋地域の諸国が協力して，国連の平和維持活動に従事するための常設の地域的制度を持つ日は，まだ先のことであろう。しかし，カンボディア暫定機構（UNTAC）への参加を通じて，地域内のいくつかの国は，この分野での協力について経験を積んだ。日本はオーストラリア，カナダなど，国連平和維持活動の豊かな経験をもっている国々との交流を進めることで，地域的協力についてより多くを学ぶことができる。そのほか，日本は米国をはじめその他の諸外国との間で，できるだけ，軍事面での相互訪問，研究交流，相互留学，共同訓練などの経験を積み，地域的安全保障のための協力の基盤を広げていく努力をすべきであろう。

3．日米安全保障協力関係の機能充実

　日本自身の安全をいっそう確実にするためにも，また，多角的な安全保障協力を効果的にするためにも，日米間の緊密で幅広い協力と共同作業が不可欠である。そのための制度的枠組みは日米安全保障条約によって与えられている。今後，日米両国が努力すべきことは，この枠組みを活用して，新しい安全保障上の必要に対応してより積極的に対処できるよう，両国の協力関係をさらに充実させることである。

　冷戦期の東西対立を背景に，ヨーロッパにおいて北大西洋条約機構（NATO）が設立されたが，アジアでも朝鮮戦争の勃発など東西対立を背景に，日米安全保障条約が締結された。しかし，米国を中心とする国際的協力が冷戦後の安全保障体制においても現実的な基礎となることを考えれば，これらの条約機構が，新しい安全保障体制の形成にとって貴重な資産として受け継がれるのは，理由のあることである。

　アジア・太平洋地域の安全保障環境との関連においても，日米間の協力は不可欠の要素である。多くのアジア諸国が望んでいる米国のこの地域へのコミットメ

ントを確保し続けるため，日米両国がその安全保障関係を引き続き維持するという決意を新たにすることの意義は大きい。米国の財政的考慮や軍事情勢の評価次第では，アジアにおけるその態勢に多少の修正があるかも知れない。また，フィリピン基地の撤去やシンガポールとの軍事施設利用に関する新たな協定の締結の例にみるように，米軍のプレゼンスの形式には，すでにいくらかの変化が生じている。米国が今後も日本をはじめ，韓国，オーストラリア，シンガポール，フィリピン，タイなどの地域諸国とそれぞれの仕方で作りあげている安全保障協力の枠組みを維持していくことは，この地域全体の安定のために大きな意味をもっているので，そのような方向で関係諸国が協力することが望ましい。

このような広い国際的かつ地域的視点から見るとき，日米安全保障条約は，これまでにもまして，重要な意味を帯びてくるであろう。また，日本のとるべき能動的・建設的な安全保障政策にとって不可欠の枠組みをなすという意味からも，この条約の意義を再認識する必要がある。したがって，この条約の存続をよりいっそう確実なものとし，そのよりいっそう円滑な運用をはかるため，さまざまな政策的な配慮と制度的な改善がなされなければならない。

4. 信頼性の高い効率的な防衛力の維持および運用

安全保障の最終的なよりどころが，国民の自らを守る決意とそのための適切な手段の保持であることは，依然として真理である。自衛力は，いわば国家としての自己管理能力ならびに危機管理能力の具体的な表現である。そのような能力の欠如した国々を数多く抱えた地域で，いま，武力紛争がつぎつぎに発生していることを見れば，国際安全保障がまず，安定した危機管理能力を持った国家の建設に始まることは自明である。

日米安全保障体制の信頼性の向上をはかるとともに，多角的な安全保障協力に日本が能動的・建設的に参加するためには，日本自身の防衛態勢がしっかりしていなければならない。そのためには，自衛隊は情報能力，危険予知能力を向上し，確実に危機対応ができるような態勢を備え，また，そのように行動できるような政策決定の仕組みをつくりあげておく必要がある。

そのような自衛力が国際的な安全保障環境のなかで調和のとれたものでなくてはならないことも，また，事実である。そのような意味で適切な防衛力の質と量を決定することは決して容易ではないが，我が国を取り巻く安全保障環境と，そのもとでの自衛隊の任務を基礎とした上で，同盟国との関係，国土の地勢的特徴，軍事技術の水準・人口の規模と構成，経済財政事情などの要因を考慮に入れて，我が国が平時から保有しておくべき防衛力の質と量が導き出されるであろう。こ

れまで，そのような防衛力を表すものとして，基盤的防衛力という概念が使われてきた。この概念そのものは，今日のような協力的安全保障の時代でも，引き続き意味をもっている。

今後は，基盤的防衛力の概念を生かしながらも，新しい安全保障環境の必要に応じて，また資金的ならびに人的資源の適正配分をも考慮して，強化・充実すべき機能と縮小・整理すべき機能とを区分し，組織の合理化をはかることが肝要である。あるべき防衛力の具体的な姿は第3章で述べることにするが，(1)危険の事前予知能力を高めるための情報機能，(2)危険顕在化の早期の段階における機敏な対処能力，(3)万が一危険が拡大した場合に備える弾力性などが重要である。

第3章　新たな時代における防衛力のあり方

冷戦的防衛戦略から多角的安全保障戦略へ

冷戦期のわが国の防衛力は，日米安全保障条約のもとでの米軍の駐留ならびに来援を前提として，敵対的勢力による日本の国土に対する攻撃に備えることを主眼とし，あわせて，国民生活の維持にとって死活的に重要な海上交通の安全を確保することを，その目的として，整備され維持されてきた。日本はもっぱら個別的自衛権にもとづく自国の防衛を使命としてきたが，その地勢上の位置から言って，おのずから，西側陣営の対ソ戦略のなかで重要な役割を果たしてきた。

冷戦時においても，米ソ間の直接的な軍事対決に至らないが，両者間の対抗を背景にもった地域的な武力衝突が，むしろ国際的紛争の主要な形態であった。まだ連合国による管理下に日本がおかれていた時期に起こった朝鮮戦争は無論のこと，ヴェトナム戦争を始めとするこれらの地域紛争に際して，日本は，米軍の行動を支える後方基地としての役目を果たしてきた。

冷戦の終結とともに，日本を取り巻く安全保障環境は大きく変化したが，自国の防衛という本来的な役割は，時代の変化を越えて，変わりがない。また，日米間の協力が今後も日本の安全保障政策の重要な柱であることも，これまでと変わらない。しかし，そのような防衛力と安全保障政策を，協力的安全保障の視点からどのように位置づけるべきかが，今後の新しい問題である。

第1節　多角的安全保障協力のための防衛力の役割

前章までに述べてきたように，新しい時代における国際的安全保障の主要な課

題は，世界の各地で発生する多様な性質の危険に適切に対応し，安全保障環境の悪化を防ぎ，さらにはそれを積極的に改善していくことである。そのためには，各国が，同盟関係を基礎に，国連その他の機構などを通じて，世界全体および各地域の安定を増すために，建設的な視野に立って互いに協力しつつ，能動的に取り組んでいくことが肝要である。国際社会とのかかわりがこれだけ大きくなった日本は，それに比例して大きな責任を，この点でも，背負うべき立場にある。日本の防衛力も，そのような国際安全保障のための多角的な協力のなかで果たすべき役割をもっている。

1. 国連平和維持活動の強化と自衛隊の役割

日本は，平成4(1992)年に国際平和協力法を制定し，自衛隊の参加を含めて，国連の平和維持活動に本格的に関与する態度をきめた。国連の平和維持活動は，ブトロス・ブトロス・ガリ国連事務総長の「平和への課題」における問題提起と，現に実施中のいくつかの事例に照らしてわかるように，その内容や観念それ自体が，新しい環境への適応を迫られ，経験を重ねつつあるのが，実際の姿である。国連がようやく，あるべき国連に向かって動き始めていることは間違いない。

そのように見るとき，今後の日本の安全保障政策の重要な柱の一つが，平和維持活動の一層の充実をはじめとする国際平和のための国連の機能強化への積極的寄与にあることは，あらためて強調しておくべきであろう。しかも，このような安全保障問題に関する国際的な趨勢に確実にコミットしていくことが，日本の国際的地位にふさわしい役割であるという意味で重要である。また，国連憲章が掲げる「不戦の世界」の理念が実現に近づけば近づくほど，本来の平和主義を志向する日本のような国家にとって住みやすい世界になるという意味で，その目標をめざして努力することは国益上もきわめて重要である。日本の安全の確保を最大の使命とする自衛隊が，この任務から免れてよいわけがない。そのような観点から，自衛隊の運用に関する法制，部隊組織，装備，訓練などの面で，いくつかの改善が必要である。

(1) 自衛隊の任務と平和維持活動

まず，国の防衛という第一義的な任務と並んで，平和維持活動をはじめ，国際安全保障を目的として国連の枠組みのもとで行われるさまざまな多角的協力に可能な限り積極的に参加することを，自衛隊の重要な任務とみなすことが肝要である。その意味から，平和維持活動への参加を自衛隊の本務に加えるための自衛隊法改正を始めとする法制上の整備や，国際協力を念頭においた自衛隊の組織改善などの措置が，とられるべきである。そのほか，自衛隊の施設を平和維持活動の

ための訓練センターや物資・装備の事前集積などの目的に使用することや，他国の行う平和維持活動に必要な整備品を日本が供与したりすることも，積極的に検討されてよい。こうした措置は，平和のための国際公共財の提供という意味をもっている。

　当面，国連の役割として最も注目されている平和維持活動は，一定の範囲での武器の使用を必要とする場合があるが，それは既に述べてきた国連の目的からみて，当然許容されるものである。そのような観点から政府は，自衛隊の参加の態様について，今後，内外の世論の理解を得るように，努力すべきであろう。なお，どのような仕方と限度で，平和維持活動に日本が関与するのが良いかは，そのために日本がどれだけ有意義な寄与を行う手段をもっているかの見きわめをはじめ，その他，種々の点を考慮に入れ，総合的に判断すべき問題である。

　平和維持活動に自衛隊以外の組織をもってこれに充てるべきであるという考えが一部にあるが，憲法上の疑義を回避するのがその趣旨であるならば，意味がない。平和維持活動の軍事部門に参加する組織は，名称は何であれ，国際的には軍事組織と見なされ，たとえば地位協定では「外国軍隊」としての扱いを受ける。また，国連が各国からの要員派遣を要請する際には，兵種，階級等を指定してくるのであって見れば，自衛隊以外の組織であっても，それが軍事組織として扱われることには，変わりがない。しかも，自衛隊とは別にもっぱら国際的協力を目的とする平和維持部隊のような組織を新設するならば，実質的には軍備増強につながるという疑念を，諸外国に抱かせることになりかねない。むしろ，自衛隊に国連の平和維持活動などに参加する機会を与えることによって，内においては自衛隊や防衛当局の国際的な視野を広め，自衛隊に対する国民の理解をいっそう確実にし，外においては自衛隊の実像に関する透明度を増し，ひいては，日本に対する信頼性を高めるうえで，大いに資するところがあるであろう。

(2)　自衛隊の組織上の改善

　上に述べたような目的に合わせて，自衛隊の組織の上でも，一連の改善が必要である。これまで，自衛隊は，日本に対する「限定小規模侵略」という事態を想定し，これに対処するための組織，編成，装備の体系をもち，またそれに見合った教育訓練を行ってきた。最近のいくつかの平和維持活動への参加も，既存の組織・装備・訓練の枠内で対応できる範囲のものであった。幸い，カンボディアの例などを見ると，従来の教育訓練や災害救援の経験が十分役立ち，国際的にも高い評価を受けるだけの実績をあげることができた。

　しかし，今後は，この種の活動への参加が要請される場合も増えると考えられるので，それに備えたより系統的な取り組みが必要となるであろう。平和維持活

動は第一に，何よりも日本国内とは文化的・地理的・政治的に非常に異なる環境での活動であり，第二に，他国の同様な組織との国際的な共同行動であり，第三に，本来の軍事行動とは異なる性質のものである。したがって，その都度に急場に合わせて対応していたのでは，求められている責務を十分果たすことはできなくなるおそれがある。まして，今後の平和維持活動には，迅速な対応が求められることが多くなることが予想されるのであって，日頃からの準備を整える必要性はますます高くなっている。

具体的には，組織・制度面と装備面を中心に以下の改善がなされるべきであろう。

まず，組織・制度面では，平和維持活動その他の国際協力に関連する情報を幅広く蓄積・整理し，要員に対する専門的な教育訓練を施し，実施のための計画立案とその調整の機能をもった専門の組織を新設することが必要である。それに関連して，自衛官を国連代表部に派遣して，種々の経験を積ませることが望ましい。実施部隊については，平和維持活動のみに従事する専門部隊を常設するのは，当面は実際的でないので，避けるべきである。そのかわりに，時々の任務に応じた部隊・隊員をもってこれに当たるという方法をとるのが良い。つぎに装備面でも，平和維持活動への参加にともなって必要とされる装備品(たとえば現地での野外生活や隊員の安全確保のために必要な装備品など)の整備がなされるべきであろう。なお，どのような場合に，どのようなタイプの部隊を平和維持活動に参加させるのが適当であるかについて，既往の経験に学びつつ，なんらかの基準を，政府としてきめておくのが，良い。

(3) 国際平和協力法の改正点

自衛隊の平和維持活動への参加の態様に関しては，現行の国際平和協力法のいわゆる平和維持隊(PKF)本体業務の凍結規定をできるだけ早く解除する方向で，論議を煮詰めることが望ましい。これに関連して，武器の使用に関しては，国連で一般に認められている共通の理解について日本も検討すべきである。なお，平和維持活動を含めて，国連の安全保障上の機能は，今後，経験を重ねつつ，新しい必要によりよく適応できるように改善・充実されていくと思われるので，日本もこれまでの経験に学びつつ，あるべき姿の探究を続けるべきである。

2. その他の安全保障上の国際協力

平和維持活動以外にも安全保障に関して国連とその専門機関あるいは非政府機関(NGO)の手で行われる国際的な協力活動の分野が拡がりつつある。そのうち，自衛隊の貢献できるものとしては，現行の国際平和協力法に盛られている人道的

な目的のための各種の国際救援活動の例がある。それ以外にも、たとえば、国際協力の枠組みで行われる難民の救援活動などにも、自衛隊として支援ができるものがあるであう。

(1) 軍備管理のための国際的協力

軍備管理については、地域的にも全世界的にも、信頼醸成措置と関連して、さまざまな努力が試みられており、日本も少なからぬ寄与を行ってきた。冷戦後の不確実で不透明な安全保障環境が危険な方向に向かわないようにするためにも、この分野の国際協力は、ますます必要となってきている。自衛隊に関して言えば、これまで、国連その他における各種の軍縮関係の会議への参加やイラクの化学兵器廃棄監視への要員派遣などの例がある。近い将来の問題としては、たとえば、1995年に発効が予定されている化学兵器禁止条約の実効性を保証するために、化学兵器に精通した自衛官を査察員として条約機関の事務局へ派遣することが望ましい。なお、過去に蓄積された武器および戦場に遺棄されたままの化学兵器や地雷の処理などが、今後の課題である。こうした任務の実施に当たっては、部隊規模での取り組みが必要になることも考慮しておかなければならない。

今後、このように、専門的な軍事知識と経験をもった人材が必要とされる分野では、自衛隊員の関与すべき場面が多くなると予想される。この種の国際的活動への参加は、自衛隊員としての業務とみなすのが適当であり、それにふさわしい身分的な処遇を彼らに与えるべきであろう。

(2) 安全保障対話の促進

先に第2章で触れたように、アジア・太平洋地域でも、さまざまなレベルで信頼醸成をめざした対話が始まっている。このような各種の安全保障対話には、関係国の軍事・防衛関係者が積極的に参加していくことが大事である。

そのほか、練習艦隊の相互の親善訪問や近隣諸国の部隊との共同訓練なども、相互の透明性の増大に役立つという意味から、すすめられて良い。また、同様の趣旨から、さらには国際的に活躍できる防衛関係者の養成の目的からも、各国との政策担当者や研究者の相互交流、防衛留学生の交換も、従来以上に積極的に実施されるべきであり、政府としても、財政面・人事面を含めて、必要な措置を怠ってはならない。

第2節　日米安全保障協力関係の充実

冷戦後の安全保障環境のもとでも、日米安全保障条約は、依然として、日本自身の防衛のための不可欠の前提である。それだけではなく、日本が、米国と手を

携えてアジアの安全保障のために協力していく分野は，今後，ますます広がると思われる。すなわち，日米の安全保障上の協力関係は，単に2国間の視野からだけでなく，同時にアジア・太平洋地域全体の安全保障に関わるものとして見なければならない。

たとえば，日本領域内にある基地と関連施設を駐留米軍の使用に供し，その維持に必要な財政的措置その他の面で支援することも，そのような意味から評価されるべきである。それに加えて，行動面でも，従来よりもいっそう柔軟で積極的な協力関係をつくっていく必要がある。日米間のこのような協力が，この地域，ひいては世界全体の安全をより確かなものにするための礎石となる。このような積極的な「平和のための同盟」という見地から，日米の安全保障上の協力関係の重要性をあらためて認識すべきである。

もとより，日本自身の安全が日米間の軍事面での協力に大きく依存している事実を，無視するわけにはいかない。とくに，米国の核抑止能力は，核兵器を所有する諸国家が地球上に存在するかぎり，日本の安全にとって不可欠である。米国においては，民間レベルで，自国を含めた5大核兵器保有国による核軍縮を手始めに，核兵器の全面的廃絶を長期的な目標に掲げた運動も始まっている。他方，米国政府は，ロシアその他に呼びかけて核軍縮に努力するとともに，新たな核保有国の登場を防ぐことを当面の重要な政策目標としている。日本は，今後も非核政策を堅持していく決心であるので，そのいずれの目標とも，日本の利益に完全に合致している。同時に，このふたつの目標が現実に達成されるまでの間，米国の核抑止の信頼性に揺らぎがないことが，決定的に重要である。核兵器から自由な世界を創るという長期的な平和の戦略と，日米安全保障協力の維持・強化とは，この点でも，密接不可分の関係にある。

より日常的なレベルでの日米安全保障協力関係の促進をはかるため，作戦運用，情報・指揮通信，後方支援，装備調達などの広範な分野にわたる相互運用性（インターオペラビリティ）の確立に配意し，以下のような諸点で，改善を進めるべきであろう。

(1) 政策協議と情報交流の充実

日米間の政策協議とそのための情報交流をいっそう促進し，相互の信頼関係をいっそう高めるべきである。

(2) 運用面における協力体制の推進

種々の事態を想定した部隊運用の計画の共同立案や共同研究，共同訓練などの充実をはかる必要がある。

(3) 後方支援における相互協力体制の整備

米国がNATOその他の同盟諸国との間で，後方支援，補給品および役務の相互提供を円滑化することを目的として締結している，取得および物品・役務融通協定（ACSA）を，日本としても，早急に締結すべきである。

(4) 装備面での相互協力の促進

米軍との共同行動を円滑にするには，C^3I（指揮，統制，通信，情報）をはじめとする装備体系についても共用性を重視しなければならない。また，今後必要とされる武器・装備品は，品質は高度だが数量的には多くを要しないタイプのものが主流となっていくと予想される。こうした需要に応ずるためには，米国をはじめとした先進諸国との共同による研究・開発・生産がひとつの合理的な選択であろう。なお，この問題には民間が開発した技術がからんでくるので，当該企業の利益が損なわれることがないように，日本政府が関係国政府に対して必要な措置を講ずるよう求めることが肝要である。

(5) 駐留米軍に対する支援体制の改善

日本政府は従来から，地位協定のもとで，駐留米軍にかかわる経費の一部を負担してきたが，近年では特別協定を締結して，さらにその割合を増やしてきた。今後も，このような負担は必要であるが，経費運用の柔軟性をはかるなど，技術的な改善の余地はあるかも知れない。そのほか，これらの施設については，引き続き日米の共同利用の円滑化を進めることが望ましい。なお，今後とも必要に応じて，その整理・統合をはかるべきである。

第3節　自衛能力の維持と質的改善

冷戦後の国際的安全保障の趨勢が，対決型のものから協調型のものへと移行しつつあるといっても，種々の軍事的危険のみなもとが一挙に消滅したわけではない。アジア・太平洋地域の安全保障環境が，いろいろな理由で流動的であることは，すでに第1章で述べたとおりである。このような事情からして，各国が危機管理・危機対処の自前の能力を備えていることが，安全保障の基礎であることには変わりがない。また，少なくとも世界の主要国がそのような能力をもっていてはじめて，国連その他の機構を通じての多角的安全保障の仕組みが効果を発揮できるものであるという現実に目をつぶってはならない。その意味で，堅実な自衛力を備えていることは，自国の独立維持の最終的な担保であるとともに，国際的安全保障の見地からも望ましいことである。

(1) 予想される軍事的危険

東西ふたつのブロックに分かれた軍事的対峙が地球全体を覆っていた冷戦時代

には，日本の防衛も，この大きな東西対立の構図の中に，位置づけられていた。たとえばソ連が，西側全体との関係を無視して，日本だけを本格的な攻撃の対象にすることは，ほとんど現実性がなかった。1976年の防衛計画の大綱が日本が持つべき防衛力の水準を「限定小規模侵略」に対応できるものと定めたのは，相手側の日本侵攻を抑止し，また侵攻が実際に生じた場合にそれを排除する米軍の能力を，前提としていたからである。すなわち，相互補完的な関係にある日米両国の軍事力が一体となって，ソ連の侵攻に対応すべきものとされた。そのような戦略的な構想を前提とし，その上に，憲法的制約や政治的配慮が働いた結果，冷戦下においても，日本は，控えめな規模と性質の防衛力を持つにとどまった。いわゆる「基盤的防衛力」である。

今では，軍事的な危険の形態や性質が変わったが，独立国として必要最小限の基盤的防衛力をもつべきだという考え方は，基本的には，今日でも妥当性を失っていない。これまで想定されていたような規模の軍事的侵攻が日本に対して直接加えられる可能性は，大幅に低下した。ふたたび，いずれかの国との政治関係が極端に悪化し，その国からの軍事的攻撃の可能性が高まってくるということが全くないと決めてかかって良いわけではないが，軍事的にも政治的にも米国に対抗する用意のある旧ソ連に匹敵するような国家が出現することは，近い将来にはないであろう。いずれにせよ，そのような意味での脅威の出現は，かなりの時間的余裕をもって予測できるはずであり，わが国の側にも，相応の準備期間があるであろう。そうした場合の防衛力のあり方については，そのときの情勢に照らして，新たに検討すべきである。

当面意を注ぐべき対象は，不安定で予測が難しい状況の中に潜んでいるさまざまな危険である。そのような危険が顕在化した場合に，的確かつ機敏に対処して，それが大規模な紛争に発展しないように管理する能力を維持しておく必要がある。とくに，海上交通の安全妨害，領空侵犯，限定的ミサイル攻撃，一部国土の不法占拠，各種のテロ行為，武装難民の流入といったような事態に対応する能力は，そのなかでも重視されるべきものであろう。

(2) 防衛力整備に当たって考慮すべき要因

今後の防衛力整備を決定する際に考慮されるべき主な要因は，上に述べたような情勢認識であることは言うまでもないが，他方，軍事技術の近年の動向や，国全体としての資源の最適配分の見地からの考慮も必要となる。

(i) 軍事科学技術の動向

近年の科学技術の進歩に伴う兵器の高性能化には著しいものがある。従来の重厚長大型の兵器からコンパクトで高性能の精密誘導型兵器へと，ウェートが大き

く変化してきており、それに合わせた省力化も進んでいる。また、衛星の利用その他の情報、指揮・通信システムの高度化も顕著であり、各種の情報のネットワークなどC^3Iシステムが極めて重要な位置を占めるようになってきた。とくに、ソフトウェアの優劣が装備の能力を左右するので、今後はますますソフトが重視されるようになるであろう。このような、装備の高度化は、兵器システムを複雑化し、兵器の価格の高騰をもたらすであろう。こうした高性能兵器の研究・開発・製造およびそれを使いこなす要員の養成は短期間では不可能であり、長期的な視野に立った計画が必要とされる。

(ii) 若年人口の長期的な減少傾向

もうひとつの長期的要因は、若年人口の減少傾向である。その結果として、人員確保のための条件が悪化するという問題は、既に中期防衛力整備計画(平成3～平成7年度)でも、指摘されている。将来の人口動態の見通しに照らしてみると、任期制自衛官採用の主要部分を構成する＝士男子の募集対象人口(18歳以上27歳未満の男性)は、平成6年の約900万人をピークに、平成7年度以降においては、急激な減少が見込まれている。とくにそのなかでも中核となる18歳男子の数は、15年後において、おおむね40％の減少を覚悟しなければならない。このような人口動態を前提とすれば、今後は、人的資源の節約の方向で、防衛力の整備を考える必要があろう。

(iii) 厳しい財政的制約

人口の老齢化現象は、財政的な圧迫にもつながる。というのも、老齢化が進むのにともなって、今後は社会保障関係の予算が大幅に増大することが見込まれるので、防衛力整備をめぐる財政事情は、長期にわたって、好転する可能性は少ないからである。

そうでなくても、日本の防衛費は、長年の間、おおむねGNP1％以下に抑えられてきた。一般会計予算に占める割合も、6％前後の水準で推移してきた。このように、他国と比べて、防衛の分野への資源配分は、決して多いとは言えない。しかも、自衛官一人当たりの人件費や装備品の価格も、徴兵制度を採用したり、外国の武器市場を当て込んだ低価絡化の方策がとれる国々と比較して、どうしても割高になる傾向がある。また、防衛費のかなりの部分(1994年度予算で約11％)が基地対策費や米軍駐留支援の経費に当てられている。こうして、実質的な防衛費は、もともと、見かけほどは大きくない。

今後の防衛力整備は、限られた予算を最大限に有効に使って、防衛力の水準の低下を防ぐことに、努力を傾けることが、これまで以上に求められる。

なお、防衛費は、隊員の人件費や過去に契約した装備品の支払い経費など義務

的経費が大半を占めている。このような特性に鑑み，防衛費の増減については，単年度で実施することは困難であるので，中長期的視点に立って管理するのが適当である。

(3) 新しい防衛力についての基本的考え方

以上のような情勢についての認識と，軍事技術の動向や人的資源ならびに財政上の誓約を考慮に入れれば，今後の防衛力の基本的なあり方としては，つぎのような考えかたを採用するのが妥当であろう。すなわち，基盤的防衛力の概念を生かしつつ，新たな戦略環境に適応させるのに必要な修正を加える。具体的には，第一に，不透明な安全保障環境に対応し得るような情報機能を充実させるとともに，多様な危険に対し的確に対応できるように運用態勢を整える。第二に，戦闘部隊について，より効率的なものに編成し直し，装備のハイテク化・近代化をはかるなどの方法を講じて，機能と質を充実させる一方，その規模を全体として縮小させる。第三に，より重大な事態が生じた場合，それに対応できるように，弾力性に配慮する。このような考え方に立った防衛力の改革・改編は，今後10年程度を目途に，順を追って，実施されることを期待する。

(4) 改革の具体策

(i) C^3I システムの充実

全般的に，機動性の高い軍事技術が普及しつつある時代において，危険に対処するには，防衛組織の C^3I システムの必要性が増大した。とくに，抑制された規模の防衛力で，さまざまな危険に対処するためには，迅速かつ柔軟に対応する能力が，重視されなければならない。状況を機敏かつ適切に把握し，必要な兵力を必要な時と所に配置することによって，はじめて，量的に優勢な攻撃力に対する防衛が可能となるのである。それには，よく組織された C^3I システムをもっていることが，不可欠であり，また，偵察衛星の利用も含めた各種センサーの活用をはかるべきである。

従来から，情報収集・分析能力や各種警戒監視能力の向上の必要性は，たとえば防衛計画の大綱においても，指摘されているが，冷戦後の不透明な国際情勢では，危険の存在がむしろ分散し拡散する傾向が見られるだけに，情勢の変化を早期に察知し，機敏な意思決定に資するためにも，今後はより一層この点を重視する必要がある。

(ii) 統合運用態勢の強化

国連の平和維持活動をはじめとする新しい任務を効果的に遂行し，また，不透明な国際情勢に由来する各種の危険に備えて機敏に対応できる能力を高めるためにも，陸海空三自衛隊の統合運用態勢の強化が急務である。多くの場合に，日米

間の円滑な連携が不可欠となるであろうから、その点からも、このことは必要である。とくに、戦略情報機能、指揮通信機能について、統合的観点からの強化がはかられなければならない。それに関連して、統合幕僚会議および同議長の調整分野を広げ、必要な人員を配置して、統合調整機能を一段と強化することが、ぜひとも、必要である。

　(iii)　機動力と即応能力の向上

　抑制された規模の防衛力を効果的に運用するためには、それを必要な場所、必要な時に投入できることが肝要であり、その観点から、機動力と即応能力の向上が必要である。

　(iv)　人的規模

　今後に予想される人口動態に由来する制約を考慮して、有事の際に必要とされる戦闘能力に支障を来さない範囲で、抑制的な人員で効果をあげる工夫を凝らす必要があろう。したがって、常備の自衛官定数については、今後強化すべき機能に見合った要員を含めても、現行の約27万4千人を24万人程度を目途として縮小すべきである。今後は、この範囲で諸任務を遂行するための部署に必要な人員を確保するようにしなければならない。なお、危急の際に不足する人員を早急に補充できるように、新たな予備自衛官制度の導入を検討すべきであるが、この点については、後述する。

　(v)　陸上防衛力

　わが国を取り巻く安全保障環境が如何に変化しようとも、陸上防衛力が、国土防衛の使命をもち、国民生活の安定に寄与するものであることに変わりはない。これまでは、日本本土に対する敵対的勢力による侵攻に備えて、陸上自衛隊のほぼ全力を集中運用するということに重点をおいて、画一的に編成された師団を全国に配備してきた。今後は、このような本格的侵攻には至らないまでも発生の可能性は高いかも知れないさまざまな危険への対処や国連平和維持活動ならびに国内外の災害救助・緊急援助などの多様な任務に柔軟に対応し得ることに重点をおいて、多機能的な部隊に再編成する。すなわち、地域の特性を考慮に入れた多様な編成を有する師団および旅団への改編および部隊の配置などを実施し、部隊の数ならびに規模を削減すべきである。

　陸上自衛隊には定数と実態との間には大幅な乖離があり、このため部隊の維持・管理上の無理があり、たとえば教育訓練や隊務の運営に大きな支障が出ていた。こうした問題を解決するためには、部隊の規模を縮小し、内容的に充実したものに改編すべきである。とくに、平時において任務遂行の機会の多い部門や、機敏な対応能力の求められる部署については、必要な人員を確保し、高い練度を

保っておくことが肝要である。他方，危急の際に迅速に対応できるようにするためには，新たな予備自衛官制度を導入することを検討すべきである。すなわち，退職した自衛官の中から予備自衛官を募り，年間相当日数の部隊規模での訓練を施し，有事においては第一線部隊に充当し得るだけの練度の高い予備兵力を作り出すのが，この制度のねらいである。なお，この制度の創設に併せて，予備自衛官の処遇改善や，雇用主たる企業などへの財政措置を含む諸施策を通じて，予備自衛官が所定の訓練に参加できる体制を，政府と民間との協力のもとに，作り上げることが必要となる。

このように人員規模の縮小と併せて，戦車，火砲などの重装備重視から，機動力の向上をはかることによって，よりいっそう充実した陸上防衛力に改編することが求められている。

(vi) 海上防衛力

四方を海に囲まれた日本にとって，周辺海域の防衛や海上交通の安全確保は，有事における生存基盤，継戦能力さらには米軍の来援基盤の確保のために不可欠である。それだけでなく，平時における海上交通の安全確保は，エネルギー等の供給や製品貿易の海外依存度がきわめて高い日本にとって，死活的な問題である。また，海難救助，海賊取締り，麻薬取締りなども，海上保安庁と提携して，海上自衛隊が取り組むべき任務である。

予見できる将来，圧倒的な優位を誇る米国の海軍力が，太平洋をふくむ全世界の海洋の安全を維持する基本的な要素としてとどまるであろう。そのような米国海軍との協力関係を保ちつつ，日本の海上防衛力は，上記の任務を遂行する。

これまで想定されていたようなソ連の潜水艦等による本格的な海上交通の破壊攻撃の可能性は低下したので，従来重点がおかれていた対潜水艦戦や対機雷戦のための艦艇や航空機の数を削減すべきである。他方，よりバランスのとれた海上防衛力を整備することに意を注ぐべきである。たとえば，監視・哨戒の機能や，対水上戦，防空戦の能力などは，これまで以上の充実が必要である。また，国連の平和維持活動などへの参加も考えて，海上輸送，洋上補給等の支援機能についてある程度強化すべきであろう。

また，練度および即応態勢の向上をはかるため，艦艇の乗組員については，現在の一部未充足な状況を解消する必要がある。そのためには，上述した艦艇等の逐次削減の結果生じた要員を充てるという方法などを講ずるべきであろう。

(vii) 航空防衛力

航空機やミサイル技術の発達を考慮すれば，防空能力が国の防衛に果たす役割は，今後，増加することはあっても，低下することはないであろう。AWACS

が導入されたことなどによって，日本の航空警戒管制能力の近代化は一段と進んだ。今後，この面での技術はかなりの進歩が見込まれているので，レーダー・サイト等の航空警戒管制組織については，効率化の見地も含め，大幅な見直しがなされるべきである。また，これまで想定されていたようなソ連による本格的な航空侵攻の可能性は低下したので，戦闘機部隊または戦闘機の数を削減すべきである（なお，弾道ミサイル防衛については，これまでの防空の概念を越える部分を含んでいるので，あとで別のところで扱う）。

他方，空中給油機能の導入も，防空体制の効率化・強化に役立つという観点から，検討に値しよう。また，これによって，飛行訓練も，効率化することができる。なお，パイロットの養成には長期間が必要であるので，その教育訓練の充実に経費とエネルギーを割くべきであろう。

また，今後の国連の平和維持活動などへの参加の視点から，航空機動性の向上をはかるために，一定の長距離輸送能力の保有が必要となると思われる。

(viii) 弾道ミサイル対処システム

大量破壊兵器とその運搬手段の拡散の危険に対処するために，核兵器不拡散条約（NPT），化学兵器禁止条約（CWC），ミサイル技術管理体制（MTCR）など，さまざまなレジームによる規制の努力がなされている。これらの長期的な観点に立った国際的取り組みの成功が，日本の安全保障上の国益の見地からきわめて望ましいことは，もちろんである。したがって，日本もそれらの国際的管理体制の構築のために積極的な役割を果たしている。他方，そうした目標に到達するまでの移行期間，核ミサイルその他による攻撃やその威嚇に対する有効な防衛手段を備えていることが，上記の長期的目標に立った拡散防止レジームの成功のための不可欠の条件である。なぜならば，不安に駆られた国家が存在する以上は，拡散の動機が消滅しないからである。このような観点から，非核政策をとる日本としては，米国による抑止力の信頼性が維持されることが，絶対に必要である。それに加えて，日本自身が，弾道ミサイル対処能力を，もつ必要がある。そのために，この分野の研究が最も進んでいる米国と提携しつつ，その保有に向けて積極的に取り組むべきである。また，このようなシステムは，米軍との提携が不可欠であり，統合的な部隊運用の体制を必要とするものであることに，とくに留意すべきである。

なお，このようなシステムの導入に際しては，陸海空三自衛隊間の役割分担の見直しを含め，効率的な防空体制について検討する必要があろう。

(ix) 防衛力の弾力性の維持

今日，差し迫った脅威がないとは言っても，不透明で不確実な安全保障環境に

潜む危険のなかから，将来，いかなる事態が発展するかも知れない。そのような事態に備えて，養成に時間のかかる専門的要員(たとえば指揮官やパイロットなど)や，取得まで長期を要するような装備(たとえば航空機や艦艇など)については，教育訓練の充実にも資するように，その部門にある程度配備するなどの方法で，ゆとりをもって保有しておくといったような配慮が必要である。これと関連して，先に述べたような新たな予備自衛官制度の導入も，検討されるべきである。

(x) 人事面での施策

(ア) 自衛隊員の処遇の改善　すべての組織がそうであるように，防衛組織についてもその根幹は，究極的には，人の問題である。とくに，人員を節減しながら，組織全体の効率を保つためには，士気と能力の高い隊員によって，任務が遂行されなければならない。そのような観点から，採用から退職後にいたるまでの隊員の処遇やその居住環境などの改善について，行き届いた配慮が必要である。

(イ) 募集方法の改善　若年人口の減少により，今後，自衛官の募集がこれまでよりも容易になるとは期待できない。その点を考慮して，募集方法について，以下のような改善が望ましい。第一に，一般公務員や民間企業の例にならって，地方公共団体や学校の協力を得て，それらの機関を通じて入隊希望者を募るという方法を，可能な限り採用するような方面に募集方法を改めるべきである。第二に，景気の変動などの理由による年毎の応募者の増減を考慮に入れ単年度の定数にしばられずに，数年度にわたる募集人員数の管理ができるような採用方法の導入などを，検討すべきである。

(ウ) 人材の育成と教育訓練内容の改善　新しい時代に防衛力が果たすべき任務が，国際化し多様化する傾向に鑑みて，必要な人材を養成するための教育訓練内容の改善がなされねばならない。これはまず募集の段階での適性な人材の確保からはじまるが，採用後の教育訓練の果たす役割もきわめて大きい。今後とくに重視すべきは，国連平和維持活動への参加などの国際協力に十分応じられるような，語学や国際関係などについての知識・感覚を持った人材の養成という視点であろう。そのために，多くの隊員に外国留学の機会ができるだけ広く開かれるよう，必要な施策がとられるべきである。そのほか，兵器体系の近代化にともなって単純作業の占める部分は少なくなり，より複雑な能力が必要とされるようなってきているので，教育訓練内容を改善し，専門的な知識技術の習得を重視する一方，できる限り多機能的な任務に耐える人材の養成に力を入れる必要がある。

(xi) 駐屯地等の統廃合

現行の駐屯地の配置については，防衛や警備上の観点のほかに，以下のような点を考慮して決定されたものである。すなわち，自衛隊創設直後の時期には，昭和34年の伊勢湾台風や昭和38年の北陸地方の豪雪に代表されるような大災害が頻発したことから，災害派遣が自衛隊の任務として重視された。このような地域社会の需要に応じる必要が，ひとつの要因となっていた。

今日では，防衛力の合理化・効率化の考慮から言っても，地方公共団体の災害対策能力が過去2,30年間に飛躍的に向上した点から言っても，自衛隊の部隊配置を見直して良い時期になった。たとえば，小規模な陸上自衛隊の駐屯地は，当該地方の社会的必要の見地を考慮に入れながらも，それに著しく影響を与えない範囲で，ある程度の整理を行なって，良いであろう。ただし，危急の場合に，国防上，必要になる公算の高い場所について，回復が可能になるような措置をしておくことが必要である。

全体としての防衛力の効率化という観点からすれば，一部の駐屯地等を処分して得られた財源を，統合すべき駐屯地等の整備の充実のために充てるという方法で，統廃合を促進させるのが望ましい。こうしたスムースな統廃合を可能にするためには，財政面での特別の工夫が必要であろう。

また，仮に，統廃合によってある程度の効率化ができた場合でも，駐屯地等を維持するには相当の人員と経費が必要になる。他の部門への資源配分と人員配置に対する圧迫を緩和するためには，一般に，この種の駐屯地等の業務はできる限り，民間に委託する方途を講じるべきであろう。

第4節　防衛に関連するその他の事項

この報告書が，主に取り上げるのは，新しい国際情勢と安全保障環境に適応して，防衛力について如何なる改善が必要であるかという問題である。しかし，これまでにも，強調してきたように，防衛は総合的な安全保障政策の体系の中に正しく位置づけられて始めて，その役割を果たすことができる。その意味で，防衛の改善は，安全保障政策全体の新しい方向づけという問題の一部なのである。したがって，求められる防衛力の再編と密接にかかわる課題のなかで，政府全体あるいは日本社会が全体として，取り組むべきものについて，最後に取り上げることにしたい。（前の三つの節で述べたことの中にも，たとえば新しいタイプの予備自衛官制度の導入など，防衛庁レベルを越えた国全体の取り組みなくしては解決の困難な問題が多々含まれていることも，ここで付言しておきたい。）

(1) 安全保障に関する研究と教育の充実

　日本では，安全保障に関する研究や教育にこれまで十分な関心が払われてこなかった嫌いがある。平和に対して国および国民が真剣な関心を抱くべき国際環境にあることを考えれば，それが，安全保障問題への研究と教育に反映されなければならない。

　安全保障に関する教育は，現状では，極めて不備である。初等教育から高等教育にいたるまでの各段階において，適切な安全保障教育を行うことが，日本の将来の安全保障にとって重要なことである。安全保障は，国民全体が等しく享受する公共財であり，その任務に従事する人々に対する相応の敬意を，社会全体が払うことを忘れるならば，国防も安全保障も，精神的な基盤を失うであろう。そのような国家が，繁栄を持続したためしはない。したがって，自衛隊員が誇りとやりがいをもって職務に邁進できるような配慮が不可欠であろう。

(2) 防衛産業

　今日の日本の防衛産業は，その生産総額が国内工業生産に占める割合はおおむね0.6％程度にとどまり，国民経済の観点から見れば，決して大きいものではない。しかし，安全保障上の観点からすれば，技術的に高度で高品質の装備品を開発・生産できる防衛産業を国内にもっていることが，きわめて大切であることを，ここで強調しておきたい。戦前の陸軍造兵廠や海軍工廠のような国営の軍需工場が果たした役割は，戦後はすべて，民間の防衛産業の手でおこなわれている。そして，関係する企業が幅広く各種産業部門にまたがっており，しかも，きわめて多数の中小企業や高度に専門的な企業まで含んでいるのが，特徴である。また，武器輸出三原則によって，日本は武器輸出を厳しく自制する政策をとっているので，こうした民間企業の武器関連部門は，防衛庁の受注だけを対象に生産計画を立てるしかない。そのために，多種少量生産になり，製品は全般に割高の傾向になる。また，主要装備品については，米国からの輸入や米国装備品のライセンス生産が主力であり，米国の装備品の影響を強く受けているといった特徴がある。

　このような種々の制約のもとにありながら，最近までは防衛力が整備・建設の段階にあったので，日本の防衛産業は，曲がりなりにも，その生産基盤を維持してきた。しかし，最近2,3年は，装備調達のための予算が頭打ちもしくは減少し始めているので，先行きが不安になっている。折柄の不況のあおりで，企業全体の収益が縮小しているため，防衛部門を維持していくことも次第に難しくなってきている。

　今後は先にも述べたとおり，防衛力の近代化を進める一方で，戦闘部隊を中心とする防衛力全体の規模については縮小・効率化が課題となる。加えて，装備品

の耐用年数も顕著に伸びる傾向があることなどを併せて考えれば，装備品，とくに正面装備品の調達については，これまでと比べて，量的にはかなり大幅な縮小が見込まれる。その結果，適切な対応策が講ぜられないかぎり，いくつかの企業では，生産基盤の維持が困難となり，最悪の場合には，防衛産業から撤退せざるを得ないところに追い込まれるかも知れない。

　上に説明したような理由で，日本の防衛生産は，コスト的には不利な条件にある。しかし，防衛産業の性質上，経済性の観点からだけで，ものごとの是非を判断するわけにはいかない。装備品の調達・防衛関連技術における自主性・自立性を維持しておくことは，米国との技術交流を推進するためにも，肝要である。したがって，防衛産業に関与する企業の存続を極力支援するような政策的配慮が必要となる。

　たとえば，できるだけ時間的余裕をもって政府が中期的な調達の見通しを明らかにし，企業の側で生産計画が立て易いようにすることが，望ましい。とくに，正面装備品の調達量の減少による不利な影響をできるだけ緩和するためには，引き続き国産化に配意し，企業レベルでのリストラを推進するとともに，次のような点について，留意する必要がある。第一に，高度の技術を要する部門については，研究開発および製造技術の基盤の維持に配慮する必要がある。第二に，部隊現場での装備品の日々の運用に支障をきたさないようにするためには，装備品の補修能力を関連企業が維持していることが，是非，必要である。第三に，防衛需要への依存度の高い中小企業に対しては，産業政策あるいは社会政策の観点から考慮する必要があろう。第四に，米国などとの間で適切な共同研究・開発や共同生産を進めることも対応策のひとつとして検討すべきであろう。

(3) 技術基盤

　軍事技術は，今後とも，着実に進歩していくことが予想される。しかも，質の遅れを量で補うことは不可能となっているので，最新の防衛技術水準を保有しておくことは，安全保障上，きわめて重要である。他方，上に述べたとおり，正面装備品の調達量は，今後減少することが見込まれるため，せっかく研究開発に成功してもその装備品の実際の発注高は思ったほどの額に達しないかも知れない。将来における受注の見込みが立たないことが，民間企業の研究醐発への投資意欲の減退を招くおそれがある。

　こうした点を考えて，今後，政府が研究開発に力を注ぎ，政府資金で量産化を前提としない技術実証型研究を推進し，最先端の技術基盤の強化をめざすことが肝要である。また，ソフトウェアの蓄積やデータベースなどの構築に努力を傾注することも大切である。

(4) 今後の防衛力整備計画のあり方

この報告書の提言するような考え方に沿って防衛力の再編成と組織改革を実施することは，自衛隊員や防衛庁関係者はもとより，関係地方公共団体や民間企業など一般社会へ影響するところも少なくないので，無駄な混乱を避けるためには，相応の期間(たとえば，10年程度を目途)をかけて，段階的に実施する必要があろう。また，ここで提言している改革案は，今後の適当な期間をかけて行われる改革の過程を通じて到達すべき目標の提示といった性質のものであって，1976年の「大綱」別表のように，長期にわたって維持すべき目標とか防衛力の上限などを示すものではない。「大綱」とは訣別しなければならないが，それに代わるべき何らかの文書を作成する必要があるか否かは，今後，政府が検討すべき問題である。また，「国防の基本方針」についても，新たな防衛についての基本的な思想を表現するようなものに書き直すか否かは，今後の検討課題であろう。

なお，具体的な防衛力整備については，中期的な計画を作成し，それに基づいて，柔軟かつ計画的に進めていくべきものであろう。

(5) 危機管理体制の確立と情報の一元化

一般に，C^3Iシステムに関して，複数の組織と組織の間の継ぎ目が，その最も弱い部分であり，そこで欠陥が露呈し易いことが指摘されている。この指摘は日本の国家全体としての情報システムや危機管理体制の現状に，そのまま当てはまるようである。内閣において，合同情報会議が開催されるなどこの継ぎ目を埋めるよう努力が払われているが，政府全体としての情報・危機管理システムがいっそう有効に機能するように努力する必要がある。今後は，内閣レベルでの危機管理・情報分析機能を一段と強化・充実するという課題に本格的に取り組む必要がある。この課題は，情報専門家の養成とその処遇の改善から，各政府機関や自衛隊のレベルでの情報機能の強化，そして内閣レベルでの情報一元化と危機管理に適した政策決定機構の仕組み，さらには緊急事態に備えた国内法制度の整備などに至る，広範囲にわたる非常に重要な問題であるので，十分な論議が行われることを期待したい。

おわりに

冷戦が終わり，安全保障問題の性質には一定の変化が生じた。そのようななかで，世界の諸国民は，新しい国際秩序を求めて，それぞれに努力を始めている。われわれも，こころを新たにして，安全保障政策に取り組む必要がある。

もとより，安全保障政策の基本が各国の自己管理能力と危機対応能力にあることには，変わりがない。また，利益と価値観の共有が国家間の関係における最も

確かな絆であることにも，変わりがない。その意味で，新しい国際秩序の形成に関して共通の目標をもっている日米両国間の絆は，むしろ，これまでよりもいっそう重要性を増すであろう。というのも，今後は，世界の諸国民が協力して，武力紛争の予防とその早期解決をはかり，さらには紛争の誘因となる貧困などの社会問題の解決のために，能動的・建設的に行動する機会が増えていくものと思われるからである。このような協力的安全保障の実績を着実に積み重ねることを通じて，人類は，それだけ，国連の掲げる集団安全保障の目標に近づくことができるのである。その結果，「国際紛争解決の手段としての武力による威嚇又は武力の行使」の禁止を基本的なルールとする国際秩序が，より確実なものとなるであろう。そうなることは日本国民の利益にもかなうことであり，われわれは，それを目標として，最大限の努力を払うべきである。

そのような視点に立って，この報告書は，日本が今後とるべき安全保障政策と防衛力のあり方について，述べてきた。多角的協力の促進・日米安全保障関係の充実，信頼性の高い効率的な防衛力の保持が，三つの柱である。

ここで述べてきたような新しい安全保障政策が円滑に実施され，防衛がそのなかで有意義な役割を果たせるようになるためには，国全体が総合的な視野からこれに取り組み，整合のとれた政策運営を行うことが是非とも必要である。それには，効果的な政策決定と実施を可能にする危機管理システムの構築が不可欠である。同時に，より広く，国民全体の理解と支持と参加が，安全保障政策の根本であることを，併せて，強調しておきたい。本懇談会の報告書が，安全保障問題に関する国民的理解の深まりに資するところがあるならば幸いである。

III 新「防衛計画の大綱」（07大綱）

「平成8年度以降に係る大綱」（07大綱）の全文を以下に示す。[114] また，資料全文の末尾には，「07大綱」の閣議決定時に併せて発表された内閣官房長官談話も示す。

平成8年度以降に係る防衛計画の大綱

I 策定の趣旨

1 我が国は，国の独立と平和を守るため，日本国憲法の下，紛争の未然防止や解決の努力を含む国際政治の安定を確保するための外交努力の推進，内政の安定による安全保障基盤の確立，日米安全保障体制の堅持及び自らの適切な防衛力の整備に努めてきたところである。

2 我が国は，かかる方針の下，昭和51年，安定化のための努力が続けられている国際情勢及び我が国周辺の国際政治構造並びに国内諸情勢が当分の間大きく変化しないという前提に立ち，また，日米安全保障体制の存在が国際関係の安定維持等に大きな役割を果たし続けると判断し，「防衛計画の大綱」（昭和51年10月29日国防会議及び閣議決定。以下「大綱」という。）を策定した。爾来，我が国は，大綱に従って防衛力の整備を進めてきたが，我が国の着実な防衛努力は，日米安全保障体制の存在及びその円滑かつ効果的な運用を図るための努力と相まって，我が国に対する侵略の未然防止のみならず，我が国周辺地域の平和と安定の維持に貢献している。

3 大綱策定後約20年が経過し，冷戦の終結等により米ソ両国を中心とした東西間の軍事的対峙の構造が消滅するなど国際情勢が大きく変化するとともに，主たる任務である我が国の防衛に加え，大規模な災害等への対応，国際平和協力業務の実施等より安定した安全保障環境の構築への貢献という分野においても，自衛隊の役割に対する期待が高まってきていることにかんがみ，今後の我が国の防衛力の在り方について，ここに「平成8年度

以降に係る防衛計画の大綱」として，新たな指針を示すこととする。

4　我が国としては，日本国憲法の下，この指針に従い，日米安全保障体制の信頼性の向上に配意しつつ，防衛力の適切な整備，維持及び運用を図ることにより，我が国の防衛を全うするとともに，国際社会の平和と安定に資するよう努めるものとする。

II　国際情勢

この新たな指針の策定に当たって考慮した国際情勢のすう勢は，概略次のとおりである。

1　最近の国際社会においては，冷戦の終結等に伴い，圧倒的な軍事力を背景とする東西間の軍事的対峙の構造は消滅し，世界的な規模の武力紛争が生起する可能性は遠のいている。他方，各種の領土問題は依然存続しており，また，宗教上の対立や民族問題等に根ざす対立は，むしろ顕在化し，複雑で多様な地域紛争が発生している。さらに，核を始めとする大量破壊兵器やミサイル等の拡散といった新たな危険が増大するなど，国際情勢は依然として不透明・不確実な要素をはらんでいる。

2　これに対し，国家間の相互依存関係が一層進展する中で，政治，経済等の各分野において国際的な協力を推進し，国際関係の一層の安定化を図るための各般の努力が継続されており，各種の不安定要因が深刻な国際問題に発展することを未然に防止することが重視されている。安全保障面では，米ロ間及び欧州においては関係諸国間の合意に基づく軍備管理・軍縮が引き続き進展しているほか，地域的な安全保障の枠組みの活用，多国間及び二国間対話の拡大や国際連合の役割の充実へ向けた努力が進められている。
　主要国は，大規模な侵略への対応を主眼としてきた軍事力について再編・合理化を進めるとともに，それぞれが置かれた戦略環境等を考慮しつつ，地域紛争等多様な事態への対応能力を確保するため，積極的な努力を行っている。この努力は，国際協調に基づく国際連合等を通じた取組と相まって，より安定した安全保障環境を構築する上でも重要な要素となっている。このような中で，米国は，その強大な力を背景に，引き続き世界の平和と安定に大きな役割を果たし続けている。

3 我が国周辺地域においては，冷戦の終結やソ連の崩壊といった動きの下で極東ロシアの軍事力の量的削減や軍事態勢の変化がみられる。他方，依然として核戦力を含む大規模な軍事力が存在している中で，多数の国が，経済発展等を背景に，軍事力の拡充ないし近代化に力を注いでいる。また，朝鮮半島における緊張が継続するなど不透明・不確実な要素が残されており，安定的な安全保障環境が確立されるには至っていない。このような状況の下で，我が国周辺地域において，我が国の安全に重大な影響を与える事態が発生する可能性は否定できない。しかしながら，同時に，二国間対話の拡大，地域的な安全保障への取組等，国家間の協調関係を深め，地域の安定を図ろうとする種々の動きがみられる。

日米安全保障体制を基調とする日米両国間の緊密な協力関係は，こうした安定的な安全保障環境の構築に資するとともに，この地域の平和と安定にとって必要な米国の関与と米軍の展開を確保する基盤となり，我が国の安全及び国際社会の安定を図る上で，引き続き重要な役割を果たしていくものと考えられる。

Ⅲ 我が国の安全保障と防衛力の役割

（我が国の安全保障と防衛の基本方針）

1 我が国は，日本国憲法の下，外交努力の推進及び内政の安定による安全保障基盤の確立を図りつつ，専守防衛に徹し，他国に脅威を与えるような軍事大国とならないとの基本理念に従い，日米安全保障体制を堅持し，文民統制を確保し，非核三原則を守りつつ，節度ある防衛力を自主的に整備してきたところであるが，かかる我が国の基本方針は，引き続きこれを堅持するものとする。

（防衛力の在り方）

2 我が国はこれまで大綱に従って，防衛力の整備を進めてきたが，この大綱は，我が国に対する軍事的脅威に直接対抗するよりも，自らが力の空白となって我が国周辺地域における不安定要因とならないよう，独立国としての必要最小限の基盤的な防衛力を保有するという「基盤的防衛力構想」を取り入れたものである。この大綱で示されている防衛力は，防衛上必要

な各種の機能を備え，後方支援体制を含めてその組織及び配備において均衡のとれた態勢を保有することを主眼としたものであり，我が国の置かれている戦略環境，地理的特性等を踏まえて導き出されたものである。

　このような基盤的な防衛力を保有するという考え方については，国際情勢のすう勢として，不透明・不確実な要素をはらみながら国際関係の安定化を図るための各般の努力が継続されていくものとみられ，また，日米安全保障体制が我が国の安全及び周辺地域の平和と安定にとって引き続き重要な役割を果たし続けるとの認識に立てば，今後ともこれを基本的に踏襲していくことが適当である。

　一方，保有すべき防衛力の内容については，冷戦の終結等に伴い，我が国周辺諸国の一部において軍事力の削減や軍事態勢の変化がみられることや，地域紛争の発生や大量破壊兵器の拡散等安全保障上考慮すべき事態が多様化していることに留意しつつ，その具体的在り方を見直し，最も効率的で適切なものとする必要がある。また，その際，近年における科学技術の進歩，若年人口の減少傾向，格段に厳しさを増している経済財政事情等に配意しておかなければならない。

　また，自衛隊の主たる任務が我が国の防衛であることを基本としつつ，内外諸情勢の変化や国際社会において我が国の置かれている立場を考慮すれば，自衛隊もまた，社会の高度化や多様化の中で大きな影響をもたらし得る大規模な災害等の各種の事態に対して十分に備えておくとともに，より安定した安全保障環境の構築に向けた我が国の積極的な取組において，適時適切にその役割を担っていくべきである。

　今後の我が国の防衛力については，こうした観点から，現行の防衛力の規模及び機能について見直しを行い，その合理化・効率化・コンパクト化を一層進めるとともに，必要な機能の充実と防衛力の質的な向上を図ることにより，多様な事態に対して有効に対応し得る防衛力を整備し，同時に事態の推移にも円滑に対応できるように適切な弾力性を確保し得るものとすることが適当である。

（日米安全保障体制）

3　米国との安全保障体制は，我が国の安全の確保にとって必要不可欠なものであり，また，我が国周辺地域における平和と安定を確保し，より安定した安全保障環境を構築するためにも，引き続き重要な役割を果たしてい

くものと考えられる。

　こうした観点から，日米安全保障体制の信頼性の向上を図り，これを有効に機能させていくためには，①情報交換，政策協議等の充実，②共同研究並びに共同演習・共同訓練及びこれらに関する相互協力の充実等を含む運用面における効果的な協力態勢の構築，③装備・技術面での幅広い相互交流の充実並びに④在日米軍の駐留を円滑かつ効果的にするための各種施策の実施等に努める必要がある。

　また，このような日米安全保障体制を基調とする日米両国間の緊密な協力関係は，地域的な多国間の安全保障に関する対話・協力の推進や国際連合の諸活動への協力等，国際社会の平和と安定への我が国の積極的な取組に資するものである。

(防衛力の役割)

4　今後の我が国の防衛力については，上記の認識の下に，以下のとおり，それぞれの分野において，適切にその役割を果たし得るものとする必要がある。

　(1)　我が国の防衛
　　ア　周辺諸国の軍備に配意しつつ，我が国の地理的特性に応じ防衛上必要な機能を備えた適切な規模の防衛力を保有するとともに，これを最も効果的に運用し得る態勢を築き，我が国の防衛意思を明示することにより，日米安全保障体制と相まって，我が国に対する侵略の未然防止に努めることとする。
　　　核兵器の脅威に対しては，核兵器のない世界を目指した現実的かつ着実な核軍縮の国際的努力の中で積極的な役割を果たしつつ，米国の核抑止力に依存するものとする。
　　イ　間接侵略事態又は侵略につながるおそれのある軍事力をもってする不法行為が発生した場合には，これに即応して行動し，早期に事態を収拾することとする。
　　　直接侵略事態が発生した場合には，これに即応して行動しつつ，米国との適切な協力の下，防衛力の総合的・有機的な運用を図ることによって，極力早期にこれを排除することとする。

(2) 大規模災害等各種の事態への対応
　ア　大規模な自然災害，テロリズムにより引き起こされた特殊な災害その他の人命又は財産の保護を必要とする各種の事態に際して，関係機関から自衛隊による対応が要請された場合などに，関係機関との緊密な協力の下，適時適切に災害救援等の所要の行動を実施することとし，もって民生の安定に寄与する。
　イ　我が国周辺地域において我が国の平和と安全に重要な影響を与えるような事態が発生した場合には，憲法及び関係法令に従い，必要に応じ国際連合の活動を適切に支持しつつ，日米安全保障体制の円滑かつ効果的な運用を図ること等により適切に対応する。

(3) より安定した安全保障環境の構築への貢献
　ア　国際平和協力業務の実施を通じ，国際平和のための努力に寄与するとともに，国際緊急援助活動の実施を通じ，国際協力の推進に寄与する。
　イ　安全保障対話・防衛交流を引き続き推進し，我が国の周辺諸国を含む関係諸国との間の信頼関係の増進を図る。
　ウ　大量破壊兵器やミサイル等の拡散の防止，地雷等通常兵器に関する規制や管理等のために国際連合，国際機関等が行う軍備管理・軍縮分野における諸活動に対し協力する。

Ⅳ　我が国が保有すべき防衛力の内容

　Ⅲで述べた我が国の防衛力の役割を果たすための基幹として，陸上，海上及び航空自衛隊において，それぞれ1に示される体制を維持し，2及び3に示される態勢等を保持することとする。

1　陸上，海上及び航空自衛隊の体制

(1) 陸上自衛隊
　ア　我が国の領域のどの方面においても，侵略の当初から組織的な防衛行動を迅速かつ効果的に実施し得るよう，我が国の地理的特性等に従って均衡をとって配置された師団及び旅団を有していること。
　イ　主として機動的に運用する各種の部隊を少なくとも1個戦術単位有

していること。
　　　ウ　師団等及び重要地域の防空に当たり得る地対空誘導弾部隊を有していること。
　　　エ　高い練度を維持し、侵略等の事態に迅速に対処し得るよう、部隊等の編成に当たっては、常備自衛官をもって充てることを原則とし、一部の部隊については即応性の高い予備自衛官を主体として充てること。

　(2)　海上自衛隊
　　　ア　海上における侵略等の事態に対応し得るよう機動的に運用する艦艇部隊として、常時少なくとも1個護衛隊群を即応の態勢で維持し得る1個護衛艦隊を有していること。
　　　イ　沿岸海域の警戒及び防備を目的とする艦艇部隊として、所定の海域ごとに少なくとも1個護衛隊を有していること。
　　　ウ　必要とする場合に、主要な港湾、海峡等の警戒、防備及び掃海を実施し得るよう、潜水艦部隊、回転翼哨戒機部隊及び掃海部隊を有していること。
　　　エ　周辺海域の監視哨戒等の任務に当たり得る固定翼哨戒機部隊を有していること。

　(3)　航空自衛隊
　　　ア　我が国周辺のほぼ全空域を常時継続的に警戒監視するとともに、必要とする場合に警戒管制の任務に当たり得る航空警戒管制部隊を有していること。
　　　イ　領空侵犯及び航空侵攻に対して即時適切な措置を講じ得る態勢を常時継続的に維持し得るよう、戦闘機部隊及び地対空誘導弾部隊を有していること。
　　　ウ　必要とする場合に、着上陸侵攻阻止及び対地支援の任務を実施し得る部隊を有していること。
　　　エ　必要とする場合に、航空偵察、航空輸送等の効果的な作戦支援を実施し得る部隊を有していること。

2　各種の態勢
　　自衛隊が以下の態勢を保持する際には、自衛隊の任務を迅速かつ効果的

に遂行するため，統合幕僚会議の機能の充実等による各自衛隊の統合的かつ有機的な運用及び関係各機関との間の有機的協力関係の推進に特に配意する。

(1) 侵略事態等に対応する態勢
　ア　日米両国間における各種の研究，共同演習・共同訓練等を通じ，日米安全保障体制の信頼性の維持向上に努めるとともに，直接侵略事態が発生した場合，各種の防衛機能を有機的に組み合わせることにより，その態様に即応して行動し，有効な能力を発揮し得ること。
　イ　間接侵略及び軍事力をもってする不法行為が発生した場合には，これに即応して行動し，適切な措置を講じ得ること。
　ウ　我が国の領空に侵入した航空機又は侵入するおそれのある航空機に対し，即時適切な措置を講じ得ること。

(2) 災害救援等の態勢
　　国内のどの地域においても，大規模な災害等人命又は財産の保護を必要とする各種の事態に対して，適時適切に災害救援等の行動を実施し得ること。

(3) 国際平和協力業務等の実施の態勢
　　国際社会の平和と安定の維持に資するため，国際平和協力業務及び国際緊急援助活動を適時適切に実施し得ること。

(4) 警戒，情報及び指揮通信の態勢
　　情勢の変化を早期に察知し，機敏な意思決定に資するため，常時継続的に警戒監視を行うとともに，多様な情報収集手段の保有及び能力の高い情報専門家の確保を通じ，戦略情報を含む高度の情報収集・分析等を実施し得ること。
　　また，高度の指揮通信機能を保持し，統合的な観点も踏まえて防衛力の有機的な運用を迅速かつ適切になし得ること。

(5) 後方支援の態勢
　　各種の事態への対処行動等を効果的に実施するため，輸送，救難，補給，保守整備，衛生等の各後方支援分野において必要な機能を発揮し得

ること。

(6) 人事・教育訓練の態勢

適正な人的構成の下に，厳正な規律を保持し，各自衛隊・各機関相互間及び他省庁・民間との交流の推進等を通じ，高い士気及び能力並びに広い視野を備えた隊員を有し，組織全体の能力を発揮し得るとともに，国際平和協力業務等の円滑な実施にも配意しつつ，隊員の募集，処遇，人材育成・教育訓練等を適切に実施し得ること。

3 防衛力の弾力性の確保

防衛力の規模及び機能についての見直しの中で，養成及び取得に長期間を要する要員及び装備を，教育訓練部門等において保持したり，即応性の高い予備自衛官を確保することにより，事態の推移に円滑に対応できるように適切な弾力性を確保することとする。

主要な編成，装備等の具体的規模は，別表のとおりとする。

V 防衛力の整備，維持及び運用における留意事項

1 各自衛隊の体制等Ⅳで述べた防衛力を整備，維持及び運用することを基本とし，その具体的実施に際しては，次の諸点に留意してこれを行うものとする。

なお，各年度の防衛力の具体的整備内容のうち，主要な事項の決定に当たっては，安全保障会議に諮るものとする。

(1) 経済財政事情等を勘案し，国の他の諸施策との調和を図りつつ，防衛力の整備，維持及び運用を行うものとする。

その際，格段に厳しさを増している財政事情を踏まえ，中長期的な見通しの下に経費配分を適切に行うことにより，防衛力全体として円滑に十全な機能を果たし得るように特に配意する。

(2) 関係地方公共団体との緊密な協力の下に，防衛施設の効率的な維持及び整備並びに円滑な統廃合の実施を推進するため，所要の態勢の整備に配意するとともに，周辺地域とのより一層の調和を図るための諸施策を実施する。

(3) 装備品等の整備に当たっては，緊急時の急速取得，教育訓練の容易

性，装備の導入に伴う後年度の諸経費を含む費用対効果等についての総合的な判断の下に，調達価格等の抑制を図るための効率的な調達補給態勢の整備に配意して，その効果的な実施を図る。

　その際，適切な国産化等を通じた防衛生産・技術基盤の維持に配意する。
(4)　技術進歩のすう勢に対応し，防衛力の質的水準の維持向上に資するため，技術研究開発の態勢の充実に努める。

2　将来情勢に重要な変化が生じ，防衛力の在り方の見直しが必要になると予想される場合には，その時の情勢に照らして，新たに検討するものとする。

別表

陸上自衛隊	編成定数 常備自衛官定数 即応予備自衛官員数		160,000 人 145,000 人 15,000 人
	基幹部隊	平時地域配備する部隊	8 個師団 6 個旅団
		機動運用部隊	1 個機甲師団 1 個空挺団 1 個ヘリコプター団
		地対空誘導弾部隊	8 個高射特科群
	主要装備	戦車 主要特科装備	約 900 両 約 900 門/両
海上自衛隊	基幹部隊	護衛艦部隊(機動運用) 護衛艦部隊(地方隊) 潜水艦部隊 掃海部隊 陸上哨戒機部隊	4 個護衛隊群 7 個隊 6 個隊 1 個掃海隊群 13 個隊
	主要装備	護衛艦 潜水艦 作戦用航空機	約 50 隻 16 隻 約 170 機
航空自衛隊	基幹部隊	航空警戒管制部隊 要撃戦闘機部隊 支援戦闘機部隊 航空偵察部隊 航空輸送部隊 高空域防空用地対空誘導弾部隊	8 個警戒群 20 個警戒隊 1 個飛行隊 9 個飛行隊 3 個飛行隊 1 個飛行隊 3 個飛行隊 6 個高射群
	主要装備	作戦用航空機 うち戦闘機	約 400 機 約 300 機

内閣官房長官談話

平成 7 年 11 月 28 日

1　政府は，本日，安全保障会議及び閣議において，「平成 8 年度以降に係る防衛計画の大綱について」を決定いたしました。これは，昭和 51 年にいわゆる「基盤的防衛力構想」を取り入れて策定された「防衛計画の大綱」に代わるも

のであります。今後はこれを受けまして，平成8年度以降の中期的な防衛力整備計画の策定作業が進められることになります。

2　今般，このように「平成8年度以降に係る防衛計画の大綱」を策定し，新たな指針を示すこととしたのは，「防衛計画の大綱」策定後約20年が経過し，冷戦の終結等により東西間の軍事的対峙の構造が消滅するなど国際情勢が大きく変化するとともに，主たる任務である我が国の防衛に加え，大規模な災害等への対応，より安定した安全保障環境の構築への貢献という分野においても，自衛隊の役割に対する期待が高まっていることを考慮したものであります。

3　新「防衛大綱」においては，まず，日本国憲法の下にこれまで我が国がとってきた防衛の基本方針については，引き続き堅持することとしております。
なお，集団的自衛権の行使のように我が国の憲法上許されないとされている事項について，従来の政府見解に何ら変更がないことは当然であります。

4　次に今後の我が国の防衛力については，基盤的な防衛力を保有するというこれまでの考え方を基本的に踏襲することとしておりますが，これは国際情勢のすう勢として，不透明・不確実な要素をはらみながら国際関係の安定化を図るための各般の努力が継続されていくものとみられ，また，日米安全保障体制が我が国の安全及び周辺地域の平和と安定にとって引き続き重要な役割を果たし続けるとの認識に立っていることによるものであります。

　また，今後の防衛力の内容については，現行の防衛力の規模及び機能について見直しを行い，その合理化・効率化・コンパクト化を一層進めるとともに，必要な機能の充実と防衛力の質的な向上を図ることにより，多様な事態に対して有効に対応し得る防衛力を整備することとしております。その際，近年における科学技術の進歩，若年人目の減少傾向，格段に厳しさを増している経済財政事情等に配意して，最も効率的で適切な態勢を追求しており，主要な部隊の編成や装備の具体的な規模については，別表に掲げているところであります。

5　日米安全保障体制については，これが，我が国の安全確保にとって不可欠なものであり，また，我が国周辺地域における平和と安定を確保し，より安定した安全保障環境を構築するためにも引き続き重要な役割を果たしていくとの認識を示しております。

　これは，日米安全保障体制に基づく米軍の存在と米国の関与が我が国周辺地域の安定要因となっており，また，日米安全保障体制を基調とする日米両国間の安全保障，政治，経済など各般の分野における幅広く緊密な協力関係が我が国周辺地域の平和と安定に貢献しているとの趣旨を示したものであります。したがって，ここでいう「我が国周辺地域における平和と安定を確保し」との表

現により，日米安全保障条約にいう「極東」の範囲の解釈に関する政府統一見解を変更するようなものではありません。

　また，日米安全保障体制の信頼性の向上を図り，これを有効に機能させていくため，政策協議等の充実，運用面における効果的な協力態勢の構築，装備・技術面での幅広い相互交流の充実及び在日米軍の駐留を円滑かつ効果的にするための各種施策の実施等に努める必要があるとしていますが，この在日米軍に関連した施策には，在日米軍駐留支援のみならず，在日米軍の施設・区域が高度に集中している沖縄において，日米安全保障条約の目的達成との調和を図りつつ，施設・区域の整理・統合・縮小を推進することが含まれているところであり，これに積極的に取り組んでいく所存であります。

6　防衛力の役割については，我が国への侵略に対する防衛がその中心であることは当然の前提でありますが，大規模災害等への対応として，関係機関との緊密な協力の下，適時適切に災害救援等の行動を実施するとともに，我が国の平和と安全に重要な影響を与えるような事態が発生した場合に，憲法及び関係法令に従い，適切に対応していく旨述べております。また，より安定した安全保障環境の構築への貢献として，国際平和協力業務や安全保障対話・防衛交流の推進，軍備管理・軍縮分野における諸活動への協力を進めていくこととしております。

　なお，武器輸出三原則等に関しては，装備・技術面での幅広い相互交流の充実による日米安全保障体制の効果的運用との調和を図りつつ，国際紛争等を助長することを回避するというその基本理念を維持していく所存であります。

7　政府は，今回の決定を国会に御報告いたします。

　国民の皆様におかれましても，御理解と御協力を切に希望する次第であります。

Ⅳ　新「ガイドライン」

以下は，1997年に締結された新たな「日米防衛協力のための指針（ガイドライン）」の全文である。[115]

日米防衛協力のための指針

Ⅰ　指針の目的

　この指針の目的は，平素から並びに日本に対する武力攻撃及び周辺事態に際してより効果的かつ信頼性のある日米協力を行うための，堅固な基礎を構築することである。また，指針は，平素からの及び緊急事態における日米両国の役割並びに協力及び調整の在り方について，一般的な大枠及び方向性を示すものである。

Ⅱ　基本的な前提及び考え方

　指針及びその下で行われる取組みは，以下の基本的な前提及び考え方に従う。

1　日米安全保障条約及びその関連取極に基づく権利及び義務並びに日米同盟関係の基本的な枠組みは，変更されない。

2　日本のすべての行為は，日本の憲法上の制約の範囲内において，専守防衛，非核三原則等の日本の基本的な方針に従って行われる。

3　日米両国のすべての行為は，紛争の平和的解決及び主権平等を含む国際法の基本原則並びに国際連合憲章を始めとする関連する国際約束に合致するものである。

4　指針及びその下で行われる取組みは，いずれの政府にも，立法上，予算上又は行政上の措置をとることを義務づけるものではない。しかしながら，日米協力のための効果的な態勢の構築が指針及びその下で行われる取組みの目

標であることから，日米両国政府が，各々の判断に従い，このような努力の結果を各々の具体的な政策や措置に適切な形で反映することが期待される。
日本のすべての行為は，その時々において適用のある国内法令に従う。

III　平素から行う協力

日米両国政府は，現在の日米安全保障体制を堅持し，また，各々所要の防衛態勢の維持に努める。日本は，「防衛計画の大綱」にのっとり，自衛のために必要な範囲内で防衛力を保持する。米国は，そのコミットメントを達成するため，核抑止力を保持するとともに，アジア太平洋地域における前方展開兵力を維持し，かつ，来援し得るその他の兵力を保持する。

日米両国政府は，各々の政策を基礎としつつ，日本の防衛及びより安定した国際的な安全保障環境の構築のため，平素から密接な協力を維持する。

日米両国政府は，平素から様々な分野での協力を充実する。この協力には，日米物品役務相互提供協定及び日米相互防衛援助協定並びにこれらの関連取決めに基づく相互支援活動が含まれる。

1　情報交換及び政策協議

日米両国政府は，正確な情報及び的確な分析が安全保障の基礎であると認識し，アジア太平洋地域の情勢を中心として，双方が関心を有する国際情勢についての情報及び意見の交換を強化するとともに，防衛政策及び軍事態勢についての緊密な協議を継続する。

このような情報交換及び政策協議は，日米安全保障協議委員会及び日米安全保障高級事務レベル協議(SSC)を含むあらゆる機会をとらえ，できる限り広範なレベル及び分野において行われる。

2　安全保障面での種々の協力

安全保障面での地域的な及び地球的規模の諸活動を促進するための日米協力は，より安定した国際的な安全保障環境の構築に寄与する。

日米両国政府は，この地域における安全保障対話・防衛交流及び国際的な軍備管理・軍縮の意義と重要性を認識し，これらの活動を促進するとともに，必要に応じて協力する。

日米いずれかの政府又は両国政府が国際連合平和維持活動又は人道的な国際救援活動に参加する場合には，日米両国政府は，必要に応じて，相互支援のために密接に協力する。日米両国政府は，輸送，衛生，情報交換，教育訓練等の分野における協力の要領を準備する。

　大規模災害の発生を受け，日米いずれかの政府又は両国政府が関係政府又は国際機関の要請に応じて緊急援助活動を行う場合には，日米両国政府は，必要に応じて密接に協力する。

3　日米共同の取組み

　日米両国政府は，日本に対する武力攻撃に際しての共同作戦計画についての検討及び周辺事態に際しての相互協力計画についての検討を含む共同作業を行う。このような努力は，双方の関係機関の関与を得た包括的なメカニズムにおいて行われ，日米協力の基礎を構築する。

　日米両国政府は，このような共同作業を検証するとともに，自衛隊及び米軍を始めとする日米両国の公的機関及び民間の機関による円滑かつ効果的な対応を可能とするため，共同演習・訓練を強化する。また，日米両国政府は，緊急事態において関係機関の関与を得て運用される日米間の調整メカニズムを平素から構築しておく。

Ⅳ　日本に対する武力攻撃に際しての対処行動等

　日本に対する武力攻撃に際しての共同対処行動等は，引き続き日米防衛協力の中核的要素である。

　日本に対する武力攻撃が差し迫っている場合には，日米両国政府は，事態の拡大を抑制するための措置をとるとともに，日本の防衛のために必要な準備を行う。日本に対する武力攻撃がなされた場合には，日米両国政府は，適切に共同して対処し，極力早期にこれを排除する。

1　日本に対する武力攻撃が差し迫っている場合

　日米両国政府は，情報交換及び政策協議を強化するとともに，日米間の調整メカニズムの運用を早期に開始する。日米両国政府は，適切に協力しつつ，合意によって選択された準備段階に従い，整合のとれた対応を確保するために必要な準

備を行う。日本は，米軍の来援基盤を構築し，維持する。また，日米両国政府は，情勢の変化に応じ，情報収集及び警戒監視を強化するとともに，日本に対する武力攻撃に発展し得る行為に対応するための準備を行う。

　日米両国政府は，事態の拡大を抑制するため，外交上のものを含むあらゆる努力を払う。

　なお，日米両国政府は，周辺事態の推移によっては日本に対する武力攻撃が差し迫ったものとなるような場合もあり得ることを念頭に置きつつ，日本の防衛のための準備と周辺事態への対応又はそのための準備との間の密接な相互関係に留意する。

2　日本に対する武力攻撃がなされた場合

(1)　整合のとれた共同対処行動のための基本的な考え方

(イ)　日本は，日本に対する武力攻撃に即応して主体的に行動し，極力早期にこれを排除する。その際，米国は，日本に対して適切に協力する。このような日米協力の在り方は，武力攻撃の規模，態様，事態の推移その他の要素により異なるが，これには，整合のとれた共同の作戦の実施及びそのための準備，事態の拡大を抑制するための措置，警戒監視並びに情報交換についての協力が含まれ得る。

(ロ)　自衛隊及び米軍が作戦を共同して実施する場合には，双方は，整合性を確保しつつ，適時かつ適切な形で，各々の防衛力を運用する。その際，双方は，各々の陸・海・空部隊の効果的な統合運用を行う。自衛隊は，主として日本の領域及びその周辺海空域において防勢作戦を行い，米軍は，自衛隊の行う作戦を支援する。米軍は，また，自衛隊の能力を補完するための作戦を実施する。

(ハ)　米国は，兵力を適時に来援させ，日本は，これを促進するための基盤を構築し，維持する。

(2)　作　戦　構　想

(イ)　**日本に対する航空侵攻に対処するための作戦**

　自衛隊及び米軍は，日本に対する航空侵攻に対処するための作戦を共同して実施する。

　自衛隊は，防空のための作戦を主体的に実施する。

　米軍は，自衛隊の行う作戦を支援するとともに，打撃力の使用を伴うよ

うな作戦を含め，自衛隊の能力を補完するための作戦を実施する。
  (ロ) **日本周辺海域の防衛及び海上交通の保護のための作戦**
    自衛隊及び米軍は，日本周辺海域の防衛のための作戦及び海上交通の保護のための作戦を共同して実施する。
    自衛隊は，日本の重要な港湾及び海峡の防備，日本周辺海域における船舶の保護並びにその他の作戦を主体的に実施する。
    米軍は，自衛隊の行う作戦を支援するとともに，機動打撃力の使用を伴うような作戦を含め，自衛隊の能力を補完するための作戦を実施する。
  (ハ) **日本に対する着上陸侵攻に対処するための作戦**
    自衛隊及び米軍は，日本に対する着上陸侵攻に対処するための作戦を共同して実施する。
    自衛隊は，日本に対する着上陸侵攻を阻止し排除するための作戦を主体的に実施する。
    米軍は，主として自衛隊の能力を補完するための作戦を実施する。その際，米国は，侵攻の規模，態様その他の要素に応じ，極力早期に兵力を来援させ，自衛隊の行う作戦を支援する。
  (ニ) **その他の脅威への対応**
    自衛隊は，ゲリラ・コマンドウ攻撃等日本領域に軍事力を潜入させて行う不正規型の攻撃を極力早期に阻止し排除するための作戦を主体的に実施する。その際，関係機関と密接に協力し調整するとともに，事態に応じて米軍の適切な支援を得る。
    自衛隊及び米軍は，弾道ミサイル攻撃に対応するために密接に協力し調整する。米軍は，日本に対し必要な情報を提供するとともに，必要に応じ，打撃力を有する部隊の使用を考慮する。

(3) **作戦に係る諸活動及びそれに必要な事項**
  (イ) **指揮及び調整**
    自衛隊及び米軍は，緊密な協力の下，各々の指揮系統に従って行動する。自衛隊及び米軍は，効果的な作戦を共同して実施するため，役割分担の決定，作戦行動の整合性の確保等についての手続をあらかじめ定めておく。
  (ロ) **日米間の調整メカニズム**
    日米両国の関係機関の間における必要な調整は，日米間の調整メカニズムを通じて行われる。自衛隊及び米軍は，効果的な作戦を共同して実施するため，作戦，情報活動及び後方支援について，日米共同調整所の活用を

含め，この調整メカニズムを通じて相互に緊密に調整する。

(ハ) **通信電子活動**

日米両国政府は，通信電子能力の効果的な活用を確保するため，相互に支援する。

(ニ) **情報活動**

日米両国政府は，効果的な作戦を共同して実施するため，情報活動について協力する。これには，情報の要求，収集，処理及び配布についての調整が含まれる。その際，日米両国政府は，共有した情報の保全に関し各々責任を負う。

(ホ) **後方支援活動**

自衛隊及び米軍は，日米間の適切な取決めに従い，効率的かつ適切に後方支援活動を実施する。

日米両国政府は，後方支援の効率性を向上させ，かつ，各々の能力不足を軽減するよう，中央政府及び地方公共団体が有する権限及び能力並びに民間が有する能力を適切に活用しつつ，相互支援活動を実施する。その際，特に次の事項に配慮する。

(i) 補給　米国は，米国製の装備品等の補給品の取得を支援し，日本は，日本国内における補給品の取得を支援する。

(ii) 輸送　日米両国政府は，米国から日本への補給品の航空輸送及び海上輸送を含む輸送活動について，緊密に協力する。

(iii) 整備　日本は，日本国内において米軍の装備品の整備を支援し，米国は，米国製の品目の整備であって日本の整備能力が及ばないものについて支援を行う。整備の支援には，必要に応じ，整備要員の技術指導を含む。また，日本は，サルベージ及び回収に関する米軍の需要についても支援を行う。

(iv) 施設　日本は，必要に応じ，日米安全保障条約及びその関連取極に従って新たな施設・区域を提供する。また，作戦を効果的かつ効率的に実施するために必要な場合には，自衛隊及び米軍は，同条約及びその関連取極に従って，自衛隊の施設及び米軍の施設・区域の共同使用を実施する。

(v) 衛生　日米両国政府は，衛生の分野において，傷病者の治療及び後送等の相互支援を行う。

V 日本周辺地域における事態で日本の平和と安全に重要な影響を与える場合（周辺事態）の協力

　周辺事態は，日本の平和と安全に重要な影響を与える事態である。周辺事態の概念は，地理的なものではなく，事態の性質に着目したものである。日米両国政府は，周辺事態が発生することのないよう，外交上のものを含むあらゆる努力を払う。日米両国政府は，個々の事態の状況について共通の認識に到達した場合に，各々の行う活動を効果的に調整する。なお，周辺事態に対応する際にとられる措置は，情勢に応じて異なり得るものである。

1　周辺事態が予想される場合

　周辺事態が予想される場合には，日米両国政府は，その事態について共通の認識に到達するための努力を含め，情報交換及び政策協議を強化する。

　同時に，日米両国政府は，事態の拡大を抑制するため，外交上のものを含むあらゆる努力を払うとともに，日米共同調整所の活用を含め，日米間の調整メカニズムの運用を早期に開始する。また，日米両国政府は，適切に協力しつつ，合意によって選択された準備段階に従い，整合のとれた対応を確保するために必要な準備を行う。更に，日米両国政府は，情勢の変化に応じ，情報収集及び警戒監視を強化するとともに，情勢に対応するための即応態勢を強化する。

2　周辺事態への対応

　周辺事態への対応に際しては，日米両国政府は，事態の拡大の抑制のためのものを含む適切な措置をとる。これらの措置は，上記Ⅱに掲げられた基本的な前提及び考え方に従い，かつ，各々の判断に基づいてとられる。日米両国政府は，適切な取決めに従って，必要に応じて相互支援を行う。

　協力の対象となる機能及び分野並びに協力項目例は，以下に整理し，下記の表に示すとおりである。

（1）　日米両国政府が各々主体的に行う活動における協力

　日米両国政府は，以下の活動を各々の判断の下に実施することができるが，日米間の協力は，その実効性を高めることとなる。

(イ) 救援活動及び避難民への対応のための措置

　　日米両国政府は，被災地の現地当局の同意と協力を得つつ，救援活動を行う。日米両国政府は，各々の能力を勘案しつつ，必要に応じて協力する。

　　日米両国政府は，避難民の取扱いについて，必要に応じて協力する。避難民が日本の領域に流入してくる場合については，日本がその対応の在り方を決定するとともに，主として日本が責任を持ってこれに対応し，米国は適切な支援を行う。

(ロ) 捜索・救難

　　日米両国政府は，捜索・救難活動について協力する。日本は，日本領域及び戦闘行動が行われている地域とは一線を画される日本の周囲の海域において捜索・救難活動を実施する。米国は，米軍が活動している際には，活動区域内及びその付近での捜索・救難活動を実施する。

(ハ) 非戦闘員を退避させるための活動

　　日本国民又は米国国民である非戦闘員を第三国から安全な地域に退避させる必要が生じる場合には，日米両国政府は，自国の国民の退避及び現地当局との関係について各々責任を有する。日米両国政府は，各々が適切であると判断する場合には，各々の有する能力を相互補完的に使用しつつ，輸送手段の確保，輸送及び施設の使用に係るものを含め，これらの非戦闘員の退避に関して，計画に際して調整し，また，実施に際して協力する。日本国民又は米国国民以外の非戦闘員について同様の必要が生じる場合には，日米両国が，各々の基準に従って，第三国の国民に対して退避に係る援助を行うことを検討することもある。

(ニ) 国際の平和と安定の維持を目的とする経済制裁の実効性を確保するための活動

　　日米両国政府は，国際の平和と安定の維持を目的とする経済制裁の実効性を確保するための活動に対し，各々の基準に従って寄与する。

　　また，日米両国政府は，各々の能力を勘案しつつ，適切に協力する。そのような協力には，情報交換，及び国際連合安全保障理事会決議に基づく船舶の検査に際しての協力が含まれる。

(2) 米軍の活動に対する日本の支援

(イ) 施設の使用

　　日米安全保障条約及びその関連取極に基づき，日本は，必要に応じ，新たな施設・区域の提供を適時かつ適切に行うとともに，米軍による自衛隊

施設及び民間空港・港湾の一時的使用を確保する。
　(ロ)　後方地域支援
　　　日本は，日米安全保障条約の目的の達成のため活動する米軍に対して，後方地域支援を行う。この後方地域支援は，米軍が施設の使用及び種々の活動を効果的に行うことを可能とすることを主眼とするものである。そのような性質から，後方地域支援は，主として日本の領域において行われるが，戦闘行動が行われている地域とは一線を画される日本の周囲の公海及びその上空において行われることもあると考えられる。
　　　後方地域支援を行うに当たって，日本は，中央政府及び地方公共団体が有する権限及び能力並びに民間が有する能力を適切に活用する。自衛隊は，日本の防衛及び公共の秩序維持のための任務の遂行と整合を図りつつ，適切にこのような支援を行う。

(3)　運用面における日米協力
　周辺事態は，日本の平和と安全に重要な影響を与えることから，自衛隊は，生命・財産の保護及び航行の安全確保を目的として，情報収集，警戒監視，機雷の除去等の活動を行う。米軍は，周辺事態により影響を受けた平和と安全の回復のための活動を行う。
　自衛隊及び米軍の双方の活動の実効性は，関係機関の関与を得た協力及び調整により，大きく高められる。

VI　指針の下で行われる効果的な防衛協力のための日米共同の取組み

　指針の下での日米防衛協力を効果的に進めるためには，平素，日本に対する武力攻撃及び周辺事態という安全保障上の種々の状況を通じ，日米両国が協議を行うことが必要である。日米防衛協力が確実に成果を挙げていくためには，双方が様々なレベルにおいて十分な情報の提供を受けつつ，調整を行うことが不可欠である。このため，日米両国政府は，日米安全保障協議委員会及び日米安全保障高級事務レベル協議を含むあらゆる機会をとらえて情報交換及び政策協議を充実させていくほか，協議の促進，政策調整及び作戦・活動分野の調整のための以下の2つのメカニズムを構築する。
　第一に，日米両国政府は，計画についての検討を行うとともに共通の基準及び実施要領等を確立するため，包括的なメカニズムを構築する。これには，自衛隊

及び米軍のみならず，各々の政府のその他の関係機関が関与する。

　日米両国政府は，この包括的なメカニズムの在り方を必要に応じて改善する。日米安全保障協議委員会は，このメカニズムの行う作業に関する政策的な方向性を示す上で引き続き重要な役割を有する。日米安全保障協議委員会は，方針を提示し，作業の進捗を確認し，必要に応じて指示を発出する責任を有する。防衛協力小委員会は，共同作業において，日米安全保障協議委員会を補佐する。

　第二に，日米両国政府は，緊急事態において各々の活動に関する調整を行うため，両国の関係機関を含む日米間の調整メカニズムを平素から構築しておく。

1　計画についての検討並びに共通の基準及び実施要領等の確立のための共同作業

　双方の関係機関の関与を得て構築される包括的なメカニズムにおいては，以下に掲げる共同作業を計画的かつ効率的に進める。これらの作業の進捗及び結果は，節目節目に日米安全保障協議委員会及び防衛協力小委員会に対して報告される。

(1)　共同作戦計画についての検討及び相互協力計画についての検討

　自衛隊及び米軍は，日本に対する武力攻撃に際して整合のとれた行動を円滑かつ効果的に実施し得るよう，平素から共同作戦計画についての検討を行う。また，日米両国政府は，周辺事態に円滑かつ効果的に対応し得るよう，平素から相互協力計画についての検討を行う。

　共同作戦計画についての検討及び相互協力計画についての検討は，その結果が日米両国政府の各々の計画に適切に反映されることが期待されるという前提の下で，種々の状況を想定しつつ行われる。日米両国政府は，実際の状況に照らして，日米両国各々の計画を調整する。日米両国政府は，共同作戦計画についての検討と相互協力計画についての検討との間の整合を図るよう留意することにより，周辺事態が日本に対する武力攻撃に波及する可能性のある場合又は両者が同時に生起する場合に適切に対応し得るようにする。

(2)　準備のための共通の基準の確立

　日米両国政府は，日本の防衛のための準備に関し，共通の基準を平素から確立する。この基準は，各々の準備段階における情報活動，部隊の活動，移動，後方支援その他の事項を明らかにするものである。日本に対する武力攻撃が差し迫っている場合には，日米両国政府の合意により共通の準備段階が選択され，これが，

自衛隊，米軍その他の関係機関による日本の防衛のための準備のレベルに反映される。

同様に，日米両国政府は，周辺事態における協力措置の準備に関しても，合意により共通の準備段階を選択し得るよう，共通の基準を確立する。

(3) 共通の実施要領等の確立

日米両国政府は，自衛隊及び米軍が日本の防衛のための整合のとれた作戦を円滑かつ効果的に実施できるよう，共通の実施要領等をあらかじめ準備しておく。これには，通信，目標位置の伝達，情報活動及び後方支援並びに相撃防止のための要領とともに，各々の部隊の活動を適切に律するための基準が含まれる。また，自衛隊及び米軍は，通信電子活動等に関する相互運用性の重要性を考慮し，相互に必要な事項をあらかじめ定めておく。

2 日米間の調整メカニズム

日米両国政府は，日米両国の関係機関の関与を得て，日米間の調整メカニズムを平素から構築し，日本に対する武力攻撃及び周辺事態に際して各々が行う活動の間の調整を行う。

調整の要領は，調整すべき事項及び関与する関係機関に応じて異なる。調整の要領には，調整会議の開催，連絡員の相互派遣及び連絡窓口の指定が含まれる。自衛隊及び米軍は，この調整メカニズムの一環として，双方の活動について調整するため，必要なハードウェア及びソフトウェアを備えた日米共同調整所を平素から準備しておく。

Ⅶ 指針の適時かつ適切な見直し

日米安全保障関係に関連する諸情勢に変化が生じ，その時の状況に照らして必要と判断される場合には，日米両国政府は，適時かつ適切な形でこの指針を見直す。

周辺事態における協力の対象となる機能及び分野並びに協力項目例

機能及び分野		協力項目例
日米両国政府が各々主体的に行う活動における協力	救援活動及び避難民への対応のための措置	・被災地への人員及び補給品の輸送 ・被災地における衛生，通信及び輸送 ・避難民の救援及び輸送のための活動並びに避難民に対する応急物資の支給
	捜索・救難	・日本領域及び日本の周囲の海域における捜索・救難活動並びにこれに関する情報の交換
	非戦闘員を退避させるための活動	・情報の交換並びに非戦闘員との連絡及び非戦闘員の集結・輸送 ・非戦闘員の輸送のための米航空機・船舶による自衛隊施設及び民間空港・港湾の使用 ・非戦闘員の日本入国時の通関，出入国管理及び検疫 ・日本国内における一時的な宿泊，輸送及び衛生に係る非戦闘員への援助
	国際の平和と安定の維持を目的とする経済制裁の実効性を確保するための活動	・経済制裁の実効性を確保するために国際連合安全保障理事会決議に基づいて行われる船舶の検査及びこのような検査に関連する活動 ・情報の交換
米軍の活動に対する日本の支援	施設の使用	・補給等を目的とする米航空機・船舶による自衛隊施設及び民間空港・港湾の使用 ・自衛隊施設及び民間空港・港湾における米国による人員及び物資の積卸しに必要な場所及び保管施設の確保 ・米航空機・船舶による使用のための自衛隊施設及び民間空港・港湾の運用時間の延長 ・米航空機による自衛隊の飛行場の使用 ・訓練・演習区域の提供 ・米軍施設・区域内における事務所・宿泊所等の建設
	後方支援	補給	・自衛隊施設及び民間空港・港湾における米航空機・船舶に対する物資(武器・弾薬を除く。)及び燃料・油脂・潤滑油の提供 ・米軍施設・区域に対する物資(武器・弾薬を除く。)及び燃料・油脂・潤滑油の提供
		輸送	・人員，物資及び燃料・油脂・潤滑油の日本国内における陸上・海上・航空輸送 ・公海上の米船舶に対する人員，物資及び燃料・油脂・潤滑油の海上輸送 ・人員，物資及び燃料・油脂・潤滑油の輸送のための車両及びクレーンの使用
		整備	・米航空機・船舶・車両の修理・整備 ・修理部品の提供 ・整備用資器材の一時提供

周辺事態における協力の対象となる機能及び分野並びに協力項目例(続き)

機能及び分野			協力項目例
米軍の活動に対する日本の支援	後方支援	医療	・日本国内における傷病者の治療 ・日本国内における傷病者の輸送 ・医薬品及び衛生機具の提供
^	^	警備	・米軍施設・区域の警備 ・米軍施設・区域の周囲の海域の警戒監視 ・日本国内の輸送経路上の警備 ・情報の交換
^	^	通信	・日米両国の関係機関の間の通信のための周波数(衛星通信用を含む。)の確保及び器材の提供
^	^	その他	・米船舶の出入港に対する支援 ・自衛隊施設及び民間空港・港湾における物資の積卸し ・米軍施設・区域内における汚水処理，給水，給電等 ・米軍施設・区域従業員の一時増員
運用面における日米協力	警戒監視		・情報の交換
^	機雷除去		・日本領域及び日本の周囲の公海における機雷の除去並びに機雷に関する情報の交換
^	海・空域調整		・日本領域及び周囲の海域における交通量の増大に対応した海上運航調整 ・日本領域及び周囲の空域における航空交通管制及び空域調整

注

〈序　論〉

1) 鳩山内閣の総辞職には，もうひとつ大きな要因がある。それは，翌7月に迫っていた参議院選挙である。鳩山政権への支持率は，この頃には30％を割り込んでおり，民主党内でも，改選を控える参議院議員を中心に，鳩山首相のもとでは選挙を戦えないとして，首相辞任を求める声が高まっていた。このように，鳩山内閣の総辞職には，選挙対策という側面があった。

2) ここでいう「防衛政策」とは，広義の「安全保障政策」のうち，特に軍事力の使用にかかわるものを指す。この意味で，言葉のうえでは国の防衛にかかわる政策を想定させやすい「防衛政策」よりも，狭義の「安全保障政策」，あるいは「軍事政策」の術語の方が意味上は適切とも考えられる。しかし，「安全保障政策」では煩雑であっても何らかの限定を付加しない限りその意味するところがかなり広範かつ曖昧になってしまう。また憲法上軍隊をもち得ず自衛のための戦力を自衛隊と呼び習わしてきた日本においては，「軍事政策」の語は馴染みが薄く，これに代えて「防衛政策」の語を用いてきたという事情がある。このため，本書では特に断りのない限り，上記のとおりの意味で「防衛政策」という語を用いることとする。

〈第1章〉

3) たとえばK.ウォルツは，その先駆的著書『人間・国家・戦争』(Waltz 1959)で戦争の原因を分析するにあたり，国際システム，国家・社会，個人という3つの分析レヴェルを区別し，各レヴェル間の関係を明確にした。また，D.シンガーは，国際政治における標準的な分析レヴェルを，①国際システム，②国家と社会，③官僚政治，④個人の心理と社会心理，の4つに分類する(Singer 1969)。

4) この類型論は土山の整理に依拠している(土山 1997；川上 2004, 225-226)。

5) たとえば土山は，日本にとっての日米同盟にソ連に対する抑止の目的があったことは認めつつも，これを利益獲得バンドワゴンと見るほうが適切であると論じている(土山 1997, 167)。

6) ここでの目的は，構造的リアリズムに基づく説明が本書の目的にとって十分でないことを示すことにあるため，その説明を簡便に抽出する目的で，あえて論理循環などの問題を含む導出過程を取っている。したがってここに見られる導出過程にかかわる問題は，構造的リアリズム理論自体に内在的な問題を示唆するものではない。とは

いえ，適切な検討過程を経て同様の説明が妥当なものとして導かれる可能性はあるだろう。
7) この点を明らかにするには，秩序受容国の防衛政策を説明する理論としての構造的リアリズムの有効性を検討する必要があるが，これは本書の守備範囲を超える。
8) こうした相互依存論の考え方を，より洗練された形で示したのがコヘインとJ. ナイである(Keohane & Nye, 1977)。彼らは，国家間に表れる相互依存関係を，「敏感性(sensitivity)」と「脆弱性(vulnerability)」という2つの次元で捉え直し，国家間で相互に脆弱性を持った依存関係が進展すると，当該国家間では軍事的手段よりも経済的手段による関係がより重要になるとした。彼らは，そうした相互依存が究極的に進展した理念型的状況を，「複合的相互依存(complex interdependence)」と呼ぶ。複合的相互依存関係が成立するには，エリートの間に国家を超えた多元的対話が成立していることや，国家間に争点が多数存在し，しかもその優先順位が自明でないといった条件が満たされる必要がある。彼らは，複合的相互依存が成立した状況では，より平和で安定した国際関係が可能となると主張した。
9) 「ハイ・ポリティクス」の最たるものである安全保障にかかわる領域でも，コンストラクティヴィズムの有効性を示すため研究が積極的に行われている。その代表的な成果として，P. カッツェンスタインらによる研究が挙げられる(Katzenstein ed. 1996; Katzenstein 1996a; b)。
10) ここでいう普遍性は，あくまでも合理性という判断基準の普遍性であって，結果として導かれる合理的行為の内容の普遍性を必ずしも意味しない。たとえアクターにとっての利益が自明の所与として確定されても，アクターの置かれた状況によって実現可能な利益の最大値や最大化のための方法が異なると考えることは可能である。アクターにとっての環境となる，勢力配置(リアリズム学派)や制度・レジームなど(リベラリズム学派)の配置は，個別的状況により様々であり，そのなかでの合理的な行為の内容も状況ごとに様々であり得る。
11) たとえば，カッツェンスタインらは，各国の安全保障政策を分析するなかで，特定の制度あるいは特定化・個別化された文化を独立変数とし(Katzenstein ed. 1996)，フィネモアは人権や国民国家といった規範を重視し(Finnemore 1996b; 1996a)，P. ハースは「認識共同体(epistemic community)」と呼ばれる専門知識に基づくネットワークの役割を強調する(P. Haas 1990; 1993)。
12) カッツェンスタインは「普通の国」という言葉を用いてはいないが，その主張を理解しやすくする目的であえてこの表現を用いた。ここでいう「普通の国」とは，日本は主権国家として国際法上認められた軍事的権利を自己抑制すべきではないとするような，所謂保守勢力において強い国家イメージを指しており，具体的には憲法9条や集団的自衛権不行使といった政策の変更を求める態度として表れる。したがってここでの「普通の国」という語には，特定の論者との直接的な関連はない。

注〈第1章〉　329

13) 文官優位制とは，防衛庁内局の背広組官僚が，各自衛隊の制服組自衛官に優位する地位を占め，防衛庁・自衛隊内部における政策形成への影響力を独占するとともに，制服組の諸活動を統制する制度を指す。詳しくは第2章を参照。
14) カッツェンスタイン，バーガーの研究とも，1996年に発表されたものであり，戦後日本の防衛政策を通時的に扱ってその規定要因を明らかにしようとするものであるから，本書が掲げた問いを必ずしも直接扱っているわけではない。したがって以下の議論は，著者が彼らの枠組を用いて導き出し得ると考える説明をめぐるものであって，必ずしも彼ら自身の議論をめぐるものではない。
15) アリソン・モデルは，あくまでも一国内の外交政策決定を分析するための枠組であり，通常は国際関係学理論とは位置づけられない。したがって「国際関係学の理論」というタイトルのこの節のなかでアリソン・モデルの検討を行うことは，若干の違和感を免れない。しかし本書では，そもそも国際関係学理論を外交政策決定分析の枠組として検討してきており，この意味で国際関係学理論とアリソン・モデルを弁別することにはあまり意味がない。また，アリソン・モデルと国際関係学理論には一定の共通点がある。したがって本書では，あえてこの位置でアリソン・モデルを取り扱うこととした。
16) 「官僚政治モデル」は，「政府内政治モデル(governmental politics model)」と呼称されることも多い。前者はこのモデルで分析の中心となるアクターに着目した呼称であり，後者はアクターの活動の場に着目した呼称といえる。
17) 国家中心主義の代表的な研究として，スコッチポルらによる編著 *Bringing the States Back in*(Evans, Rueschemeyer, & Skocpol, eds. 1985)が挙げられる。
18) 組織論的制度論の研究の概要は，マーチとオルセンの理論的レヴューに詳しい(March & Olsen 1989; March 1986)。また，政治過程分析における「ゴミ箱(garbage can)モデル」はこうした研究の成果を応用したものである(Kingdon 1995; March & Olsen 1979)。
19) ここで多次元的権力論とは，諸集団の利益が反映された政治過程での決定を権力の機能とした多元主義の(1次元的)権力論を批判し，権力には政治過程への利益の反映を阻む機能があるとした P. バクラックと M. バラッツの研究(Bachrach & Baratz 1970)や，これを踏まえて権力の第2・第3次元について論じたルークスの研究(Lukes 1972)を想定している。
20) たとえば福祉国家体制に関する代表的研究として，*The Three World of Welfare Capitalism*(Esping-Andersen 1990)が挙げられる。
21) とはいえ，通常歴史的制度論にいう制度とは，ルールや手続，さらには規範や遺制(政策的伝統)なども含む幅広い概念であり，制度によって具体的に意味されるものは研究によってばらつきがある。
22) たとえば，W. ストリークとセレンは，本文で挙げた3つを含む5つのメカニズ

23) 政策と制度が1対1の関係にあるケースとして，たとえば日本の防衛政策を対象として「防衛計画の大綱」によって防衛方針を示す大綱方式を制度に，これに基づいて政府が実施する個別的な防衛政策を政策に設定するような場合が考えられよう。この場合，制度-政策関係がトートロジーに陥りやすく注意を要する。タイム・スパンについて明確な基準を示すことは難しいが，通常歴史的制度論において10年以下の期間は短期にあたるといってよかろう。決定レヴェルもケース・バイ・ケースであるが，日本の場合は一般に，立法府あるいは政府を高次，政党内あるいは行政組織内の決定プロセスは低次と分類できるであろう。
24) もちろん，ここで示した分析視角上の要因の別はどれも相対的なものであって，理論との関係も確定的なものではなく，あくまでひとつの傾向にとどまる。したがって以上から両理論の関係が明確に整理されたとはいえないが，これは本書の整理の不十分さのみによるのではなく，両理論の関係に本来的に含まれる曖昧さを，少なくとも部分的に反映したものといってよいであろう。

〈第2章〉

25) 本項以下に引用する「国防の基本方針」の文言が，この文書の前文および本文の全てである。
26) 防衛庁・自衛隊が設置されるまでのいわゆる「再軍備」のプロセスについては多くの研究がなされており，それが単純に日本の自衛権行使の条件整備を目的としたものとは言い難いことは最早周知の事実といえるし，またその憲法との整合性についても膨大な議論が積み重ねられているが，これらの点についてはここでは触れない。なお，「再軍備」のプロセスに関する研究の代表的なものとして，大嶽，佐道，植村らの研究を参照(大嶽 1988; 佐道 2003; 植村 1995)。
27) 以下，単に安保条約という場合には，この新条約を指すものとする。
28) 以下，本段落の記述は廣瀬の説明に多くを負っている(廣瀬 1989)。

〈第3章〉

29) 当然ながら，ここで挙げる経路依存仮説についての疑問の一部は，コンストラクティヴィズムから導かれるであろう仮説についてもあてはまる。
30) 本書では「国際貢献論」が浮上するプロセスを詳しく扱わないが，これが90年代前半の防衛政策論議における主要な争点であったことは疑う余地がない。このプロセスの検討は冷戦後日本の防衛政策の展開を論じるうえで避けては通れない論点であることも間違いない。この点は今後の研究の課題としたい。

〈第4章〉
31) この「51大綱」の詳細については，資料解説1，および資料全文Iを参照．
32) 国防3部会とは，国防部会，安全保障調査会，基地対策特別委員会の3つを指す．
33) この点について秋山は，防衛庁内では防衛政策の見直しが必要との認識は共有されていたものの，それは必ずしも大綱の改定を意味していたわけではなく，組織的かつ具体的な作業は開始されていなかったと述べている．また西廣は，大綱改定を進めようとする細川首相のイニシアティヴは，政策見直しを目指す防衛庁にとっても好都合であったため，両者が合流する結果となったと証言している（秋山 2002, 35-37）．
34) この時期，日本政府が国交のない北朝鮮との関係改善に向けいかなる行動を取ったのかは，いまだ明らかにされておらず，今後の研究が待たれるところである．しかし，金丸信や野中広務といった自民党の中枢を占める政治家が，80年代末以降，朝鮮総連や北朝鮮との関係を深めるという例が見られることは興味深い．ただこれまでのところ，こうした政治家の行動が日朝の関係改善に寄与した形跡は見られない．こうした政治家が，関係改善努力が軌道に乗る前にスキャンダルによって政治的影響力を失うという事態の繰り返しは，あるいは冷戦後日本の防衛政策にも何らかの影響を与えたといえるかもしれない．
35) ただし，これはあくまでも一時的に極めて高まった緊張状態を脱したということであって，これをもって北朝鮮の核開発をめぐる問題が解決を見たわけでは当然ない．この問題が一応の解決を見るのは，1994年10月21日，米朝が，北朝鮮のNPT復帰，軽水炉開発への転換支援，連絡事務所の相互設置などを盛り込んだ合意文書に正式調印してからである．しかしながら，これさえも北朝鮮の核開発問題の最終的解決とならなかったことは，21世紀に入り同国が事実上の核保有国となった事情からも明らかである．
36) ペリー国防長官が危機終結後に語った言葉（船橋 1997, 311）．
37) 以下の過程については川上が詳細な解説を行っており，本節の記述もこれに多くを負っている（川上 2004, 75-100）．
38) 実際この構想に基づいて，日本からは第1段階にあたる6000人の削減が実行された．構想では第2段階においても同程度の削減が予定されていたが，後述のような事情により，これは実行されなかった．

〈第5章〉
39) 「樋口レポート」と同様，防衛問題懇談会自体も，座長の名から取られた通称「樋口グループ」の名で呼ばれることも多い．また，「防衛懇」との略称も広く用いられている．
40) ここに述べる経緯は，基本的に『朝日』『毎日』『読売』各紙の報道をもとに再構成したものである．煩雑を避けるため，事実関係についての記述のもととなった記事

を明示することはしていない。

41) 94年度政府予算案において、防衛予算の前年度比伸び率は0.92％に抑制され、60年度以来34年ぶりに1％を下回った。この背景には細川首相の強い意向があったとされる（『毎日』1994/1/25, 1）。また首相は、95年度中に見直す方針だった防衛計画の大綱についても、新「大綱」の大枠を94年度夏頃までに固め、それを95年度予算に反映させる方針を表明するなどした（『毎日』1994/1/5, 1）。

42) 防衛問題懇談会（1994, 34-36）。

43) 『毎日』（1994/2/2, 2）。座長である樋口の選定は財界からの要望に押されたもの（『毎日』1994/2/2, 2）。また猪口は他の委員より遅れての選出となったが、これは一度委員の顔ぶれが決定した後に、久保田真苗経済企画庁長官ら閣内から「ぜひ女性委員の選定を」との要望が上がり、これに首相が配慮した結果であった（『毎日』1994/2/19, 2）。

44) この問題は冷戦後日本の防衛政策の重要な転換点であるが、それだけにその分析には多数の紙幅を必要とし、また「日米同盟深化」とは直接関係しないものでもあるため、今後の課題とすることとし、本書では扱わない。

45) 「樋口レポート」の起草者である渡邉は、船橋に対し「草案は自由に書かせてもらった」と証言している（船橋 1997, 264）。政治からも行政からも、あまり強い圧力はかからなかったことが見て取れる。船橋によれば、例外は、内閣法制局からの問題指摘により集合的安全保障を国際的安全保障と書き換えたことと、村山首相の要請によりPKO関連活動における武器使用基準の見直し提言を弱めたことの2点のみである（船橋 1997, 263）。

46) 本節における引用は、特に断りのない限り、防衛問題懇談会の最終報告書『日本の安全保障と防衛力のあり方――21世紀へ向けての展望』による。そのため個々の引用箇所については、上記以外からの引用を除き、出典を記載していない場合がある。

47) 防衛庁内では「背広シビ・コン派」と呼ばれる自衛隊の国防任務以外への活用に消極的な集団が隠然たる影響力を持っていたとされており、PKO法の成立以来課題とされてきた自衛隊国際活動の本務化は、その実現を2007年まで待たねばならなかった。

48) ただしこうした西廣らの懸念が、彼らの政策選好に当初より存在したものであるのか、防衛懇での議論が進む過程で生じたものであるのかは、明らかではない。第6章で見るように、防衛懇の審議の過程では、報告書の内容に対するアメリカ側対日外交関係者の意見が非公式に伝えられており、そのなかには日本のアメリカ離れに対する懸念が含まれていたようだ。西廣らの選好がこうした事情から影響を受けていた可能性は否定できない。

〈第6章〉
49) 船橋(1997, 258)。
50) マクネア・グループという呼称は，この勉強会の正式な名称ではないが，内輪で組織された勉強会ゆえ適切な呼称が存在しないことに鑑み，本書では便宜的に用いることにした。
51) ナイの証言(船橋 1997, 258)。
52) しかしながらこれは，国務省の一部から，国防総省が国務省の対日外交姿勢を批判する動きと受け止められ警戒された(船橋 1997, 258)。
53) 筆者が行った複数の防衛庁職員・派遣経験者への聞き取りによる。
54) この段落以降に続くマクネア・グループの動向についての記述は，当時防衛分析研究所(IDA)研究員であり，後に米国防総省アジア太平洋局上級顧問となったマイケル・グリーンの証言(秋山 2002, 50-56)，および船橋の記述(船橋 1997, 255-266)によるところが大きい。
55) グリーンの証言(秋山 2002, 52)。
56) グリーンの証言(秋山 2002, 53-54)，および船橋の記述(1997, 262-266)。
57) 以下，本段落の記述については，船橋(1997, 266-267)参照。
58) ナイの証言によれば，ナイとヴォーゲルは94年春頃から対日政策についてよく議論していた(船橋, 1997, 258)。
59) グリーンの証言(秋山 2002, 54)。

〈第7章〉
60) 本節に述べる経緯は，基本的に『朝日』『毎日』『読売』各紙の報道をもとに再構成したものである。煩雑を避けるため，事実関係についての記述のもととなった記事を明示することはしていない。
61) 設置法に定められた参加閣僚は，総理大臣(村山富市)，官房長官(野坂浩賢)，外務大臣(河野洋平)，大蔵大臣(武村正義)，国家公安委員長(深谷隆司)，防衛長官(衛藤征士郎)，経済企画長官(宮崎勇)である(括弧内は当時の閣僚名)。また同法には，必要な場合にはこの他の閣僚を参加させることができるとの規定があり，この時には通産大臣(橋本龍太郎)と科学技術長官(浦野烋興)が参加していた。
62) このSSCでは，那覇軍港・読谷飛行場の返還問題で，基地の移設先について日米間で合意がなされた。他方，米軍経費の負担分担問題では，HNSの増額を求めるアメリカと総額維持を主張する日本との間で折り合いがつかず，結論は持ち越された。
63) ただし前述の事情により議題は「今後の防衛力の在り方についての検討」とされていた。
64) 防衛庁，「防衛大綱解説」資料4 http://www.mod.go.jp/j/approach/agenda/guideline/1996_taikou/kaisetu/index.html(最終閲覧日2010年11月1日)。また，

秋山(2002, 65) も参照。
65) この点について，詳しくは資料解説 4「周辺事態対処」の説明を参照されたい。
66) 1995 年 8 月 8 日，村山政権の内閣改造により，新防衛長官に就任。
67) この点についても，詳しくは資料解説 4「周辺事態対処」の説明を参照されたい。
68) 「限定小規模侵略独力排除方針」の詳細については，資料編 1，3，4 の関連部分を参照されたい。
69) この点について，詳しくは資料解説 4「国際的平和環境構築」の説明を参照されたい。

〈第 8 章〉

70) ここに述べる経緯は，基本的に『朝日』『毎日』『読売』各紙の報道をもとに再構成したものである。煩雑を避けるため，事実関係についての記述のもととなった記事を明示することはしていない。
71) SCC は，日米間の安全保障政策に関する協議機関の頂点に位置するもので，アメリカ側参加者が国務長官と国防長官，日本側参加者が外務大臣と防衛長官からなる。両国の安全保障担当閣僚が揃うことから，通称 2＋2（トゥー・プラス・トゥー）とも呼ばれる。
72) またこの SCC では，「在日米軍駐留経費負担に関する新特別協定」(1996〜2000 年度)が正式に締結された。これにより，ほぼアメリカ側の要求にしたがって年間約 30 億円の負担を増額することになり，在日米軍駐留経費全体に占める日本側負担の割合は 70％を超えたと見られている（『毎日』1995/9/28 1; 2）。
73) 日米合同委員会は，日米地位協定第 25 条に基づき，「合衆国が相互協力及び安全保障条約の目的の遂行にあたって使用するため必要とされる日本国内の施設及び区域を決定する協議機関」であり，米軍基地をめぐる取極めは事実上，全てここで決定されるという。合同委員会は 2 週間に 1 度開催され，日本側参加者は外務省，防衛庁，防衛施設庁などの幹部，アメリカ側参加者は在日米軍司令部参謀長らとされる。合同委員会の下部組織として，30 を超す分科委員会や作業部会が設けられており，そのメンバーの多くは中央省庁の官僚で，米軍基地を抱える自治体がここでの協議にかかわることは難しい。かつて合同委員会に参加した防衛施設庁元幹部によると，その実態は「時間は季節のあいさつを含め，長くて 20 分ぐらい。議論はほとんどない。合同委の下の作業部会で決まった事項を追認することが大半」だという。以上の内容は，『毎日』(1996/8/14, 24) による。
74) 本段落の記述は，秋山の説明を参考とした (秋山 2002, 186-192)。
75) アメリカ側出席者がペリー国防長官とモンデール駐日大使であった。なお日本側出席者は，第 1 次橋本政権発足に伴い，池田行彦外務大臣と臼井日出男防衛庁長官となっている。

76) ACSA は 1996 年 4 月 15 日，SCC において正式に署名された。日本側は橋本首相の命令により困難を押してこのタイミングでの署名に間に合わせたが，協定の対象が日米共同訓練および国連 PKO 活動に限られていたため，アメリカ側の反応はあまり熱の入らないものだったという(秋山 2002, 202)。
77) 本段落で示される事実関係は，中島(1999, 84-85)および信田(2006, 78-79)の記述に基づく。
78) この点については，秋山も同様の評価をしている(秋山 2002, 251-252)。
79) 反対派は，正面からこの主張を打ち出すことを避け，投票率を 50% 以下とすることで，住民投票自体を無効にしようと活動した。このため，反対派の多くは棄権を選択する見込みとなり，住民投票については結果そのもののみならず，投票率にも関心が集まっていた。40% を越える棄権者が出たことは，これに近い規模の反対派の存在を示唆しており，大田知事の反基地姿勢を弱める効果をもったといえる。
80) この時の SCC 参加者は，日本側が池田外相と，11 月はじめの第 2 次橋本内閣発足に伴って新たに防衛庁長官に就任した久間章生，アメリカ側がペリー国防長官とモンデール駐日大使であった。
81) 社民党の正式名称は日本社会民主党で，日本社会党が，1996 年 1 月の党大会により党名変更を決定し，同年 3 月の第 1 回党大会を経て正式に発足した。
82) 本節の引用は，特に断りのない限り「日米安全保障共同宣言」による。
83) 1996 年 4 月 17 日，橋本首相およびクリントン大統領が合意のうえ発表した『日米安全保障共同宣言——21 世紀に向けての同盟』による。なお，[ ]内の題目は宣言原文にはないが，内容を示すため筆者が付加したもの。また，各部分の題目後に付された( )内は，題目は付されていないがその部分に含まれている下位項目の記号を示したもの。

〈第 9 章〉
84) ここに述べる経緯は，基本的に『朝日』『毎日』『読売』各紙の報道をもとに再構成したものである。煩雑を避けるため，事実関係についての記述のもととなった記事を明示することはしていない。
85) のちに決定された「与党ガイドライン問題協議会」のメンバーは，自民党・山崎拓，社会党・及川一夫，さきがけ・前原誠司。
86) 1996 年 9 月 28 日，村山に代わって社民党党首に就任。
87) 山崎与党ガイドライン問題協議会座長(自民党政調会長)が提示した見解文書，「指針見直しにおける『周辺事態』とは」(『毎日』1997/7/31, 2)による。
88) 『毎日新聞』は，この廃止を主導したのは「防衛庁の内局組を同伴させずに首相官邸に制服幹部を招くなど制服組に好意的な橋本龍太郎首相」であるとしている(『毎日』1997/7/23, 2)。

89) 1978年11月27日, SCCが了承した「日米防衛協力のための指針」に関するSDCの報告内の項目1-(2)による。
90) 1997年6月7日, SDCが合意した「日米防衛協力のための指針の見直しに関する中間とりまとめ」内の項目Ⅲ-4による。

〈結　論〉
91) 政策に対して比較的距離の遠い制度を複数設定し, 低次の決定レヴェルにまで踏み込む制度の本書の分析枠組は, そもそも漸進的累積的変化論との親和性が高いと考えられる。したがって本書の分析から, 直ちに漸進的累積的変化論の優位と, 経路依存仮説の基礎にある断続均衡論の相対的劣位が結論されるわけではない。事実, 分析の抽象度を一段上げれば, 経路依存仮説に基づく説明も一定の妥当性をもち得ることは, すでに論じたとおりである。

〈資料解説1〉
92) 本節における引用は, 特に断りのない限り, 1976年に閣議決定された「昭和52年以降に係る防衛計画の大綱」(51大綱)による。そのため個々の引用箇所については, 上記以外からの引用を除き, 出典を記載していない。
93) このような認識は, たとえば「51大綱」が閣議決定された際に出された「「防衛計画の大綱」の決定について」という防衛庁長官談話(1976年10月29日)などに示されている。談話では, 長官は, 大綱策定にあたって防衛庁内での検討に基づく自らの見解を国防会議に積極的に提示したことを明らかにし, その内容のひとつを「現有防衛力は整備すべき防衛力と規模的には概ね同水準となり, 今後の整備は防衛力の量的増大ではなく質の維持向上を主体とすべきではないかということであります」と述べている。
94) ここでは「限定小規模侵略独力排除方針」と「基盤的防衛力構想」を単に並列して示したが, 両者は内的に密接な関係にある。すなわち, 前者の想定する事態が蓋然性の高い危機シナリオとして仮定され, それへの対処を具体的に検討するなかで, 後者が導かれるのである。
95) ただし, こうして示された防衛力の理念的上限が, 実際の防衛力整備においてその規模を一定の枠内にとどめるような役割を果たし得たのか否かという点については, 否定的な見解が多い(大嶽1983; 廣瀬1989; 佐道2003)。

〈資料解説2〉
96) 本節における引用は, 特に断りのない限り, 防衛問題懇談会の最終報告書『日本の安全保障と防衛力のあり方——21世紀へ向けての展望』による。そのため個々の引用箇所については, 上記以外からの引用を除き, 出典を記載していない。

97) この陸上自衛隊の定数削減方針は、何ら目新しいものではない。そもそも、当時の陸上自衛隊員は常に人員不足に悩まされており、その実数は定数18万に対し15万強と常に80％台に低迷していた。定数と実数の乖離の影響は深刻で日常的な訓練にさえ支障を来すほどであったため、防衛庁自身、1993年末にはすでに15万人程度への定数削減方針を打ち出していた(『読売』1994/1/3, 1;『毎日』1994/1/18, 5)。したがって、「樋口レポート」における定数削減方針の明示は、防衛庁の既定方針に沿ったものと見るべきである。

〈資料解説3〉
98) 本節および次節における引用は、特に断りのない限り「平成8年度以降に係る防衛計画の大綱」(07大綱)からのものである。
99) この項目が重視された背景には、「07大綱」決定の95年前半に相次いで起こった、阪神淡路大震災とオウム真理教による地下鉄サリン事件という、未曾有の大災害がある。「樋口レポート」も災害やテロへの対応に言及してはいたものの、「07大綱」での扱いほどには重視してはおらず、両者のギャップからは甚大な被害をもたらした2つの偶発事が「07大綱」に与えた大きな影響が読み取れよう。

〈資料解説4〉
100) 以上に述べた「51大綱」の策定過程は、坂田道太防衛長官が、肯定的世論のなかで安定した防衛政策を実現すること目指して、久保卓也防衛庁防衛局長の構想に基づいて主導したものとされる。以上については、大嶽(1983)、佐道(2003)、中馬(1985)などに詳しい。
101) 以下、この段落の内容および引用は、秋山(2002, 102-105)の記述に基づく。
102) この当然の疑問は「07大綱」の策定過程においても意識され、参加者それぞれの立場から提出された。自衛隊は、陸自を中心として、防衛力の整備目標が根拠を失って際限なく防衛力縮小が起こるのではないかとの懸念を示し、他方与党防衛政策調整会議座長であった社会党の大出は、防衛力の上限がなくなることを恐れ、それぞれこの方針の削除に反対した(秋山 2002, 103)。
103) 「51大綱」の別表には20項目、「07大綱」の別表には24項目が存在する。「07大綱」で増加した4項目のうち2項目は、陸上自衛隊の編成定員の内訳を常備自衛官定員と即応予備自衛官定員に分けて示したもので、「51大綱」下には即応予備自衛官制度自体が存在しなかったため、編成定員の項目のみでその内訳は存在していない。さらに「07大綱」にある陸自の主要装備(戦車・主要特科装備)、および空自の主要装備(戦闘機)の3項目は、「51大綱」には存在しないものの、秋山(2002, 143)が、「51大綱」における該当数値を示している。「51大綱」にある空自の警戒飛行隊は、「07大綱」では削除された。したがって表4の22項目により、両大綱の防衛力整備目標

をほぼ遺漏・重複なく比較することができる。
104) 政府内でも，その内容から本項の記載場所が問題となり議論が重ねられたが，結局他に適切な場所がないとの理由で原案どおりこの場所に落ち着いたという（秋山2002, 127-128）。
105) 政府統一解釈によれば，ここでいう極東とは概ね「フィリピン以北並びに日本及びその周辺の地域であって，韓国及び中華民国の支配下にある地域もこれに含まれている」(1970年2月26日衆議院安保特別委員会に提出された政府統一解釈)。
106) 参議院議員春日正一の質問主意書に対する答弁書(1969年12月29日)による。また，衆議院議員楢崎弥之助の質問主意書に対する答弁書(1981年4月17日)，および1981年10月3日の衆議院予算委員会における大村襄治防衛庁長官の答弁も参照。
107) 1990年10月29日の衆議院国連特別委員会における工藤敦夫内閣法制局長官の答弁を参照。
108) この事情につき，詳しくは第8章第1節を参照。
109) 1994年9月2日，参議院決算委員会での答弁。

〈資料解説5〉
110) 本節の引用は，特に断りのない限り，新「日米防衛協力のための指針（ガイドライン）」による。
111) 1954年に日米間で結ばれた「日本国とアメリカ合衆国との間の相互防衛援助協定」。全文は http://www.mod.go.jp/j/presiding/treaty/sougo/sougo.pdf 参照(最終閲覧日2010年11月1日)。

〈資料全文Ｉ〉
112) 1976年10月29日に閣議決定された「昭和52年度以降に係る防衛計画の大綱」(51大綱)。

〈資料全文Ⅱ〉
113) 1994年8月12日，防衛問題懇談会が村山首相に提出した報告書，『日本の安全保障と防衛力のあり方──21世紀へ向けての展望』。防衛問題懇談会(1994)および東京大学東洋文化研究所田中明彦研究室が運営する日本政治・国際関係データベース『世界と日本』に掲載された全文(URLは本注末尾を参照)をもとに，著者が作成。http://www.ioc.u-tokyo.ac.jp/~worldjpn/documents/texts/JPSC/19940812.O1J.html (最終閲覧日2010年11月1日)。

〈資料全文Ⅲ〉
114) 1995年11月28日に閣議決定された「平成8年度以降に係る防衛計画の大綱」(07

大綱)。

〈資料全文Ⅳ〉
115) 1997年9月23日，ニューヨークで開催されたSCCにおいて日米両政府が合意した新「日米防衛協力のための指針(ガイドライン)」。

参 考 文 献

邦語文献

アイケンベリー，ジョン　2004『アフター・ヴィクトリー』鈴木康夫訳　NTT 出版。
赤根谷達雄・落合浩太郎　2004『日本の安全保障』有斐閣。
秋山昌廣　2002『日米の戦略対話が始まった――安保再定義の舞台裏』亜紀書房。
浅井基文　1999「日米新ガイドラインの国際的背景」山内敏弘編『日米新ガイドラインと周辺事態法――今「平和」の構築への選択を問い直す』法律文化社　3-19 頁。
朝日新聞「自衛隊 50 年」取材班『自衛隊――知られざる変容』朝日新聞社。
麻生幾　2001『情報，官邸に達せず』新潮社。
アリソン，グレアム　1977『決定の本質』宮里政玄訳　中央公論社。
五百旗頭真編　1999『戦後日本外交史』有斐閣。
五十嵐武　1999『日米関係と東アジア――歴史的文脈と未来の構想』東京大学出版会。
石田淳　2000「コンストラクティヴィズムの存在論とその理論射程」『国際政治』124 号　11-26 頁。
石原信雄　1995『官邸二六六八日』日本放送出版協会。
─── 1997『首相官邸の決断』中央公論社。
─── 2001『権限の大移動――官僚から政治家へ，中央から地方へ』かんき出版。
伊藤光利・田中愛治・真淵勝　2000『政治過程論』有斐閣。
伊奈久喜　2002「9・11 の衝撃」田中明彦編『「新しい戦争」時代の安全保障』都市出版。
猪口孝　1987『国際政治経済の構図』有斐閣。
─── 1991『現代国際政治と日本』筑摩書房。
猪口孝・岩井奉信　1987『族議員の研究』日本経済新聞社。
入江昭　1991『新・日本の外交』中公新書。
─── 2001『日米関係五十年』岩波書店。
植村秀樹　1995『再軍備と 55 年体制』木鐸社。
江田憲司・龍崎孝　2002『首相官邸』文春新書。
大嶽秀雄　1983『日本の防衛と国内政治』三一書房。
─── 1986『アデナウアーと吉田茂』中央公論社。
─── 1988『再軍備とナショナリズム――保守，リベラル，社会民主主義者の防衛観』中央公論社。

――― 1996『戦後日本のイデオロギー対立』三一書房。
――― 1998『日本政治の対立軸――93年以降の政界再編の中で』中央公論社。
大嶽秀夫編 1991『戦後防衛問題資料集』三一書房。
小野直樹 2002『戦後日米関係の国際政治経済分析』慶應義塾大学出版会。
外交政策決定要因研究会 1999『日本の外交政策決定要因』PHP研究所。
蒲島郁夫 1998『政権交代と有権者の態度変容』木鐸社。
蒲島郁夫・竹中佳彦 1996『現代日本人のイデオロギー』東京大学出版会。
上西朗夫 1981『GNP1％枠』角川文庫。
カルダー，ケント『米軍再編の政治学　駐留米軍と海外基地のゆくえ』武井楊一訳　日本経済新聞社。
川上高司 1994『米国の対日政策――覇権システムと日米関係』同文館出版。
――― 2004『米軍の前方展開と日米同盟』同文館出版。
菅英輝 2005「なぜ冷戦後も日米安保は存続しているのか」菅英輝・石田正治編著『21世紀の安全保障と日米安保体制』ミネルヴァ書房　26-61頁。
草野厚 1997『政策過程分析入門』東京大学出版会。
久保亘 1998『連立政権の真実』読売新聞社。
栗山尚一 1997『日米同盟――漂流からの脱却』日本経済新聞社。
纐纈厚 2005『文民統制――自衛隊はどこへ行くのか』岩波書店。
河野勝 2000「リアリズム・リベラリズム論争」河野勝・竹中治堅編『アクセス国際政治経済学』日本経済評論社　15-42頁。
後藤田正晴 1998『情と理――後藤田正晴回顧録』講談社。
ギデンズ，アンソニー 1987『社会学の新しい方法基準――理解社会学の共感的批判』松尾精文・藤井達也・小幡正敏訳　而立書房。
――― 1993『近代とはいかなる時代か？――モダニティの帰結』松尾精文・小幡正敏訳　而立書房。
サイモン，ハーバート 1970『人間行動のモデル』宮沢光一監訳　同文館。
坂元一哉 2000『日米同盟の絆――安保条約と相互性の模索』有斐閣。
佐道明広 2003『戦後日本の防衛と政治』吉川弘文館。
――― 2006『戦後政治と自衛隊』吉川弘文館。
信田智人 2004『官邸外交』朝日新聞社。
――― 2006『冷戦後の日本外交』ミネルヴァ書房。
下斗米伸夫 2004『アジア冷戦史』中央公論新社。
新川敏光・井戸正伸・宮本太郎・真柄秀子 2004『比較政治経済学』有斐閣。
新川敏光・ダニエル・ベラン 2007「自由主義福祉レジームの多様性――断続均衡と漸増主義のあいだ」『法学論叢』160巻5・6号　184-220頁。
進藤榮一 2001『現代国際関係学』有斐閣。

春原剛　2007『同盟変貌――日米一体化の光と影』日本経済新聞社。
瀬端孝夫　1998『防衛計画の大綱と日米ガイドライン』木鐸社。
添谷芳秀　2005『日本の「ミドル・パワー」外交――戦後日本の選択と構想』筑摩新書。
田村重信　1997『日米安保と極東有事』南窓社。
デュルケム，エミール　1974『社会学的方法の基準』宮島喬訳　岩波文庫。
中馬清福　1985『再軍備の政治学』知識社。
土山實男　1997「日米同盟の国際政治理論」日本国際政治学会編『国際政治』第 115 号　161-179 頁。
ナイ，ジョセフ　2002『国際紛争――理論と歴史』田中明彦・村田晃嗣訳　有斐閣。
中島邦子　1999「日本の外交政策決定過程における自由民主党政務調査会の役割」外交政策決定要因研究会『日本の外交政策決定要因』PHP 研究所。
中島信吾　2006『戦後日本の防衛政策――「吉田路線」をめぐる政治・外交・軍事』慶應義塾大学出版会。
中村研一　2010『地球的問題の政治学』岩波書店。
野林健・大芝亮・納家政嗣・長尾悟　1996『国際政治経済学・入門』有斐閣。
濱田顕介　2000「構成主義・世界政体論の台頭――観念的要素の(再)導入」河野勝・竹中冶堅編『アクセス国際政治経済学』日本経済評論社　43-65 頁。
林茂夫　1999「ACSA をめぐる問題」山内敏弘編『日米新ガイドラインと周辺事態法――今「平和」の構築への選択を問い直す』法律文化社　115-126 頁。
早野透　1999『連立攻防物語』朝日新聞社。
原彬久　1997「序説日米安保体制――持続と変容」日本国際政治学会編『国際政治』第 115 号　1-10 頁。
ハンチントン，サミュエル　1978『軍人と国家(上・下)』市川良一訳　原書房。
阪野智一　2006「比較歴史分析の可能性――経路依存と制度変化」日本比較政治学会編『日本比較政治学会年報』第 8 号　63-91 頁。
廣瀬克哉　1989『官僚と軍人――文民統制の限界』岩波書店。
フーコー，ミシェル　1977『監獄の誕生――監視と処罰』田村俶訳　新潮社。
―――　1986『性の歴史Ⅰ　知への意思』渡辺守章訳　新潮社。
船橋洋一　1997『同盟漂流』岩波書店。
古川純　1999「日米安保体制の展開とガイドラインの新段階――双務的防衛体制の形成」山内敏弘編『日米新ガイドラインと周辺事態法――今「平和」の構築への選択を問い直す』法律文化社　38-48 頁。
ベック，ウルリッヒ，アンソニー・ギデンズ，スコット・ラッシュ　1997『再帰的近代化――近現代における政治，伝統，美的原理』松尾精文・小幡正敏・叶堂隆三訳　而立書房。
防衛問題懇談会・内閣官房内閣安全保障室編　1994『日本の安全保障と防衛力のあり方

──21世紀へ向けての展望』大蔵省印刷局。
細谷千博編　1995『日米関係通史』東京大学出版会。
増田弘　2005『自衛隊の誕生──日本の再軍備とアメリカ』中央公論新社。
御厨貴・中村隆英編　2005『宮沢喜一回顧録』岩波書店。
御厨貴・渡邉昭夫　2002『首相官邸の決断──内閣官房副長官石原信雄の2600日』中央公論社。
宮本太郎　2001「福祉国家の再編と言説政治──新しい分析枠組」宮本太郎編『比較福祉政治──制度転換のアクターと戦略』早稲田大学出版会　68-88頁。
武蔵勝宏　2009『冷戦後日本のシビリアン・コントロールの研究』成文堂。
読売新聞戦後史班編　1981『「再軍備」の軌跡──昭和戦後史』読売新聞社。
渡辺治　1999「日米新ガイドラインの日本側のねらい」山内敏弘編『日米新ガイドラインと周辺事態法──今「平和」の構築への選択を問い直す』法律文化社　19-37頁。

英語文献

Adler, Emanuel, and Beverly Crawford, eds. 1991. *Progress in Postwar International Relations*. New York: Columbia UniversityPress.

Allison, Graham. 1971. *Essence of Decision: Explaining the Cuban Missile Crisis*. Boston: Little, Brown and Co.

───. 1999. *Essence of Decision: Explaining the Cuban Missile Crisis. 2nd Ed*. New York: Longman.

Bachrach, Peter, and Morton Baratz. 1970. *Power and Poverty: Theory and Practice*. Oxford: Oxford University Press.

Baldwin, David, ed. 1993. *Neorealism and Neoliberalism: The Contemporary Debates*. New York: Columbia University press.

Beck, Ulrich, Anthony Giddens, and Scott Lash. 1994. *Reflexive Modernization: Politics, Tradition and Aesthetics in the Modern Social Order*. Cambridge: Polity Press.

Berger, Thomas. 1996. "Norms, Identity, and National Security in Germany and Japan." *The Culture of National Security: Norms and Identity in World Politics*, edited by Peter Katzenstein. New York: Columbia University Press: 317-356.

───. 1998. *Cultures of Antimilitarism: National Security in Germany and Japan*. Baltimore: Johns Hopkins University Press.

───. 2004. *Redefining Japan & the U.S.- Japan Alliance*. New York: Japan Society Inc.

Berger, Peter, and Thomas Luckman. 1966. *The Social Construction of Reality: a Treatise in the Sociology of Knowledge*. Garden City: Double Day.

Bergesen, Albert, ed. 1991. *Studies of the Modern World System*. New York: Academic Press.

Benfell, Steven. 1997. *"Rich Nation, No Army": the Politics of Reconstructing National Identity in Postwar Japan*. Ann Arbor, Michigan: University of Michigan Press.

―――. 1998. *Meet the new Japan, same as the old Japan: The history and politics of postwar national identity*. Cambridge: Harvard University, the Program on U. S.-Japan Relations, the Center for International Affairs and the Reischauer Institute of Japanese Studies.

Blackwill, Robert, and Paul Dibb. 2000. *America's Asian Alliance*. Cambridge: The MIT University Press.

Buckley, Roger. 1992. *US-Japan Alliance Diplomacy, 1945-1990*. Cambridge: Cambridge University Press.

Buzan, Barry. 1983. *People, States, and Fear: The National Security Problem in International Relations*. London: Wheatsheaf Books.

Campbell, David. 1992. *Writing Security: United States Foreign Policy and the Politics of Identity*. Minneapolis: University of Minnesota Press.

Checkel, Jeffrey. 1998. "The Constructivist Turn in International Relations Theory." *World Politics*, 50 (January): 324-348.

Cox, Grey, and Mathew McCubbins. 1987. *Legislative Leviathan*. Berkeley: University of California Press.

DiMaggio, Paul, and Walter Powell. 1991. "Introduction." *The New Institutionalism in Organizational Analysis*, edited by Powell, Walter and Paul DiMaggio. Chicago: University of Chicago Press: 1-40.

Elman, Colin, and Miriam Elman, eds. 2003. *Progress in International Relations Theory: Appraising the Field*. Cambridge: MIT Press.

Esping-Andersen, Gosta. 1990. *The Three Worlds of Welfare Capitalism*. New Jersey: Princeton University Press.

Evans, Peter, Harold Jackson, and Robert Putnam, eds. 1993. *Double Edged Diplomacy: International Bargaining and Domestic Politics*. Berkeley: University of California Press.

Evans, Peter, Dietrich Ruechemeyer, and Theda Skocpol, eds. 1985. *Bringing the State Back in*. Cambridge: Cambridge University Press.

Ferejohn, John, and Morris Fiorina. 1975. "Positive Models of Legislative Behavior." *American Economic Review*, 65: 407-415.

Fierke, Karin, and Knud Jorgensen. 2001. *Constructing International Relations: The Next Generation*. New York: M. E. Sharpe.

Finnemore, Martha. 1996a. *National Interests in International Society*. Ithaca: Cornell University Press.

———. 1996b. "Norms, Culture, and World Politics: Insights from Sociology's Institutionalism." *International Organization* 50: 325-347.

Finnemore, Martha, and Katharin Sikkink. 1999. "International Norm Dynamics and Political Change." *Exploration and Contestation in the Study of World Politics*, edited by Peter Katzenstein et al. Cambridge, Massachusetts: The MIT Press.

Gaddis, John. 1992. "International Relations Theory and the End of Cold War." *International Security* 17 (Winter): 5-58.

George, Alexander. 1993. *Bridging the Gap: Theory and Practice in Foreign Policy*. Washington, D. C.: United States Institute of Peace Press.

Giddens, Anthony. 1976. *New Rules of Sociological Method: A Positive Critique of Interpretive Sociologies*. London: Hutchinson.

———. 1979. *Central Problems in Social Theory: Action, Structure, and Contradiction in Social Analysis*. London: Macmillan.

———. 1984. *The Constitution of Society: Outline of the Theory of Structuration*. Cambridge: Polity Press.

Gilpin, Robert. 1981. *War and Change in World Politics*. New York: Cambridge University Press.

Graber, Doris. 1984. *Media Power in Politics*. Washington, D. C.: Congressional Quarterly.

Goldstein, Judith, and Robert Keohane, eds. 1993. *Ideas and Foreign Policy: Beliefs, Institutions, and Political Change*. Ithaca: Cornell University Press.

Green, Michael. 2003. *Japan's Reluctant Realism: Foreign Policy Challenges in an Era of Uncertain Power*. New York: Palgrave.

Green, Michael, and Patric Cronin, eds. 1999. *The U.S.-Japanese Alliance: Past, Present, and Future*. New York: Council on Foreign Relations.

Haas, Ernst. 1964. *Beyond the Nation-State: Functionalism and International Organization*. San Francisco: Stanford University Press.

———. 1991. *When Knowledge is Power: Three Models of Change in International Organizations*. Berkeley: University of California Press.

Haas, Peter. 1990. *Saving Mediterranean: Politics of International Environmental*

Cooperation. New York: Columbia University Press.
———. 1993. "Epistemic Communities and the Dynamics of International Environmental Co-Operation." *Regime Theory and International Relations*, edited by Rittberger, Volker. ed. Oxford: Clarendon Press.
Hacker, Jacob. 2004. "Privatizing Risk without Privatizing the Welfare State: The Hidden Politics of Social Policy Retrenchment in the United States." *American Political Science Review* 98-2: 243-260.
Hall, Peter, ed. 1989. *The political Power of Economic Ideas: Keynesianism across Nations*. Princeton: Princeton University Press.
Hall, Peter. 1992. "The Movement from Keynesianism to Monetarism: Institutional Analysis and British Economic Policy in the 1970s." *Structuring Politics: Historical Institutionalism in Comparative Analysis*, edited by Sven Steinmo et al. Cambridge: Cambridge University Press: 90-113.
———. 1993. "Policy Paradigms, Social Learning and the State: the Case of Economic Policymaking in Britain." *Comparative Politics* 25-3: 275-296.
Hall, Peter, and Rosemary Taylor. 1996. "Political Science and the Three New Institutionalism." *Political Studies* 44-5: 936-957.
Holsti, Kalevi. 1995. *International Politics: A Framework for Analysis*. 7th ed. Englewooh Coliffs: Prentice Hall.
Holsti, Ore, Alexander George, and Randolph Silverson, eds. 1980. *Change in the International System*. Boulder: Westview.
Huntington, Samuel. 1957. *The Soldier and the State: the Theory and Politics of Civil-Military Relations*. New York: Vintage Books.
Ikenberry, John. 2001. *After Victory: Institutions, Strategic Restraint and the Rebuilding of Order after major War*. Princeton: Princeton University Press.
Immergut, Ellen. 1992a. *Health politics: interests and institutions in Western Europe*. Cambridge; New York: Cambridge University Press.
———. 1992b. "The Rules of the Game: the Logic of Health Policy-Making in France, Switzerland, and Sweden." *Structuring Politics: Historical Institutionalism in Comparative Analysis*, edited by Sven Steinmo et al. Cambridge: Cambridge University Press: 57-89.
———. 1998. "The Theoretical Core of the New Institutionalism." *Politics and Society* 26-1: 5-34.
Jepperson, Ronald, Alexander Wendt, and Peter Katzenstein. 1996. "Norms, Identity, and Culture in National Security." *The Culture of National Security: Norms and Identity in World Politics*, edited by Peter Katzenstein. New

York: Columbia University Press: 33-75.
Kato, Junko. 1996. "Institutions and Rationality in Politics: Three Varieties of Neo-Institutionalists." *British Journal of Political Science* 26-4: 553-582.
Katzenstein, Peter. 1985. *Small States in World Markets: Industrial Policy in Europe*. Ithaca: Cornell University Press.
———.1996a. *Cultural Norms and National Security: Police and Military in Postwar Japan*. Ithaca: Cornell University Press.
———. 1996b. "Introduction: Alternative Perspectives on National Security." *The Culture of National Security: Norms and Identity in World Politics*, edited by Peter Katzenstein. New York: Columbia University Press: 1-32.
Katzenstein, Peter. ed. 1978. *Between Power and Plenty*. Madison: University of Wisconsin Press.
Katzenstein, Peter. ed. 1996. *The Culture of National Security: Norms and Identity in World Politics*. New York: Columbia University Press.
Katzenstein, Peter, Robert Keohane, and Stephen Krazner, eds. 1999. *Exploration and Contestation in the Study of World Politics*. Cambridge: The MIT Press.
Keohane, Robert. 1984. *After Hegemony: Cooperation and Discord in the World Political Economy*. Princeton: Princeton University Press.
Keohane, Robert, ed. 1986. *Neorealism and Its Critics*. New York: Columbia University Press.
———. 1989. *International Institution and the State Power*. Boulder: Westview Press.
Keohane, Robert, and Joseph Nye. 1977. *Power and Interdependence: World Politics in Transition*. Boston: Little Brown.
Kier, Elizabeth. 1997. *Imagining War: French and British Military Doctrine between the Wars*. Princeton: Princeton University Press.
Kingdon, John. 1995. *Agendas, Alternatives, and Public Politics, 2nd ed*. New York: Herper Collins.
Krasner, Stephen. 1978. *Defending the National Interest: Raw Materials Investments and U.S. Foreign Policy*. Princeton: Princeton University Press.
———. 1984. "Approaches to the State: Alternative Conceptions and Historical Dynamics." *Comparative Politics* 16-2: 223-246.
Kratochwil, Friedrich. 1989. *Rules, Norms, and Decisions: On the Conditions of Practical and Legal Reasoning in International Relations and Domestic Affairs*. Cambridge: Cambridge University Press.
Lukes, Steven. 1972. *Power: a Radical View*. New York: Macmillan.
March, James. 1978. "Bounded Rationality, Ambiguity, and the Engineering of

Choice." *Bell Journal of Economics* 9: 587-608.

———. 1994. *A Primer on Decision Making: How Decisions Happen*. New York: The Free Press.

March, James, and Johan Olsen. 1979. *Ambiguity and Choice in Organizations*, 2nd ed. Bergen: Universitetsforlaget.

———. 1989. *Rediscovering Institutions*. New York: Free Press.

March, James, and Harbart Simon. 1958. *Organizations*. New York: Wiley.

McCelvey, Richard. 1976. "Intransitivities in Multidimensional Voting Models and Some Implications for Agenda Control." *Journal of Economic Theory* 12: 472-482.

McCubbins, Mathew, and Terry Sullivan, eds. 1987. *Congress: Structure and Policy*. New York: Cambridge University Press.

Meyer, John, and Brian Scott. 1977. "Institutionalized Organizations: Formal Structure as Myth and Ceremony." *American Journal of Sociology* 83: 340-363.

Meyer, John, and Richard Scott. 1983. *Organizational Environments: Ritual and Rationality*. Beverly Hills: Sage.

Mochizuki, Mike. 1997. *Toward a True Alliance: Restructuring U.S.-Japan Security Relations*. Washington, D.C.: Brookings.

Morse, Edward. 1976. *Modernization and Transformation of International Relations*. New York: Free Press.

Mueller, John. 1995. *Quiet Cataclysm: Reflection on the Recent Transformation of World Politics*. New York: Harper Collins.

Nye, Joseph. 2003. *Understanding International Conflicts: An Introduction to Theory and History*, 4th ed. New York: Longman.

Pempel, T. J. 1998. *Regime Shift: Comparative Dynamics of the Japanese Political Economy*. Ithaca: Cornell University Press.

Pierson, Paul. 1994. *Dismantling the Welfare State?: Reagan, Thatcher, and the Politics of Retrenchment*. Cambridge: Cambridge University Press.

Powell, Walter, and Paul DiMaggio eds. 1991. *The New Institutionalism in Organizational Analysis*. Chicago: University of Chicago Press.

Putnam, Robert. 1988. "Diplomacy and Domestic Politics: The Logic of Two-Level Games." *International Organization* 42-3 (Summer): 427-460.

Riker, William. 1980. "Implications from the Disequilibrium of Majority Rule for the Study of Institutions." *American Political Science Review* 75: 432-447.

Rittberger, Volker, ed. 1993. *Regime Theory and International Relations*. Oxford: Oxford University Press.

Romm, Joseph. 1993. *Defining National Security: The Nonmilitary Aspects*. New York: Council on Foreign Relations Press.

Rothstein, Bo. 1992. "Labor-Market Institutions and Working-Class Strength." *Structuring Politics: Historical Institutionalism in Comparative Analysis*, edited by Sven Steinmo et al. Cambridge: Cambridge University Press: 33-56.

Rueschemeyer, Dietrich, and Theda Skocpol, eds. 1996. *States, Social Knowledge, and the Origins of Modern Social Politics*. Princeton: Princeton University Press.

Ruggie, John. 1996. *Winning the Peace: America and World Order in the New Era*. New York: Columbia University Press.

Schwartz, Frank, and Susan Pharr, eds. 2003. *The State of Civil Society in Japan*. Cambridge: Cambridge University Press.

Scott, Richard. 1995. *Institutions and Organizations*. Newbury Park, California: Sage.

Searle, John. 1995. *The Construction of Social Reality*. New York: Free Press.

Sikkink, Kathryn. 1991. *Idea and Institutions: Developmentalism in Brazil and Argentina*. Ithaca: Cornell University Press.

Simon, Herbert. 1976. *Administrative Behavior: A Study of Decision-Making Processes in Administrative Organization, 3rd ed.* New York: Free Press.

———. 1957. *Models of man, Social and Rational: Mathematical Essays on Rational Human Behavior in A Social Setting*. New York: Wiley.

Singer, D. 1969. "The Level-of-Analysis Problem in International Relations." *International Politics and Foreign Policy*, edited by James Rosenau. New York: Free Press: 20-29.

Skocpol, Theda. 1992. *Protecting Soldiers and Mothers: the political Origins of Social Policy in the United States*. Cambridge: Harvard University Press.

Steinmo, Sven, Kathleen Thelen, and Frank Longstreth eds. 1992. *Structuring Politics: Historical Institutionalism in Comparative Analysis*. Cambridge: Cambridge University Press.

Stone, David. 1988. *Policy Paradox and Political Reason*. Glenview, Illinois: Scott, Foresman.

Streek, Wolfgang, and Kathleen Thelen. 2005. "Introduction: Institutional Changes in Advanced." *Beyond Continuity: Institutional Change in Advances Political Economies*, edited by Wolfgang Streek and Kathleen Thelen. Oxford: Oxford University Press: 1-39.

Streek, Wolfgang, and Kathleen Thelen eds. 2005. *Beyond Continuity: Institutional*

Change in Advances Political Economies. Oxford: Oxford University Press.
Thelen, Kathleen. 2004. *How Institutions Evolve: The Political Economy of Skills in Germany, Britain, the United States, and Japan*. New York: Cambridge University Press.
Thelen, Kathleen, and Sven Steinmo. 1992. "Historical Institutionalism in Comparative Politics." *Structuring Politics: Historical Institutionalism in Comparative Analysis*, edited by Sven Steinmo et al. Cambridge: Cambridge University Press: 1-32.
Thomas, George, John Meyer, Francisco Ramirez, and John Boli eds. 1987. *Institutional Structure: Constituting State, Society, and the Individual*. Newbury Park, California: Sage.
Thucydides. 1982. *History of the Peloponnesian War*. translated by R. Warner. New York: Penguin Books.
Van De Van, Andrew, and William Joyce, eds. 1981. *Perspectives on Organization Design and Behavior*. New York: Wiley.
Viotti, Paul, and Mark Kauppi. 1993. *International Relations Theory: Realism, Pluralism, Globalism, 2nd ed*. New York: Macmillan.
Walt, Stephan. 1987. *The Origin of Alliance*. Ithaca: Cornell University Press.
―――. 1997. "The Progressive Power of Realism." *American Political Science Review* 91: 931-935.
Waltz, Kenneth. 1959. *Man, the State and War: A Theoretical Analysis*. New York: Columbia University Press.
―――. 1979. *Theory of International Politics*. Redding, Massachusetts: Addison-Wesley.
Weir, Margaret. 1992. "Ideas and the Politics of Bounded Innovation." *Structuring Politics: Historical Institutionalism in Comparative Analysis*, edited by Sven Steinmo et al. Cambridge: Cambridge University Press: 188-216.
Wendt, Alexander. 1992. "Anarchy is What States Make of it: The Social Construction of Power Politics." *International Organization* 46-2 (Spring): 391-425.
―――. 1999. Social *Theory of International Politics*. Cambridge: Cambridge University Press.

人名索引

あ 行

愛知和男　89, 118
秋山昌廣　118, 134, 157, 178
アスピン, レス (Les Aspin)　85
アーミテージ, リチャード (Richard Armitage)　111, 115, 167
アリソン, G. (Graham Allison)　6, 24, 30
池田行彦　137, 167
石原信雄　91
伊藤茂　180
猪口邦子　88
インマーガット, E. (Ellen Immergut)　29
ウィードマン, ケント　112
ヴォーゲル, エズラ (Ezra Vogel)　111-112, 114-115, 117-118
ウォルツ, K. (Kenneth Waltz)　10
ウォルト, S. (Stephen Walt)　11
衛藤征士郎　137, 157
大出俊　137
大河原良雄　88
大田昌秀　159-161, 165, 167
大野功統　137
大森政輔　178
折田正樹　157, 178
オルセン, J. P. (Johan Olsen)　27
オルブライト, マドレーン (Madelein Albright)　167

か 行

梶山静六　179
カーター, ジミー (James (Jimmy) Carter, Jr.)　79
カッツェンスタイン, P. (Peter Katzenstein)　20-24
加藤紘一　179
瓦力　165

カンター, ミッキー (Michael (Mickey) Kantor)　116
岸信介　42
金日成　79
金泳三　79
キャンベル, カート (Kurt Campbell)　164, 176
久間章生　167-168, 176, 182
行天豊雄　88
ギルピン, R. (Robert Gilpin)　10
ギングリッチ, ニュート (Newton (Newt) Gingrich)　162
クラズナー, S. (Stephen Krasner)　10
クリストファー, ウォーレン (Warren Christopher)　116, 119
グリーン, マイケル (Michael Green)　112-113, 115, 117
クリントン, ビル (William (Bill) Clinton)　53, 80, 82, 85, 155, 160-162, 178
クレイマー, フランクリン (Franklin Kramer)　174
クローニン, パトリック (Patrick Cronin)　112, 117
ゴア, アルバート (Albert (Al) Gore, Jr.)　162, 167
小泉純一郎　3
河野洋平　137, 160
高村正彦　179
コーエン, ウィリアム (William Cohen)　168, 176, 179, 182
コヘイン, R. (Robert Keohane)　10, 16
ゴルバチョフ (Mikhail Gorbachev)　18

さ 行

サイモン, H. (Herbert Simon)　25, 27
坂田道太　88
佐久間一　88-89
ジアラ, ポール (Paul Giarra)　112,

114-115, 117
シッキンク, K.（Kathryn Sikkink）　18
新保雅俊　112-113
スコウクロフト, ブレント（Brent Scowcroft）　111
スコッチポル, T.（Theda Skocpol）　27
スタインモ, S.（Sven Steinmo）　30
スミス, A.（Adam Smith）　15
スローコム, ウォルター（Walter Slocomb）　115
セレン, K.（Kathleen Thelen）　30-31
銭其琛　179
曽慶紅　179

た 行

高見澤将林　112, 114
田口健二　137
武村正義　178
田中均　163-164, 182
玉澤徳一郎　133-134, 157
田村重信　165
土井たか子　178
唐家璇　179
時野谷敦　118
徳地秀士　112

な 行

ナイ, ジョセフ（Joseph Nye）　16, 109-110, 114-117, 119-121, 135, 157, 161-162
中曽根康弘　180
西岡武夫　186
西廣整輝　50, 88-89, 91-92, 99-100, 113, 115
西本徹也　133

は 行

パウエル, コリン（Colin Powell）　83
バーガー, T.（Thomas Berger）　21-24
橋本龍太郎　1, 116, 137-138, 155, 161, 164, 167, 181
ハース, E.（Ernst Haas）　16
畠山蕃　80, 88-89, 115, 133
羽田孜　1, 91
ハッカー, J.（Jacob Hacker）　31
鳩山由紀夫　1

ピアソン, P.（Paul Pierson）　30
ピカリング, トーマス（Thomas Pickering）　179
樋口廣太郎　87-88, 91
日吉章　88
フィネモア, M.（Martha Finnemore）　18
福川伸次　89
ブッシュ, ジョージ. H. W.（George H. W. Bush）　83
ブッシュ, ジョージ. W.（George W. Bush）　4
ペリー, ウィリアム（William Perry）　79, 115-116, 118-119, 157-158, 166
細川護熙　1, 80, 87-88, 91, 215
ホッブズ（Thomas Hobbes）　10

ま 行

マイヤーズ, リチャード（Richard Myers）　117
前原誠司　137
マーチ, J.（James March）　25, 27
村田直昭　88-89, 91, 133
村山富市　87, 91, 134, 138, 158, 160-161, 178
モーゲンソー, H.（Hans Morgenthau）　25
モース, E.（Edward Morse）　16
諸井虔　88, 91
モンデール, ウォルター（Walter Mondale）　1, 160, 164

や 行

柳井俊二　180
柳沢協二　164
山内千里　112
山崎拓　118, 134, 167, 169, 178, 180, 186
山本安正　118

ら 行

リカード D.（David Ricardo）　15
李登輝　179
ルソー（Jean-Jacques Rousseau）　10
ロス, スタンレー（Stanley Roth）　116
ロック（John Locke）　15

ロード, ウィンストン (Winston Lord)　116-117
ロトスタイン, B. (Bo Rothstein)　29-30

わ　行

渡邉昭夫　89, 91-92, 98, 100

事項索引

あ 行

アイディア　5, 7, 18, 34, 65
アイデンティティ　18
ACSA　→物品役務相互提供協定
アクター　7, 63
ASEAN 地域フォーラム (ARF)　123
アフガニスタン侵攻　2, 49
安全保障会議　67, 131, 133, 136, 139
安全保障会議設置法　133
安全保障調査会　164
安保会議　→安全保障会議
安保再定義　4, 59, 64, 199
安保重視路線　5, 39, 77, 96, 98
　──の定着　46
安保条約(新たな安保条約, 日本国とアメリカ合衆国の間の相互協力及び安全保障条約)　41-42, 80, 96
　──の平時運用　43, 45
　──の有事運用　43, 45, 54, 81, 98-99, 117, 125
EASR　→東アジア戦略報告
1.5 トラック　121
　──・チャネル　119, 121-122, 126
イラク　75
イラク戦争　2
インター・オペラビリティ　84
ヴェトナム戦争　13, 46
影響力　63
　──配置　63, 64
SCC　→日米安全保障協議委員会
SSC　→日米安全保障高級事務レヴェル協議
SDC　→日米防衛協力小委員会
NDU ジャパン・デスク　112, 120
オイル・ショック　46
ODA　124
大蔵省　50
沖縄に関する特別行動委員会(SACO)　160
SACO 最終報告　166
思いやり予算(HNS)　124

か 行

ガイアツ　114
外交一元原則　49
海上封鎖　176
ガイドライン　→日米防衛協力のための指針
外務省　41, 49, 135, 141
核兵器不拡散条約(NPT)　78
合衆国通商代表部(USTR)　82, 111, 116
GATT　16
嘉手納飛行場　160
韓国　83
カンボディア PKO　76
官僚政治仮説　54-55, 57, 103, 128, 147, 193, 200, 205
官僚政治モデル(bureaucratic politics model)　6, 24-26, 63
官僚政治レヴェル　57, 135, 137, 141, 147
議院内閣制　132
機関委任事務　160
北朝鮮　77, 123
基地反対運動　158
基地問題対策室　43
宜野湾市　1
規範　18, 28
基盤的防衛力　74, 225
　──構想　98, 222, 226
キャリア・パターン　50
キャンプ・シュワブ基地　1
旧安保条約(日本国とアメリカ合衆国との間の安全保障条約)　41
90 年代の国防戦略──地域的防衛戦略 (Defense Strategy for the 1990s: The Regional Defense Strategy)　83
旧内務省　50

事項索引　357

キューバ危機　24
脅威(threat)　11
　　──均衡(balance of threat)　11
強制収用　160
共同宣言　→日米安全保障共同宣言
極東　138, 178
極東事態(6条事態)　43
拒否点(veto point)　29
均衡(balance)　12
クウェート　75
クラーク空軍基地　84
クリントン政権　82
軍─軍関係　51
　　──の緊密化　195-196, 211
　　──の制度化　127
　　──の凍結　51, 126, 128, 200
　　事務レヴェルでの──　121
軍─軍政策アライアンス　184
軍─軍政策協議　122
経済構造還元論　27
経済的自由主義　15
警察予備隊本部　49
経路依存仮説　54, 58, 104, 129, 148, 194, 200, 207
経路依存性(path-dependency)　29
結果の論理(logic of consequence)　18
『決定の本質(The Essence of Decision)』　24
決定レヴェル　7, 62
ゲーム理論　16
限定小規模侵略独力排除方針　44, 143, 222, 224
ゲント制(Ghent system)　29
憲法9条　22, 75, 91-92
行為論的仮説　55, 58
公告・縦覧　160
構造的リアリズム　6, 9
硬直性　→政策展開の硬直性
高度経済成長　13
公明党　76
合理的アクター　18
合理的行為者モデル(rational actor model)　25
国際原子力機関(IAEA)　78
国際貢献(論)　24, 66, 75, 97

国際的無秩序　10
国際平和協力法(PKO法)　3, 76, 144
　PKO法案　22
国防3部会　74
国防次官補　109, 116
国防総省　64, 109, 128
国防総省国防専門委員会(NDP)　167
国防大学(NDU)　111
国防の基本方針　39
国民新党　1
国民保護法　191
国務省　64, 115
国連安全保障理事会(国連安保理)　66, 75
国連総会　78
国連中心路線　5, 39, 40, 76, 96-97
国連平和維持活動(PKO)　75, 98, 124, 144, 157
国連平和維持軍(PKF)　76, 99, 144-145, 249
51大綱　→防衛計画の大綱
55年体制　3
5条事態　43
国会の迂回　48, 140, 192
国家情報会議(NIC)　111
国家戦略研究所(INSS)　112
国家中心主義(statism)　27
コンストラクティヴィズム(社会構成主義)　6, 18

さ　行

在沖縄米軍基地問題　7, 155, 158
再軍備　4
在日米軍基地　41
在日米軍駐留経費負担特別協定　158
在日本朝鮮人総聯合会(朝鮮総連)　39
SACO　→沖縄に関する特別行動委員会
GNP1%枠　226
シヴィリアン・コントロール　50
自衛権　40
自衛隊　3, 40
自衛隊違憲論　91
自衛隊の海外派遣　3, 22, 76
自衛隊の社会的孤立(isolation)　22
時期区分　62
自・公・民　76

自社さ連立与党　168
自主防衛　241
自主防衛路線　5, 39, 40, 96, 98
自動車・自動車部品交渉　14, 82
自民党　1
自民党政務調査会　164
事務調整訓令　50, 185
社会党　76, 91
ジャパン・デスク　→ NDU ジャパン・デスク
社民党　1
集合的安全保障　5, 75, 97
囚人のジレンマゲーム　16
集団的自衛権　41, 75, 81, 137
柔軟性　→政策の柔軟性
周辺　177-179
周辺事態　175, 177-178, 180-182, 189
周辺事態対処　136-139, 143, 162, 245
周辺事態に際して我が国の平和及び安全を確保するための措置に関する法律(周辺事態法)　169, 191
首相のイニシアティヴ　94, 106
出向組事務官　50
主要な地域紛争(MRC)　85
消極的関与　→政党政治レヴェルの消極的関与
省庁間レヴェル　57, 63, 128, 137, 139, 147, 200
省庁内レヴェル　57, 62, 200
女児暴行事件　158
新思考外交　18
新時代の防衛を語る会　74
新進党　168
進捗状況報告　174-175, 187
新冷戦　5
スービック海軍基地　84
スプラトリー諸島　123
"成功の記憶"　94
政策遺制(policy legacy)　30
政策協議　99
政策展開の硬直性(rigidity)　21
政策の柔軟性(flexibility)　21
政策変化　35, 36
政治―軍事文化(political-military culture)　22

政治的自由主義　15
制度　7, 27, 29, 35, 67
政党政治仮説　54-55, 101, 128, 145, 192, 199, 204
政党政治レヴェル　56, 63, 94, 137, 139, 141, 169, 200
　　――の消極的関与　47, 102, 108, 129, 139-140, 146, 193, 200, 204, 215
制度的位置　95, 105
制度的限界　96
制度的制約のもとでの観念的革新(ideational innovation)　30, 34
制度的特徴　106, 119, 122, 195
制度の重層化(institutional layering)　32
制度の転用(institutional conversion)　32
制度の漂流(institutional drift)　32
制度変化　36
制服組自衛官　49
制服組の地位向上　195-196
政府レヴェル(ファースト・トラック)　120
勢力均衡(balance of power)　11
世界貿易機関(WTO)　82
セカンド・トラック　121
07大綱　→防衛計画の大綱
戦域ミサイル防衛(TMD)　123, 171
漸進的累積的変化　31, 32
　　――仮説　54, 60, 105, 129, 149, 196, 200, 208
　　――論　32, 33
前方展開　83-84, 110, 123
全面核戦争　84
掃海活動　176
相互依存論　10, 16
総合安全保障　21
総理府　49
組織過程モデル(organizational process model)　25, 30, 63
組織論的制度論　27
楚辺通信所　160, 165
ソ連　13, 37

た　行

第2次橋本内閣　168
対米協力・支援　80-81
代理会合　183
代理署名拒否(問題)　159, 165
大量破壊兵器(WMD)　83, 123
台湾　123
台湾海峡　110
台湾海峡危機　13, 179
多角的安全保障　64, 93, 124, 141, 231
　　──アイディア　65, 67, 96-97, 99, 112, 130
　　──協力　97, 100
タカ派連合　49
多元主義　27
多国間安全保障枠組　114
多国籍軍　75
多次元的権力論　27
断続均衡(punctuated equilibrium)論　31, 32, 58, 148-149
地域通常戦争　84
秩序形成者　97
秩序受容者　38, 97
中華人民共和国(中国)　13
中間とりまとめ　174, 177, 187
中期防衛力整備計画　74
中ソ対立　13
駐留軍用地特別措置法　160, 168
調整メカニズム　256
朝鮮戦争　13, 38
朝鮮半島　110
朝鮮半島核危機　77
朝鮮民主主義人民共和国(北朝鮮)　37
TMD　→戦域ミサイル防衛
低強度紛争(LIC)　83
適切性の論理(logic of appropriateness)　19, 28
デタント　5
テロ対策特措法　3
電気通信交渉　82
2 MRCs　85
統合幕僚会議　80, 184
統合幕僚会議事務局　137
同時多発テロ事件　2
土地収用委員会　160
土地と人の交換　42

な　行

ナイ・イニシアティヴ　67, 109, 115, 118, 125-127
ナイ・レポート　110
内閣安全保障室　133
内閣官房長官談話　138
内閣法制局　64
名護市　1
NATO　96
ならず者国家(rogue states)　83
ニクソン・ショック　46
日米安全保障関係報告書　157
日米安全保障協議委員会(SCC)　156, 166
日米安全保障共同宣言　7, 62, 116, 118, 155, 161-164, 169
日米安全保障協力　93, 100
日米安全保障高級事務レヴェル協議(SSC)　117, 134, 156
日米安全保障条約　→安保条約
日米安保体制　80
日米安保体制の今日的意義　165
日米間の政策調整機能　122
日米レヴェル　63, 128, 200
日米共同作戦計画　51
日米構造協議　82
日米合同委員会　159
日米自動車交渉　114
日米地位協定　43, 159
日米同盟深化　2, 3, 54, 65, 99, 118, 120, 141, 196
　　──アイディア　65, 67, 96, 124, 125, 130, 139
　　──路線　4
日米の安全保障政策協議　121
日米防衛協力小委員会(SDC)　51, 68, 174, 182-184
　SDC代理会合　174, 182
　SDCワークショップ　175
日米防衛協力のための指針(ガイドライン)　7, 44, 62, 163, 181
　旧ガイドライン　163
　新ガイドライン　183, 187

日米防衛政策調整　54, 64, 66, 98, 125-127, 150, 188
　──アイディア　65, 67, 125
日米貿易摩擦　46
日朝国交回復　39
日本の安全保障と防衛力のあり方──21世紀へ向けての展望（樋口レポート）　7, 62, 87, 92-93, 96, 112, 124, 135
日本有事　43, 175
　──への対処に関する研究　45
認識論的転回（cognitive turn）　18
ネオ・リベラル制度論　6, 15, 16
ノン・ペーパー　118

は　行

羽田政権　91
8党派連立政権　88
パワー（power）　11
反軍事主義（antimilitarism）　22
バンドワゴン（bandwagon）　12
非核3原則　22
比較政治学　26
東アジア戦略構想（EASI-I）　83
東アジア戦略構想（EASI-II）　84
東アジア戦略報告（EASR）　7, 62, 109-110, 118, 122
樋口レポート　→日本の安全保障と防衛力のあり方──21世紀へ向けての展望
PKF参加凍結解除問題　145
PKO法　→国連平和協力法
非公式チャネル　120
標準作業手続（SOP）　25, 30
不安定要因　110
フィリピン　83-84
フォート・マクネア（Fort McNair）　111
武器輸出3原則　138
部隊調整権限　184
普通の国　24
物品役務相互提供協定（ACSA）　81, 157
普天間基地問題　166
普天間実施委員会　167
普天間飛行場　1
普天間問題　2
文化　18
文官優位性　22, 50

紛争処理パネル　82
米軍に対する便宜供与　45
米軍兵力　83
米国安全保障戦略（NSS1990）　83
平時運用　→安保条約の平時運用
平素から行う協力　175, 188
米中国交樹立　13
米朝戦争　80
兵力削減　83
平和維持活動（PKO）　248
平和国家　24
辺野古　1
保安庁　49
防衛計画の大綱（大綱）　7, 62, 74, 118, 131, 138
　51大綱　44, 74, 94, 221-226
　新防衛計画の大綱（07大綱）　131-132, 142-145, 233-238
防衛施設庁　41, 43
防衛政策の隔離　23
防衛庁　40, 49, 95, 112, 135, 141
　──の限定的影響力　48, 128, 200
　──の限定的政策展開能力　49, 104, 129, 200
防衛庁型の新たな多角的安全保障解釈　101
防衛分析研究所（IDA）　111
防衛問題懇談会（防衛懇）　62, 67, 87-88, 93, 95, 103, 105-108, 112
防衛予算　22
防衛力　40
　──整備　40, 41
防衛力のあり方検討会議　89, 95
防衛を考える会　88
貿易屋（trade guys）　116
包括経済協議　14, 82
包括的なメカニズム　256
包括的メカニズム　182
北米局安全保障課　43
ボトム・アップ・レヴュー（BUR）　85
保・保連合　168, 186

ま　行

マクネア・グループ　111-112, 116, 118, 120-122

マスタープラン　174
マルクス主義　27
見捨てられ(abandonment)　85, 110
民社党　76
民主党　1, 168
無秩序　11
物と人との協力　42

や　行

有事運用　→安保条約の有事運用
有事法制　181, 191
有事立法　169
与党ガイドライン問題協議会　178, 185
与党国対委員会　181
与党政策責任者会議　180, 186
与党防衛政策調整会議　62, 131, 137, 139
4年期国防戦略見直し(QDR)　167

ら　行

リアリズム　9

利益(interest)　18
利益団体還元論　27
リベラリズム　10, 15
臨検　176
冷戦　5
冷戦の終結　4
歴史的岐路(historical juncture)　31, 33, 105, 149
歴史的制度論(historical institutionalism)　25, 26
60年安保　47
ロック・イン(lock-in)　31, 213

わ　行

ワークショップ　183
湾岸戦争　22, 75, 84

柴田 晃芳（しばた てるよし）

1974年　北海道札幌市生まれ
2007年　北海道大学大学院法学研究科博士課程修了（政治学専攻）。博士（法学）。
　　　　同公共政策大学院博士研究員を経て，
現　在　同公共政策学研究センター研究員。
専　攻　比較政治学，国際政治学。

主要業績

『〈境界〉の今を生きる――身体から世界空間へ・若手一五人の視点』〈編著〉東信堂，2009年。

「冷戦終結後日本の防衛政策――1993～1995年の行政過程を中心に(1，2・完)」『北大法学論集』第59巻第2号・第4号，2008年。

「政治的紛争過程におけるマス・メディアの機能――『東京ごみ戦争』を事例に(1，2・完)」『北大法学論集』第51巻6号・第52巻2号，2001年。

ほか

冷戦後日本の防衛政策――日米同盟深化の起源

2011年2月28日　第1刷発行

著　者　　柴　田　晃　芳

発行者　　吉　田　克　己

発行所　北海道大学出版会
札幌市北区北9条西8丁目 北海道大学構内（〒060-0809）
Tel. 011(747)2308・Fax. 011(736)8605・http://www.hup.gr.jp

アイワード／石田製本　　　　　　　　　　　　Ⓒ 2011　柴田晃芳

ISBN978-4-8329-6745-8

日本の対中経済外交と稲山嘉寛 ―日中長期貿易取決めをめぐって―	邱　麗珍 著	A5判・172頁 定価4000円
脱原子力の運動と政治 ―日本のエネルギー政策の転換は可能か―	本田　宏 著	A5判・334頁 定価6000円
投票行動の政治学 ―保守化と革新政党―	荒木俊夫 著	A5判・330頁 定価5400円
ポーランド問題とドモフスキ ―国民的独立のパトスとロゴス―	宮崎　悠 著	A5判・358頁 定価6000円
身体の国民化 ―多極化するチェコ社会と体操運動―	福田　宏 著	A5判・272頁 定価4600円
初期アメリカの連邦構造 ―内陸開発政策と州主権―	櫛田久代 著	A5判・292頁 定価4500円
政治学のエッセンシャルズ ―視点と争点―	辻　康夫 松浦正孝 編著 宮本太郎	A5判・274頁 定価2400円
〈北海道大学スラブ研究センター　スラブ・ユーラシア叢書8〉 日本の国境・いかにこの「呪縛」を解くか	岩下明裕 編著	A5判・266頁 定価1600円

〈価格は消費税を含まず〉

──────北海道大学出版会──────